科学哲学经典名著译丛

丛书主编◎石晓芳

实体与功能
和爱因斯坦的相对论

【波】**恩斯特·卡西尔**◎著

李艳会◎译

长江出版传媒

湖北科学技术出版社

图书在版编目(CIP)数据

实体与功能和爱因斯坦的相对论 /(波)卡西尔著;
李艳会译. -- 武汉 ：湖北科学技术出版社，2016.6
（科学哲学经典名著译丛）

ISBN 978-7-5352-8611-6

Ⅰ．①实… Ⅱ．①卡… ②李… Ⅲ．①科学哲学－研
究②相对论－研究 Ⅳ．①N02②0412.1

中国版本图书馆 CIP 数据核字(2016)第 083843 号

策　　划:李艺琳	责任校对:王　迪　陈元
责任编辑:李大林　张波军	封面设计:胡开福　王梅

出版发行:湖北科学技术出版社　　　　电话:027-87679468
地　　址:武汉市雄楚大街 268 号　　　　邮编:430070
　　　　　（湖北出版文化城 B 座 13-14 层）
网　　址:http://www.hbstp.com.cn

印刷:三河市华晨印务有限公司　　　　邮编:65200

880×1230　1/32　　　　　　　300 千字　15 印张
2016 年 6 月第 1 版　　　　　2021 年 4 月第 2 次印刷
　　　　　　　　　　　　　　　　定价:45.00 元

本书如有印装质量问题　可找本社市场部更换

目　录

第一部分　事物的概念和关系的概念

第二部分　关系概念系统和实在问题

补充：从认识论角度看爱因斯坦的相对论

序 言

本书包含的调查研究首先受数学的哲学研究启发。在试图从逻辑学角度理解数学的基础概念时，需要更仔细地分析概念本身的功能，并回溯到它所依赖的预假设。然而，此处存在一个特殊的困难：事实表明，概念的传统逻辑学凭借它那些著名的特点，并不能充分描述数学原理所提出的问题。越来越明显的是，那些在传统逻辑学语言里不存在精确关联对象的问题，此时也被精确科学涉及。数学知识的内容重新指向了概念的一种根本形式，而该形式并未在逻辑学自身范围内获得清晰的定义和认识。关于序列概念和极限概念的探究，更是确证了该观点，并且使人开始重新分析一般概念的构建原理，不过这些探究取得的特别成果并未出现在本书的泛泛阐释中。

当这个问题不再限于数学领域，而是已扩展到精确科学的整个领域时，对它进行如此定义便具有了更为广泛的意义。从不同的逻辑角度考察精确科学的系统结构，就会发现不同的形式。所以，必须尝试从这个一般观点出发，到达特定学科如代数、几何、物理和化学的概念性构建形式。这虽然不符合本研究从特定科学学科中收集特例来支持逻辑理论的一般目的，但仍有必要探寻它们的整体系统结构，以便能够更加清晰地揭示出把这些结构连接在一起的基本统一的关系。我承认执行这一计划是有难度的，但我最终还是做了尝试，只因为我越来越意识到，那些已经在特定科学学科内完成的准备工作很有价值和意义。

尤其在精确科学中，研究者带着前所未有的自觉和热情，把注意力从特定问题转移到哲学基础上。无论你如何评价这些研究结果，不可否认的是，逻辑问题已经借此得到了直接且巨大的进步。因此，我下面的阐释便是基于科学本身的历史发展，以及伟大科学家对科学内容所进行的系统性揭示。尽管不能对这里出现的所有问题进行探究，但是，我们必须细致地对待和核证它们代表的特定逻辑观点。概念的一般功能是什么，又意味着什么？要解答这些问题，我们就只能在最重要的科学研究领域探寻这一功能，并且对其进行粗略描述。当我们不再考虑纯粹的逻辑，转而去理解现实知识时，这个问题就又有了新的意义。思想和存在的原始对立破碎成了许多不同的问题，尽管如此，这些问题的共同分歧点还是把它们联系在了一起并使它们保持着知性统一。

在哲学历史中，无论何时提出思维和存在、知识和实在的关系，首先出现的主导答案都是一些特定的逻辑学预设，一些关于概念和判断的本质的特定观念。基本观念的每个变化，都彻底改变了这个一般问题的提问方式。知识系统不允许任何孤立的"形式"断定，如果这种断定不能对所有知识问题和答案产生意义的话。本书第二部分将试着阐述，在从精确科学批判给予的观点来看待这些问题时，它们会发生什么变形，并且指出解决问题的方向。表面上互相独立的两个部分，有着统一的哲学观点，二者都试图展现一个单独的问题，该问题从一个固定的中心向外扩展，把越来越多逐渐变宽的具体领域纳入它的范围内。

恩斯特·卡西尔

第一部分

事物的概念和关系的概念

第一章　关于概念形成的理论

一、　逻辑学新进展——亚里士多德逻辑学中的概念——类属概念的目的和本质——关于抽象的问题——亚里士多德逻辑学的形而上学预设——逻辑学和形而上学中的实体概念

逻辑学的新进展。在研究理论知识基础的现代哲学中，一个新观念正在形成，而最能清晰表明该观念的，也许莫过于形式逻辑主要原理的转变。似乎仅仅在逻辑学里，哲学思想才获取了一个稳固的基础。逻辑学为哲学思想专门划出一块领域，保证其免受各种认识论立场和假设的怀疑。康德的判断似乎确证了一点，即人类终于在此找到了平坦，安全的科学道路。进一步思考，因为逻辑学自从亚里士多德时代就从没有退一步的必要，所以它也从没有进过一步，而从这个角度来看，也似乎印证了逻辑学独特的确定性——不受各种物质知识持续变换的影响，逻辑学独自保持着自己的恒常和不变。

仔细回顾最近几十年的科学进化过程，形式逻辑学呈现出一幅不同的画面：到处都充斥着新问题，都被新的思想潮流支配。一方面，几个世纪以来，在制定根本原理上取得的成果似乎逐渐

瓦解；另一方面，一般数学流形理论提出的大量的、成系列的新问题被推到了前面。这个理论似乎越来越成了各种逻辑问题的共同目标，而之前，这些问题都是被分别研究的。通过这个目标，这些问题得到了理想的统一。逻辑学也因此不再孤立，再次走向具体的任务和成就。现代流形理论不限于纯粹的数学问题，其中还包含了一个普遍的甚至能影响自然科学特殊方法的观点，因此，它在自然科学里也是有效的。逻辑学因此被拉入了这种系统性联系，但这种联系重新促进了对它的那些预先假定的批判。绝对确定性的外表消失了，那些在历史中面对知识理想的深刻变迁仍然保持自身不变的原理，如今也成了批判的对象。

亚里士多德逻辑学中的概念。 亚里士多德逻辑学的一般原理是亚里士多德形而上学的真实表现和反映。只有和亚里士多德形而上学所依靠的理念相联系时，亚里士多德逻辑学的特殊动因才能被理解。对存在的本质和分支的理解预先决定了对思想的基本形式的理解。然而，在逻辑学的进一步发展中，它的特定形式与亚里士多德本体论的联系逐渐松散，但是，它与后者的基础原理仍然保持着联系，而且这种联系会在历史进化的一定转折点清晰重现。逻辑学结构中关于概念的理论，被认为具有基本的重要性，事实上，这种重要性指向的正是上述这种联系。现代有人尝试改革逻辑学，从这一点上来看，这些尝试的目的是通过把判断的理论前置于概念的理论，来扭转问题的传统顺序。尽管事实证明这个观点卓有成效，但即便具有完全的纯粹性，它也无法对抗支配着旧有安排的系统性趋势。这种知性趋势仍在塑造着新的改革尝试，它以判断理论本身出现的特征显示了自己的存在，而这只能通过传统的类属性概念理论进行理解和证明。概念的第一重要性再次被含蓄地承认，虽然他们想要把这种重要性搁置一旁。这个体系的真正重心并未改变，改变的只是体系元素的外部排列。要想改造逻辑学，就必须首先看到这一点：形式逻辑的所有批判都是对概念构建的一般原理的批判。

类属概念的目的和本质。这种原理的基本特征已经众所周知，无须详述。它的预设非常简单且清晰。这些预设与普通世界观常用的基本概念极为一致，以至于它们似乎不容许被批判。事物拥有无穷的多样性，人脑有能力从丰富的具体存在中挑选出那些被几个事物共享的特征，而除了事物的存在和这种脑能力外，一切都不可以预设。当我们根据具体事物共有的实际相似性，就这样把一些拥有共同特性的客体归为同一类，并且在更高的水平上重复这一过程时，存在便逐渐形成了一个前所未有的稳固秩序和分类。在这种联系中，思维的基本功能只是比较和区分一个感官上给定的繁杂。在具体客体之间来回思考，就是为了确定它们共同一致的基本特征，而这种思考本身则产生了抽象。抽象抓住这些相关特征——纯粹的、自身和所有相异元素都已分开的特征，并将它们呈现给意识。这样一来，这种解释的具体优点似乎是，它绝不会毁灭或危及普通世界观的统一性。概念看起来并不会和感官实在陌生，而是构成了这种实在的一部分。概念是一种选取，它从实在中挑选出其所直接包含的东西。从这方面来讲，精确数学科学的概念与描述性科学的概念位于同一平面，虽然描述性科学只关注给定东西的表面排列和分类。正如我们通过从全部橡树、榉树和桦树中挑选出一组共同特性，从而形成树的概念一样，我们也按照同样的方式，通过找出存在于正方形、正三角形、平行四边形、菱形、对称和非对称梯形以及不规则四边形中的、可直接看出和指出的共同特征，来形成一个平面矩形的概念。概念的那些著名指导原则，本身就来自这些基础。每一个系列的相似客体都有一个最高的类属概念，这个概念包含了适用于所有这些客体的所有规定性。然而在另一方面，在这个最高的属内，不同水平上的亚种都由只属于一部分基本元素的特性来定义。同样，我们通过放弃某个特征，便可以从种上升到更高的属，从而把更多的客体拉入这个范围。所以，按照相反的步骤，属的规格便出现在新内容元素的整个累加过程中。因此，如果我们把一个概念的特征数称为它的内容量，那么随着概念从高到低，它的内容量会增加，如此一来，就降低了从属于这个概念的种数目。但当概念从低升到高时，内容虽会减少，而种的数目则会增加。概念的持续扩张对应着内容的递减，所以，最后我们所得到的最广泛的概念就不再拥有任何确定的内容。我们以这种方式创建起来的概念性金字塔，在包含一切的存在中抽象地表达"某物"时，达到了它的顶点。这种包含一切的存在，包含了任何可能的知性内容，但也完全缺少具体含义。

关于抽象的问题。对抽象的普遍性和适用性的质疑，最早出现于关于概念的传统逻辑学理论。如果概念作为一种方法的最终目标是完全空无的，那么通向这个目标的过程必然会引起质疑。习惯上，我们会为每个科学概念的有效且具体的构建过程提出一些要求，但如果每一步都完成了这些要求，却还是得到这样的空无结果，那么这种结果就是不可理解的。我们对一个科学概念的要求和期待，首先就是在思想的原始模糊不清之处形成一个清晰鲜明的规定性。但此处情况正好相反，我们越是追求逻辑学步骤，这些鲜明的界线越是看起来不明显。事实上，从形式逻辑的自身立场看，此处有一个新问题。如果概念的全部构建过程都在于，从我们面前多种多样的客体中只抽取出它们的相似特性而忽略其他，那么很明显，通过这种缩减过程，部分就代替了感官上的原始整体。而这个部分还声称自己能描述和解释整体。如果概念只意味着忽略作为它的起点的具体情况，以及消灭它们的特质，它将失去所有的价值。相反，这种否定行为本应作为对一个完全积极的过程的表达，留下的部分不只是一个随机选择的部分，而是一个"基本的"环节，通过它整体才得以确定。更高的概念是为了澄清更低的概念，澄清方法就是以抽象的方式阐述特殊形式的基础。然而，支配类属概念形成的传统法则本身，并不保证确实实现这种目的。事实上，没有什么能向我们保证我们从随机的客体群中选出的共同特点就包含真正的典型特征，也就是能够描述和规定所有项在一起构成的总结构的特征。我们可以从洛策那里借用一个典型的例子：如果我们根据红色、多汁和可食的特性把樱桃和肉归到一起，我们就不能因此获得一个有效的逻辑概念，而得到的只是一种无意义的文字混合，这对于理解具体情况毫无帮助。所以要明白，一般形式法则本身并不充分，相反，总有一种不言自明的倾向，要求用另一种知性标准来补充它。

亚里士多德逻辑学的形而上学预设。在亚里士多德体系中，这个标准非常明了，逻辑学留下的裂缝要通过亚里士多德形而上学弥补和改善。概念原理是把这两个领域连接在一起的特殊纽带。至少对于亚里士多德来说，概念不仅是一种主观图式，在该图式下，我们从随机集合在一起的一批事物中挑选它们的共同点。挑选共同点仍然是玩弄观念的空洞游戏，如果我们不假定如此得到的概念，同时是能保证具体事物因果性和目的性联系的真正形式。事物真正和终极的相似性也是创造和形成它们的力量。根据相似特性对事物进行比较和分组的过程，正如首先在语言中表达的那样，并不会引起不确定的结果；相反，如果正确引导，它会使人发现事物的真正本质。思想仅仅区分具体的类型，后者包含在单独具体的实在中作为一种活性因素，给多种特殊形式赋予一般规律。生物学上的物种既表示活着的个体努力追求的目的，也表示指导其进化发展的内在力量。只有参考这些真实的基本关系时，才能形成构建概念和定义的逻辑学原理。确定一个概念时，要参考比它高一级的属和它自身的特点，如此便能产生一个能令真正的实体以其特殊的存在形式展现自身的过程。所以，亚里士多德纯逻辑理论一直指涉的其实是实体的基本概念。科学定义的完整体系也应充分表现控制实在的实质力量。

逻辑学和形而上学中的实体概念。要理解亚里士多德的逻辑学，前提是要先理解他对存在的理解。亚里士多德把存在的各种类型和含义都作了区分，他把存在分割成不同的亚种，而怎样贯穿和明确这种分割，则是他的类型理论中的基本难点。所以，他也明确区分了只通过关系判断来指明的存在和类似于事物的存在、概念性合成的存在和具体主体的存在。然而在这些追求更鲜明分割的探索中，实体概念的逻辑学第一性并未受到质疑，只有在给定的、存在着的物质中，才有各种可思考的存在规定性，只能在一个固定的类似于事物的基层中(当然这个基层首先必须是给定的)，逻辑学和语法学的各种广泛存在性才能找到根基和真正的应用。量、质、空间和时间规定性，不能靠它们自身而存在，只能作为自身绝对实在的特性而存在。亚里士多德的这个形而上学的基本原理把关系分类置于一种寄宿和附属地位上。关系依赖真正存在的概念，它只能给后者添加补充性和外部性的修改，但不能影响后者的真正"本质"。通过这种方式，亚里士多德关于概念形成的原理就有了一个标志性特征，无论该原理如何改变，这个特征都会一直存在。事物和它的特征之间的基本分类关系仍然是指导性观点，而关系规定性只在它们可以通过某种媒介变换为一个或一群主体的特性的范围内被考虑。这个观点显著地存在于形式逻辑的教科书中，因为习惯上，人们认为关系或联系是概念的一种"非基本"联系，所以可以在定义中忽略它们，而这么做也不会引起错误。这里出现了具有重大意义的方法论划分。逻辑学的这两种在科学发展中彼此对立的主要形式，通过"事物—概念"和"关系—概念"的不同价值区分了开来，不久这种区分将变得更加明朗。

二、　概念的心理学批判(伯克利)——抽象的心理学——米尔对数学概念的分析——抽象的心理学理论的缺陷——序列形式——"事物——概念"在逻辑学关系系统中的位置

概念的心理学批判(伯克利)。如果我们接受了这个一般标准，我们就进一步承认了亚里士多德逻辑学的这个基础预设比逊

遥学派形而上学的特殊原则要存在得长久。事实上，与亚里士多德"概念实在论"的斗争全部都在这决定性的一点上失败了。唯名论和实在论的冲突只关心概念的形而上学实在，却不考虑它们的逻辑学定义是否有效。"一般概念"的实在才是个问题。毫无疑问的一点是，概念被理解为一种普遍的属，就像是一系列具体的相似物或类似物之间的共同元素。这个共识就仿佛存在分歧的各方默认达成的协议。没有这种共同的假定，关于共同元素是否拥有一个独立的事实性存在或是否只能作为个体的感觉性环节的一切冲突，将在根本上不可理解。此外，"抽象"概念的心理学批判，虽然乍看之下很激进，但是实际上并没有引入真正的变动。以伯克利为例，我们可以详细探查他那关于抽象概念价值和有效性的怀疑主义，是如何同时暗含了对概念的普通定义的教条式信任。真正的科学概念，尤其是数学概念和物理学概念，可能另有目的要去实现，而非去执行这种学术定义分配给它们的目标——这种思想不能被人理解。事实上，在概念的心理学演绎中，传统构架的变化并没大到可扩展入一个领域的地步。原先是比较外部事物，并从中挑选出共同元素，但在这里，同样的过程只是转移到了作为事物的心理学关联物的表象上。事实上，这个过程只是转到了另一个维度上，也就是从物理学领域转到了心理学领域，但它的一般过程和结构仍然是相同的。当几个合成表象有一部分共同的内容，那么，根据心理学著名的同时性刺激和融合定律，只有一致的规定性会保留下来，其他的都会被压制。这种方式并未产生任何新的独立和特殊的结构，只是对给定表象进行了特定分割。在这种分割中，特定的环节通过单侧的注意力方向而被强调，并且以这种方式从它所在的环境中被猛然抽出。根据亚里士多德理论，"实体形式"代表了这种比较活跃的最终目标，它对应着某些贯穿整个感知领域的基本元素。现在更被强调的是，这些自在的绝对元素单独构成了给定"实在"的真实核心。关系的角色再次受到了最大限制。哈密尔顿在完全承认伯克利理论的基础上，指出了关系思维的标志性功能。和他不同，斯图亚特·密尔强调说，每个关系的真实积极存在只在于被它集合在一起的个体项，而且，因为只能把这些项作为个体而给定，所以就不能谈论关系的普遍意义。概念不能存在，除非作为具体表象的一部分，并且承担表象的所有特征。它之所以看起来具有独立价值和固有心理学特征，只是因为我们的注意力受自身能力的限制，永远不能关注到表象的全部，而必须缩小到挑选出来的部分中。为了心理学分析，对概念的意识被分解为对一个表象或一部分表象的意识，而表象则与一些单词或其他感觉性符号相联系。

抽象的心理学。根据这个观点，"抽象的心理学"真正解决了每个概念形式的逻辑学意义。这种意义的来源便是可以产生任何给定表象内容的简单能力。抽象客体产生于每个正在感知存在的主体中，在该主体中，被感知物的相似规定性重复出现在表象中。因为这些规定性不限于那个具体的感知时刻，而是在"心理—物理"性主体中留下它们特定的存在痕迹。我们认为这些痕迹在被真正感知和被回忆之间的这段时间内是无意识的。在遇到一个相似的种类时，它们会再度被唤起，如此一来，便在先后被感知的相似元素之间逐渐形成一个稳固的联系。区分它们的东西会逐渐消失，最后只化成了一个阴暗的背景，在这种背景上，那些永恒的特征变得更加醒目。这些一致特征逐渐巩固，最后融为一个统一的、不可分割的整体，这些构成了概念的心理学本质。而概念无论从起源还是从功能上看，都只是所有记忆碎片的总和，这些碎片来源于那些对真正事物和真正过程的感知。这些碎片的实在表现在，只要每个新出现的内容是根据它们而被理解和改造的，那么它们就能对感知行为本身发挥一种特殊且独立的影响。所以，此时我们就站在(这种立场的拥护者本身有时会强调这个)这个观点上，它与中世纪"概念论"的观点相似。真实和文字性的抽象只能取自具体的感知内容，因为它们蕴含在这种内容中，且作为共同元素存在。本体论观念和心理学观念的不同之处只是，经院哲学的"事物"是复制在思想中的存在，然而在这里，客体只意味着是感知内容。

从形而上学的立场来看，这种区分虽然看似重要，但并未影响到逻辑学问题的意义和内容。如果我们停在后一问题的范围内，我们会在此发现关于概念的一个共同的、根本的观念，无论该问题如何变化，这个观念都显然是不容置疑的。然而正是在这个没有观点分歧的地方，方法论的困难才真正开始。此处阐述的概念理论是否充分而翔实地勾画了具体科学的过程呢？它包括并描述了该过程的所有具体特征了吗？它对它们的表现是否包含了所有的共同联系和具体特征呢？至少对亚里士多德理论来说，答案是否定的。亚里士多德的特殊目标和兴趣便是概念，是描述性和分类的自然科学的属种概念。橄榄树、马、狮子的"形式"是要被确定和建立的。只要他一离开生物学思想领域，他的概念理论便停止了自由、自然地发展。从一开始，几何概念就分外反感被缩减为惯常图式。点、线、面的概念不能作为物理物体的固有部分被指出，也不能通过简单的"抽象"与物理物体分开。即便在精确科学提供的这个最简单的例子中，逻辑学技术也面临着一个新问题。通过发生学定义，通过建设性联系的知性确立，形成了数学概念，它们不同于经验概念，后者的目标只是复制事物给定实在的某些事实性特征。在经验概念中，许多事物只为自身也只在其自身给出，而且只会为了一个缩写的文字性或知性表达而聚集在一起。但在数学概念中，我们首先必须通过简单的构建操作、递进合成来确立思维构建物的系统联系，从而创建出一个集合，这个集合便是思维的对象。与赤裸的"抽象"，也就是思考操作本身不同，在这里，似乎可以自由地产生某些关系性系统。很容易理解，即使是现代形式的抽象逻辑学理论，也经常尝试消除这种对立，因为抽象理论的价值和内在统一问题必须在这个点上解决。这种非常尝试虽怀着要帮助该理论的好意，却立即引起了后者的变形和分崩离析。抽象原则不是失去了它的普遍有效性，就是失去了原属于它的特定逻辑学特征。

米尔对数学概念的分析。所以，为了保持最高经验原则的统一性，米尔解释了数学真理和概念，同时仅仅把它们作为对具体物理事实的表达。"1＋1＝2"的命题只是描述了合加事物的过程强加给我们的经验。在另一种客体世界中，例如，在一个两个事物相加自动生成第三物的世界，这个命题就失去了意义和有效性。表示空间关系的定理也一样，一个"圆的四方形"对我们来说是一个矛盾的概念，因为我们的经验无一不表明，一个物体在拥有圆的特性时就立即丧失了拥有四个角的特性，所以一个形状的开始必然伴随着另一个形状的结束。根据这种解释方式，几何和代数似乎又成了关于特定表象群的命题。当米尔准备进一步证明具体的排序测量经验，也就是我们的全部知识具有价值和独特含义时，这种解释失效了。在此，对于我们保留下来的关于空间和时间关系的图像，我们会首先想到它们的准确性和可信性。各种经验都表明，在这种情况下，复制出的表象在所有细节上都与原始事物相似。几何学家构建的图像与原始印象完美对应。在这方面可以认为，为了找到新的几何学或代数学真理，我们不需要每次都重新理解物理客体，"记忆—图像"凭借它的清晰性可以代替被感知客体本身。然而，这个解释立即与另一个交叉了。我们本以为数学命题拥有独特的"演绎"确定性，但现在，这种确定性被追溯回了这个事实：在这些预设中，我们关注的从来都不是关于具体事实的命题，而只是假设性形式之间的关系。没有什么真实的事物能与几何定义严格符合——没有哪个点不具大小，没有哪条线绝对直，没有哪个圆拥有完全相等的半径。此外，从我们的经验来看，不仅这些内容的实际实在，甚至它们的可能性都必须被否认。就算不把这种实在以及可能性排除在宇宙的物理特性外，也该排除在地球的物理特性外。我们不仅否定几何对象的物理存在，同样否定它们的心理存在。因为在我们的脑海中，我们从未见过一个数学上的点，而只能见到非常小的点，同样，我们从未"构想"出一个没有宽度的线，因为我们能想到的每个物理图像都告诉我们线是有宽度的。很明显，这种双重解释否定了它自己。一方面，所有的强调都放在了数学思想和原始印象之间的相似性上；然而另一方面又认为这种相似性不存在，也不可能存在，至少对那些在数学科学中被单独定义和描述为"概念"的形式来说是这样的。这些形式不能单单从自然事实和表象事实中选择出来，因为它们在这些事实中并不拥有任何具体关联物。迄今为止人类所理解的"抽象"，并没改变意识实在和客观实在的构成，而只是在其中做了一定的限制和分割，但它仅仅分割了"感觉—印象"的部分，并未给它添加任何新数据。然而在纯数学的定义中，正如米尔解释的那样，被感知物和表象更多的是被另一种秩序改造和替换，而不是被其复制。如果我们追溯这种改造方法，就会揭示出某些关系形式或者一个严格区分了知性功能的有序系统。而这些对于简单的"抽象"图式来说，既无法证明，也无法描述。如果我们从纯粹数学概念转向理论物理学概念，就会再次印证这个结论。因为，可以在它们的起源上看到这个具体感官实在的转化过程——该过程不能由传统原理证明，并可以精确地对其进行跟踪。这些物理概念的初衷也不只是为了产生知觉的复制体，而是用另一种符合某些理论条件的繁杂代替一个感官的繁杂。

抽象的心理学理论的缺陷。然而，无视抽象概念的本质时，我们会发现，那个传统逻辑学特别诉诸的同时也是其基础的幼稚世界观，在它自身内隐藏着一个根本上相同的问题。有人推测，事物的相似性对我们来说逐渐胜过了它们的多样性，于是产生了种和属的概念。也就是说，相似点凭借它们的频繁出现，把它们自己印在人的脑海中，而因具体情况而变化的不同点则不能获得这种固定性和永久性。很显然，事物的相似性只有就其本身来理解和判断时，才能有效果。先前的知觉留给我们的"无意识"痕迹实际上就像一个新印象，只要那些元素不被认定是相似的，这便和此处所指的过程无关。这样看，一个辨识操作就被认作一切"抽象"的基础。给思维赋予一种独特功能，也就是说，让它把一个当前的内容和一个过去的内容联系起来，去按照这两项内容的相同方面去理解它们。这种把两个在时间上隔开的情况联系在一起的合成过程，在两个被比较的内容中不具有任何可感知的直接关联物。根据这种合成过程发生的方式和方向，相同的感官材料可以在非常不同的概念形式下来理解。抽象的心理学首先必须假定，为了进行逻辑学思考，可以把知觉内容排列成"相似物序列"。如果没有这种排列过程，不把不同的情况贯穿起来，就不可能意识到它们的属种关系，当然结果也不会意识到抽象客体。然而，这种从项到项的过渡，明确预设了一个指导其发生的原则，这个原则也决定了每一项和其紧接着的下一项之间的依存形式。所以，按照这个观点，所有的概念构建也是与序列构建的一些确定形式相联系的。当一个感官杂多的所有项并非毫无联系地一个挨着一个，而是根据一个根本的生成关系，从一个确定的起点出发形成一个必然的序列，那么我们就说这个杂多被概念性地理解和排列了。这种生成关系在具体内容的变化中保持自身不变，构成了概念的特定形式。另外，这种关系特性的保留是否最终进化出了一个抽象客体，也就是一个把相似特征统一起来的一般性表象呢？这只是一个心理学的枝节问题，并不影响概念的逻辑学描述。生成关系的本质，可以排除那种一般性图像的出现，同时在根据过去清晰演绎每个元素时也不会因此去除那个决定性环节。在这种联系中，抽象理论的真正弱点在选择的片面性上表现得最明显，它从各种可能的逻辑顺序原则中只选了相似性原则。事实上，将可以看到，一个内容序列在其概念性排序中，可以根据最不同的观点进行排列，但前提是指导性观点本身在质方面的特殊性保持不变。在相似物序列中，所有单独的项都会拥有一个共同的元素，而在另一种序列中，每一项和其下一项之间都存在一定程度的不同，我们可以把这两种序列放在一起。所以，我们可以根据等或不等、数和大小、空间和时间关系或因果关系来理解序列的项。在所有情形中，如此产生的必然关系都是决定性的，概念只是它的表情和外壳，并不是它的属种性表象。它的属种性表象也许会在特殊情况下偶然出现，但是不能作为一个有效元素进入概念的定义中。

序列形式。如此一来，抽象理论的分析回到了一个更深刻的问题上。这里所说的内容"比较"首先只是一个模糊的表达，它把这个问题的困难隐藏了起来。事实上，在一个简单的集体名称下，那些属于不同范畴的功能被结合在了一起。对于任何特定概念，逻辑学理论的真正任务都在于阐述这些功能的基本特征和它们的形式方面。抽象理论掩盖了这个任务，因为它混淆了范畴形式和这种内容本身的部分，其中，范畴形式决定了感知内容的所有确定性。然而，即使是最简单的心理学思考都表明，任何内容之间的相似性本身都不能作为更深一步的内容，那种相似性或相异性都不能如颜色、音调、挤压感和触碰感那样成为一种具体的感官元素。因此，概念构建的普通图式需要一个全面彻底的变换，即使只是改变它的外部形式。因为在这种图式中，事物的性质和纯粹的关系方面被放在同一水平上，并融合在一起不做区分。这种识别一旦建立，思维的工作看起来就像只是从一系列知觉如 $a\alpha$、$a\beta$、$a\gamma$……中找出共同元素 a 一样。然而事实上，在一个序列中，不同项依靠一个共同特性形成的联系，只是所有可能的逻辑联系中的一个特殊例子。不过，在任何情况下，项之间的联系都是通过一些普遍的排列定律产生的，通过这个定律，贯穿整个序列的法则才得以建立。把系列 a、b、c……各元素联结在一起的事物本身并不是一个新元素，而是一种累进法则，无论其中的项是什么样子，它都保持不变。函数 $F(a,b)$、$F(b,c)$……确定了序列中前后项的依存关系，但它本身并不能称为这个序列的一项，虽然这个序列依据它而存在和发展。之所以说概念性内容的统一性可以因此从概念外延的具体元素中"抽象"出来，是因为它与这些元素的联系，使我们意识到了那个把这些元素联系在一起的特定法则，而不是因为我们通过干巴巴的总结或略去部分在这些元素中建立了这个法则。不把脱胎出概念的内容预先设定为支离破碎的特殊性，而是默默地从一开始就把它们当成一个有序的杂多，只有这样，才能帮助抽象理论。然而，概念并不能因此被推导出来，而只能被预先假定。因为，当我们给一个杂多赋予顺序和项之间的联系时，就已经预设了这个概念，就算没有预设出它的完整形式，也假定了它的基本功能。

"事物—概念"在逻辑学关系系统中的位置。这种逻辑学预设在两种不同的思路上最为简单明了，其一是整体和部分的范畴，其二是事物和其属性的范畴，后者已经应用在属种概念起源的惯常原则中。此处有两个不言自明的原理：第一，给定的客体是具体属性形成的组织；第二，由这种属性组成的所有属性组被分割为部分和亚部分，每个部分或亚部分包含一些属性。然而实际上，不只是要描述"给定物"，还要根据一定的概念性比照来判断和塑造它。但是一旦认定了给定物，我们就必须明了一点，即我们现在只是站在一个起点上，这个起点指向远处。我们用整体和部分的概念以及事物和属性的概念来描述属于范畴的操作，但是范畴的操作不是孤立的，而是属于一个不可被其穷尽的逻辑学范畴系统。在一个普遍的关系理论中设想出该系统的图景后，我们可以从这个立足点出发再确定它的细节。另外，幼稚世界观强调了某些关系，若从这些关系的有限立足点出发，就不可能看到关系的全部可能形式。事物的范畴表明它自己不适合这个目的，因为我们在纯粹数学中有一个知识领域，在这个领域里，事物和其特性在原则上不被考虑；因此，这个领域的基础概念中也不包含事物的任何普遍特性。

三、"抽象"的否定性过程——数学概念和它的"具体普遍性"——对抽象理论的批判——"第一"和"第二"客体——客观"意图"的多样性——序列的排序形式和项

"抽象"的否定性过程。在此出现了一个威胁传统逻辑学原则的更为普遍的新困难。如果只遵守关于具体到普遍的传统规则，我们就会得到一个矛盾的结果：思维从较低的概念发展向更高、更包容的概念的过程中，它只是在否定。在这里预设的基本操作是：我们抛下迄今为止掌握的某些规定性，从它们中抽象，

把它们作为无关的事物，不再考虑它们。大脑天生健忘，也无法理解遍布在特定情况中的个体差异，这些使它可以形成概念。如果过往经历留给我们的所有记忆图像都是充分明确的，如果我们能回忆起所有消失的意识内容，且回忆出的内容完备、具体、鲜活，那么我们就永远不会认为它们和新的印象完全相似，因此，也不会把它们与后者混为一体。复制过程永远不能保留下以前的全部印象，而只能描摹出它的轮廓，这种不精确性才使那些本身不同的元素统一起来。所以，概念的所有信息都开始于用一个普遍化的图像代替一个个体化的感官知觉，用它不完美和褪色的残迹来替代真实的知觉。如果我们执着于这种理解，就会得到一个奇怪的结果：我们在一个给定感官直觉上花费的所有逻辑学劳动，都是为了把我们和它隔得越来越远。我们对它的含义和结构的理解并没有加深，只是得到了一个肤浅 的图式，在这个图示中，具体情况的所有特征都已消失不见。

数学概念和它的"具体普遍性"。但是，由这样的结论可知，对数学的思考可以使我们再度受到保护，因为在这门科学中，概念的确定性和清晰度都达到了它们的最高水平。事实上，正是基于这一点，数学概念与本体论概念的差别才看起来最明显。18 世纪，哲学领域发生了一场关于数学和本体论间界线的方法论争论，在这场争论中，这个关系得到了令人满意且意义重大的表达。在对沃福林学派逻辑学的批判中，兰伯特指出，数学"普遍概念"的独家贡献是充分且严格地保留了具体情形的规定性。当一个数学家要使他的公式更加普适时，就意味着他不仅要保留更多的具体情形，还要能够从这个普遍公式中推导出它们。演绎的可能性不存在于学院派的概念中，因为这些概念是根据传统原则：通过忽略特质而形成的，所以，复制概念的具体环节似乎被排除在外了。因此，抽象对于哲学家来说非常简单，但另一方面，从普遍推出具体对他们来说也更加困难。因为在抽象的过程中，他们把所有的特质以一种无法还原的方式抛弃了，既然特质无法重获，就更别说去思考那些它们能够进行的变换了。这段简单的评论，实际上包含了区别的一个重大萌芽。一个理想的科学概念，似乎与以一字即可蔽之的一般性图式表象不同。这种真正的概念并不是无视它下面的特质和具体性，而是寻求去表现这些特质出现和联系的必然性。它给出的是联系细节本身的一个普遍法则。所以我们从一个普遍性的数学公式——如一个二阶曲线公式出发，通过考虑它们之间的某个参数并允许它们在一连续大小范围内变化，最终得到了特殊的几何形式，如圆、椭圆等。在数学里，越普遍的概念越能表现其丰富内容，任何掌握了它的人都可以从中推导出关于特定问题的所有数学关系。另一方面，他也认为这些问题不是孤立的，认为它们彼此存在一个连续的联系，存在着深刻的系统性联系。个别的情形仍然被考虑，因被当作普遍变化过程中的一个完全明确的步骤而被固定和确定了下来。概念的标志性特征不是表象的"普遍性"，而是一个序列性秩序原则的普遍有效性。我们不能把任何抽象部分从我们面前的烦琐中分离出来，但是通过设想它们是被一个包容性定律集结在一起的，我们就可以为它的所有项创建一个确定的关系。我们沿这个方向研究得越深，按照定律建立的联系越牢固，具体事物的模糊规定性就变得越明朗。例如，只有我们在现代几何学中上升到

"更高"的空间形式，我们才能清晰地理解欧几里得三维空间的直觉。因为通过这种方法，空间的整个不言自明的结构才能被清晰地揭示出来。

对抽象理论的批判。 逻辑学的现代阐述都试图通过把概念的抽象普遍性和数学公式的具体普遍性对立起来（和海格尔的一个著名区分一致），来考虑这个情形。在其自身内或凭其自身而被考虑时，抽象的普遍性属于属，它忽略了所有具体的不同点。相反，具体的普遍性属于一个系统性整体，其中包含了所有种的特殊性，并根据一个法则发展它们。"代数学解决了一个需要求解两个整数的难题，例如，这两个整数的和为 25，其中一个整数可被 2 整除，另一个整数可被 3 整除。解题方法是，用公式 $6z+3$ 来表示第二个数，其中 z 只能是 0、1、2 或 3，在它的基础上，可以用 $22-6z$ 来作为第一个整数的公式，这些公式具有具体普遍性。它们是普遍的，因为它们代表了能够解出所求数的法则，它们也是具体的，因为 z 只能取上述提到的四个值，要求解的数作为这些公式的种来服从它们。一般来说，对于每个含有一个或两个变量的函数，情况也是这样。每个数学函数都代表了一个普遍的法则，这个法则凭借变量可以被赋予的值，把一切成立的具体情形都包括了自身。"然而，一旦承认了这个区分，逻辑学就进入了一个崭新的探索领域。我们也看到了，属种概念的逻辑学代表了实体概念的观点和影响，与它相对，现在又出现了数学函数概念的逻辑学。然而，这种逻辑形式不只应用于数学领域；相反，它已扩张到了自然知识的领域，因为函数的概念组成了一般图式和模式，根据这种图式和模式，自然的现代概念已经熔铸到它累进的历史发展中。

在我们去追溯函数概念在科学本身内的构建，并通过具体例子来验证我们对概念的新理解前，也许可以通过引用抽象理论最近的一个标志性转变来说明这个问题的意义。在明显有新动因的地方，如果这个新动因得到了系统性的发展和运用，就会有超越传统观点的逻辑学问题被提出。这个动因的标志首先出现在洛策对传统抽象原则的怀疑性评论中。正如他的解释，思维在真正形成概念时并不遵循这个原则规定的路线，因为它一直都不满足于通过忽略特殊特性同时不保留一个它们的等价物而进入普遍概念。通过把金、银、铜和铅联系起来形成金属的概念时，我们不能为因此产生的抽象客体赋予金的颜色、银的光泽、铜的重量或铅的密度。同样，我们也不能简单地去否认它的这些具体规定性。这个概念显然不足以表示金属的特征，因为它既不是红的也不是黄的，不是这个或那个的重量，也不是这个或那个的硬度或强度，不过必须肯定，它在所有情况中都是有某种颜色、有某种硬度、密度和光泽的。类似的，没有任何生殖、呼吸形式是所有动物共有的，但如果我们因此就在动物的普遍概念里抛弃了生殖、运动和呼吸等方面，那么也就不能保留这个普遍概念。所以，抽象的法则不是简单忽略因种而异的 $P1$ $P2$、$Q1$ $Q2$ "标记"，而是用普遍 "标志" P 和 Q 的设立代替对具体规定性的忽略，所设标志的具体的种便是 $P1$ $P2$ 和 $Q1$ $Q2$。相反，只进行否定的过程最终会否定掉所有的规定性，结果，概念意味着逻辑上的 "空无一物"，而在这里，我们的思维将找不到回头路。我们看到了洛策如何在心理学思考的基础上，利用数学概念的例子来处理兰伯特已经明确提出的问题。如果我们把上述法则贯彻到底，它就会迫使我们在形成概念时不再忽略具体"标记"，而是保留下系统性全体，其中，那些标记作为特殊规定性从属于这个总体。只有总体上把所有颜色序列保留下来作为一个基本图式，我们才能从特定颜色中抽象。我们会针对这个图式思考已经确定下来的概念，和正在形成的概念。在用可以代表不同"标记"的所有可能取值的变量代替不变的具体"标记"时，我们就能表现这个系统性全体。所以很明显，把具体规定性放在一边的过程，只在表面上看来是纯粹否定的。事实上，看起来被删除的事物，其实是以另一种形式在另一种不同的逻辑学范畴被保存了下来的。只要我们认为一切规定性都在于事物和其属性中的不变标记，那么，每个逻辑学概括过程就肯定看起来严重缺乏概念性内容。但严格来看，概念在一定程度上去除了类似于事物的存在，在这个程度内，它的独特函数性特征被揭示了出来。普遍性的法则代替了固定的特性，前者允许我们一眼就能审视到全部的可能规定性。这种变换、这种向逻辑学存在的新形式的变化，是抽象取得的真正积极的成就。我们不能从 $a\alpha_1\beta_1$、$a\alpha_2\beta_2$、$a\alpha_3\beta_3$ 直接到它们的共同组分 a，而只能用一个变量表达式 x 表示所有单项式的 α，用变量表达式 y 表示所有单项式的 β。以这种方法，我们把整个系统统一成 axy，这个表达式可以通过一个持续的变换，变为序列中所有具体的项，因此可以完美代表概念的结构和逻辑分支。

"第一"和"第二"客体。 这个思维转变甚至可以追溯到那些在基本倾向上保留了传统抽象理论的逻辑学阐述中。这个倾向的意义重大，例如，埃德曼在完成了他的概念心理学理论后，发现他对数学流行的思考迫使他引入了一个新观点和一套新术语。他现在认为，所有概念构建过程的第一阶段，其实都包含了在统一性的基础上分离出的某个普遍概念。其中，这个普遍概念的内容在多变的细节中保持统一；但是给定物的这种也许是原始的统一，并不是能使我们标记出表象对象的唯一条件。在思维的过程中，对必然联系的意识很大程度上补充了对统一性的意识，这种补充如此深入，以至于我们最终不再依赖重复次数就可以建立一个概念。"无论我们知觉里的合成客体存在于所形成表象的哪个地方，在那里，只要这个客体出现一次，我们就能确定它的确切特征，把它作为序列的一项，哪怕我们再也不会感知它。其中，我们产生的知觉内容是一个知觉序列中一个清晰的项，就仿佛是一系列颜色中的一个新色度，一系列具有相似特性的已知化合物中的一个新化合物。"我们可以把"感觉—知觉"的对象称为第一客体，现在又出现"第二客体"，这种客体的逻辑特征只能由它们的基础联系形式规定。一般，只要我们把思维对象统一在一客体中时，我们就创造了"第二客体"。统一性操作在个体元素间建立了联系，而客体的全部内容都表现在这些联系中。埃德曼说他被现代群论的问题引入了这种思维类型，它挣脱了概念形成的旧有图式。在一个概念中，元素的"含义联系"决定了它们的统一，而不是决定了它们的"符号"群。在此只通过补充的方式引入这个标准，并把它作为次要方面。深入的分析表明，该标准是真正的第一逻辑准则。抽象把概念从元素中带出来，并通过某种关系对它进行第一次安排和联系，我们也已经看到，如果抽象不考虑这些元素，它就的仍然是漫无目的、毫无意义的。

客观"意图"的多样性。 一般，随着关系概念和杂多的纯逻辑方面越来越清晰，人们觉得，很有必要建立一个新的心理学基础。如果纯粹逻辑所面对的客体不同于知觉的个别内容，但拥有它们自身的结构和"本质"，那么我们肯定要问，这种特殊"本质"是怎样进入我们的意识，又是通过什么操作被我们注意到的？很明显，简单的感官经验无论堆成多大一堆，不管被我们搞得多复杂，都不足以达到这个目的。因为感官经验只关心一个或多个具体客体，把单个的情况加在一起永远都不能产生特定的统一性，而概念恰好就需要这种统一。虽然注意力是概念形成过程中的真正创造力，但注意力理论在较为深刻的纯思维过程现象中毫无用武之地，因为注意力只能在给定的知觉中分开元素或把它们联系起来，却不能给这些元素新的含义，也不能给它们提供新的逻辑功能。然而，正是这种功能的改变，才首先把知觉和表象内容转化为逻辑意义上的概念。从意识过程的纯粹描述分析角度来看，我注意到了一个事物的某个具体特性，例如，我从一幢房子的知觉复合体中挑出了其特殊的红色，这和我把"这个"红色当成一个种来思考是不同的。对数字"4"做出有效的数学判断，从而把它放在一个客观的关系联系中，与把意识指向一个拥有四个元素的具体事物或表象群是不一样的。"4"在一个理想的和永恒有效的全部关系中的地位，以及在一个数学定义的数字系统中的地位给了它逻辑规定性，但是感官表象必然局限在一个特定的"此处"和"现在"，所以不能产生这种规定性形式。在此，思维心理学奋力追求新进展。以前的问题是内容在它的物质性、感官结构中是什么？现在似乎又产生了一个问题，它在知识系统中的意义是什么？如此一来，它的含义脱离了各种可以和内容联系在一起的逻辑学"操作"。这些"操作"通过在感官统一内容上烙印上不同的客观"意图"对这些内容进行了区分，它们是完全不可能在心理中获得的。因为它们是意识的独特形式，不能被简化为感觉或知觉意识。现在，抽象的意义已经完全不同于传统感觉主义原则对它的定义，虽然我们仍然说抽象是概念之母，但抽象不再是对一个给定内容进行同等、无差别关注的过程，而是由最多样和互相独立的思维操作取得的知性成就。其中，每个操作都包含了内容的一种特别含义，包含了客观参照的一个特殊方向。

序列的排序形式和项。所以，我们主体的范围是完整的，因为我们是从"主观性"分析的一边也就是意识的纯现象学出发，最终得到了这同一基本区别的。这个区别的有效性已经为"客观"逻辑研究所证明。经验理论把某些表象内容的"相似性"当成不言自明的心理学事实，这个事实用于解释概念的形成。但需要指出的是，只有确立了某个可以区分元素像或不像的立足点，才能说某些元素间的相似性很重要。然而这种参照的特性，这种相似性比较赖以发生的立足点的特性，对于被比较内容本身来说，是与众不同的新特征。一方面是这些内容，另一方面是统一它们的概念性"种"，这两者之间的差别是不可简化的事实，是绝对的，属于"意识的形式"。事实上，它是序列的项和序列的形式之间独特对比的新表达。概念的内容不能分解为概念外延的元素，因为二者不在同一个水平面上，而是在原则上属于不同的维度。把单个的项联系在一起的法则，其意义不是列举多少例子就能穷尽的，因为这种列举缺少能够使我们把单个的项联系成一个功能性整体的生成性原则。如果我知道把 $a\ b\ c$…… 组织起来的关系，便可以通过思维来演绎它们，可以把它们作为思维对象而区分出来。另一方面，单单从 a、b、c 在表象中的并排，不可能看出这种联系关系的具体特征。在这种联系中，不存在实体化纯粹概念的危险，也就是给它一个与具体事物一样的独立实在的危险。序列形式 $F(a$、b、c……) 把一个杂多的项联系了起来，我们明显不能用思考 a、b 或 c 的方式来思考它，因为这样必然使它丧失其独特特征。它的"存在"只在于把它与其他序列形式 ϕ、ψ……区别开的逻辑规定性。这种规定性只能用一种合成定义的操作来表示，而不是用简单的感官直觉。

这些思考指出了下述研究的方向。在我们看来，纯粹"序列形式"的总体和顺序都在科学的系统内，尤其是在精确科学的结构内。所以，该理论在此找到一块富饶的土地，在这里，我们可以不依赖任何关于概念"本质"的形而上学或心理学预设而探究它的逻辑意义。然而，纯粹逻辑学的这种独立并不意味着它在哲学系统内的孤立。哪怕是仓促地看一眼"形式"逻辑的演变，我们都会看到传统形式的刻板是怎么开始"低头"的。开始形成的新形式也包含着新内容。知识心理学和知识批判、意识的问题和实在的问题，都参与进了这个过程。基本问题不存在绝对的分支和界线，真正"形式"概念的每个变换都会引发对整个领域的新解释，因为每个转变都是这个领域的标志性特征，并且对这个领域进行了排序。

第二章　数的概念

一、　数的感觉主义演绎——弗雷格的算术基础——算术系统——数字和"表象"——表象内容和表象操作

无论从历史还是从系统的角度看，数的概念在纯粹科学所有基本概念中都居于首位。正因为与它联系，对概念形成的意义和价值的认识才得以发展。知识的所有力量、可感知物所有可能的逻辑规定性，都包含在了数的思维中。如果没有数，事物的一切都不可以理解，包括事物本身以及它们之间的联系。毕达哥拉斯学说穿越了哲学思想的所有变化，其真正意义却一直未变过。在数字中把握事物本质的观点逐渐失去了声音，但与此同时，"理性知识植根于数字中"这一认识却得到了深化和澄清。即使不再能从数的概念中看到客体的形而上学核心，但总体上来看，它仍然是理性方法的第一表达和最真实的表达。关于知识，存在不同的基本解释，这些解释的原则性差别都可以直接反映在数中。知识的普遍理想通过数字获得了一个更为确定的形式，它在这种形式中首次得到了充分清晰的定义。

数的感觉主义演绎。所以，非常好理解，我们应该在代数的门槛处面对这个一般性对立，该对立可以在逻辑学领域找到。如果我们接受了传统逻辑学的立场，我们就会希望发现数字性概念所揭示出来的基本客体特性。严格地说，关于抽象的理论并没提供其他的立足点。正如我们可以根据尺寸和形式来区分客体，也可以通过气味和味道来区分，所以，在抽象理论上，它们也必然有某个能给它们提供数字性特征的特性。"二"或"三"的概念可以从多个客观群中抽象出来，就如某个颜色的概念是通过0比较有色可感知物而产生的。从这个角度来看，也可以把所有关于数字和数字性关系的观点当作客体特定物理特性的表达。在经验主义的现代发展中，这种隐藏的含义首次被人发现。所以，根据米尔的观点，"2+1=3"的命题不只表示定义，不只固定了我们将拿来和二和三的概念进行联系的含义，而是表示了一个经验事实，我们的空间知觉到目前为止都总是以相同方式来表达这个事实。看到3个按一定方式排列的事物时，例如000，我们总是能够把它们分成00，0这种部分群。3个卵石在分成2堆时，给我们的感官造成的印象与它们堆成一堆时不同。所以，说第一种情况中的知觉总可以单单通过对其部分进行空间重排而变换成第二种知觉的断言，并不是一句废话，而是一个从先前经验中归纳出的真理，这个真理持续被验证。这种真理构成了数科学的基础。这种科学的理想化外观必然因此消失。代数命题失去了它们先前的非凡地位，开始和其他物理学观察处于同一平面上，这些观察是我们针对物体世界中的分离和组合做出的。怎么可能有与可感知事实无关的重要有效判断呢？十的概念不是毫无意义，它意味着某个均匀的总体印象，这种印象总是出现在包含10个物体、10个石头或10下心跳的群中。"从客体中如此得到的各种印象在它们自身中间组成了一个系统，这个系统里充斥着某些恒定的关系",也是一个仅拥有经验确定性的命题。另一种实在,另一个物理环境,可以使"22=5"变得对我们来说是熟悉、不言自明的,就如它现在在我们眼中是不可理解、荒谬的一样。

弗雷格的算术基础。这是跨入精确科学问题领域的第一步,我们已经清楚地看到,在看起来是纯粹形式的逻辑差异中可能包含了什么样的真正含义和重要性。无论怎么评价米尔关于基础数学原理的理论,我们都必须承认,该理论是他通过对概念的普遍解释得出的令人信服的结果。这个理论的意义非常重大,运用时,它甚至会和科学算术本身的事实发生直接冲突。在现代数学中,科学代数事实无论在何处得到了分析和解释,纯数字的逻辑结构都会和米尔的"卵石和姜饼坚果"算术明显地区别开,并因此防止了一个可能错误的。事实上,如果米尔的演绎是正确的,算术概念将失去构成它们独特价值和含义的规定性。数字的逻辑差异将被限制在我们的心理区分能力内,无论这种能力是怎样的,它都是我们在理解给定客体群时得到的。然而,这种结果的荒谬性是显而易见的。数字 753684 与 753683 或 753685 之间的区别就像 3 和 2 或 1 的差别一样明确清晰。但是谁能指出能够区分这两个具体群的"印象"呢?同样,数字概念的独特内容在这里丢失了,所以,我们也因此失去了它基本的应用范围和自由。根据米尔的看法,只能在可确实对客体进行组合和分离的地方,才能发生编号的合成,在这样的地方,事物本身可以被集合和分离成可感知的空间群。不同空间群带给我们的不同图像构成一个基础,在这个基础上我们才能建立起关于数字关系的所有断言。只有在空间感官知觉的领域中,这些真实组合和分离才能成为可能；离开了这个领域，数字概念就会缺少真正的根基。但实际上，我们不仅说一堆种子的种子数，我们还说类的数目，说开普勒定律的数目或能量因子的个数，这些客体都不能像卵石那样挨着排列和彼此分离。弗雷格在他对米尔学说的犀利批判中指出："如果一个从外部事物中抽象出的特性可以在应用于经验、表象和概念的同时不发生含义改变，这才真是奇怪。这绝对就像我们提起段可熔的经历、一个蓝色的表象、一个咸的概念或一个黏的判断。如果本质可以被感知的东西通过与不可被感知的东西联系起来呈现自己，那么这种呈现就是荒谬的。我们看到一个蓝色平面时，会有一个和单词'蓝'对应的特殊印象，当看到另一个蓝色平面时，我们会再次认出这个印象。如果我们假定，以同样方式看一个三角形时，会产生某种与单词'三'对应的感官东西时，那么这个感官元素必然也存在于'三'的概念中。非感官性东西将把某种感官性东西作为一个属性。如果我们把'三角形的'这个单词当作一个整体来看，我们相信会存在某种感官印象与它对应。我们不会直接看到它包含的'三'，但是我们能看到依附有一个知性活动的某种东西，它会让使我们做出判断，而数字'3'便在这个判断中出现了。"

算术系统。数的感觉主义解释必然暗含着荒谬性，如果不能在第一演绎中直接看出这种荒谬，那是因为这个演绎并没完全排除知性活动也就是判断过程，而是隐隐假定了它。根据这个理论，只有算术的第一真理、只有最基本的公式才是直接观测物理事实的结果，而代数的科学系统并不是建立在不断变化的知觉事实集合上，而是建立在对原始感官事实的"概括"上。这种理解包含了很多迷惑，这个理论承诺会一一解决它们。当我们准备给这种理解赋予清晰确定的意思时，我们发现它直接隐含了多种不同的、参与数字构建的知性前提。我们对较小的客体集合进行了一些观察，如果可以把这些观察渐渐应用于更大的集合，并且按照规定前者的方式来规定后者的特性，我们就必须假定这两者之间存在着一些形式的联系和依存关系，而我们可以通过这种关系从一个推导出另一个。如果我们不认为它们本质相似，我们就没有权利去把任何出现在单个群中的规定性扩展到拥有更多或更少元素的群中。然而这种相似性也只意味着它们是被一个明确的法则联系起来的，这个法则允许我们通过同等运用同一个基础关系，而从一个杂多变为另一个杂多。事实上，如果不假定一个这样的联系，我们就不得不提防一种可能，即从一个给定群中添加或抽取出的任何元素可能会改变这个群的总体特征。这种改变将使我们不可能从一个群的关系推导出其他任一群的关系。新的元素将像许多物理条件或力那样，会完全改变整体并消除掉它的基本特征。没有任何普遍适用的法则、任何贯穿全局的关系能够把数字王国里的成员全部联结在一起，相反，每个数学命题都必须通过观察或感知每个单独成员而被证明。感觉主义理论只能通过神不知鬼不觉地偏移进入另一种思路，才够避免这种后果。对原始数字经验进行概括的需要，暗中包含了数字概念具有普遍性的认识前提，然而在解释时，这个前提会被放在一边。纯演绎地构建数字集的道路再次打开，为此，我们只需要明白，每个理论在通向更高算术形式时都必须具备这个知性过程，而该过程构成了元素本身规定性的必要和充分根基。感觉主义理论最终违背自己的意愿承认了这个结果，而在这个结果中，出现了统一有序演绎的首个观念，该观念从一个共同原理中获得了它的根基和超级结构。

数字和"表象"。然而，似乎还有另一种办法能让我们如愿以偿地建立数字命题和事物经验性存在的关系。如果我们不再认为所有的算术判断对准的都是物理事物并且它们的有效性也依赖于这些物理事物，那么仍然保存下来的就还有另一种实在，在这种实在里，我们似乎能够理解真正原始的数字概念。这些概念的来源不是外部事物，而是以自己独特和不可化简的存在模式存在着的"意识"本身，它们的目标是包含和代表一个精神存在，而不是一个物质存在。这似乎道出了数字概念的范围和普遍性。数字在表达特定的物质存在及这些存在之间的关系时，必然会受到一些限制，但当它作为表象和物理实在时，就会免受这些限制。通过联系一个具体问题，我们可以认出之前我们在普遍逻辑理论领域里遇到的那个知性变换是如何在这里发生的。我们放弃了直接让概念复制外部实在的尝试，我们的脑中没有出现这种外部实在，而是出现了它的现象形式。列举数字的操作并不能给出事物本身的关系，只能说明它们是如何在我们自我的理解力中得以反映的。

不管这个变换能把这个问题往前推进多少，它仍然和感觉主义演绎拥有一个共同元素。数的原则在这里再次获得了一个独立的逻辑学根基，它现在成了心理学的一个附件，就像它曾经是物理学的一个特例一样。然而对于心理学来说，"表象"在后一种分析中都只意味着是一个确定的心理学内容，它根据具体情况出现在单个主体中，同样也可以按照那个方式被销毁。这个内容因个体而异，此外，对于同一主体，它一旦消失就不可能再以完全相同的形式返回。所以，这里给定的总是一个受时间限制和规定的实在，不是可以保留在不变逻辑特性中的一个状态。然而，正是对后者要求的满足，才构成了纯数字概念的所有含义和价值。命题"7+5=12"并没表达表象性经验的联系，无论这种联系是出现在过去还是将来会再次出现在个体思考者中，它都只是建立了一种联系，根据柏拉图表达式，它把 7 和 5 本身连接在 12 本身中。这个判断所指向的客体，虽然有理想性，但也拥有一种固定性和清晰性，它们可以把它与表象的多变内容截然分开。对于一个人，"二"的心理学图像可能伴随着一个空间表象，然而对于另一人，也许没有这种空间表象。它时而清晰时而昏暗，但是，"二"的算术含义并不受这些差异的影响。概念"是"什么又意味着什么，这些只能通过把它理解为某些判断的承担者和起点以及所有可能关系构成的总体而得到确认。在概念所进入的所有断言中，如果两个不同的概念可以彼此替换，并且一个概念持有的关系可以递送给另一个概念，那么它们就是等同的。应用这个标准，就立即能揭示出数字概念的逻辑意义和表象的心理学概念之间的全部不同。数字序列中存在的标志性关系并不能当作给定表象内容的特性。说一个表象大于或小于另一个表象、是另一个表象的二倍或三倍或者一个表象可以除尽另一个表象都是无意义的。同样无意义的是假设有·无数个数字，借此去推翻这种认识，因为一个表象的所有"存在"都在于它的直接给定性中，在它的真实发生中。如果数字是个体意识里的实在，那么它们只能在有限群中给出，也就是说，在意识中作为具体元素而被意识到。

表象内容和表象操作。 在区分纯数字概念和心理学表象内容时，这种批判看起来并未理解物理存在领域的全部意义和范围。有人认为，不能在具体和孤立的含义内容中指出数字的标志性特征，而理由只是，这里有一个大体上控制和指导内容起源和形成的普遍预设，对此我们可以理直气壮地表示反对。我们借以定义任何元素和把这些元素放一起形成新形式的操作构成了一个唯一条件，只有在这个条件下，我们才能说元素的一个杂多以及元素间的联系。区别和联系的活动不产生任何具体内容，它可以单独成为数字概念的心理关联物，而我们一直想要的正是这种关联物。与数字规定性相联系的不是内部实在或外部实在的客体，而是统觉操作。统觉操作也是数字规定性回去寻找自己意义的地方。因此，可以从一个新的出发点去理解和建立纯数字概念和"普遍性"。即使感觉主义认出了这种普遍性，它也是按照它的基本理论把它理解为一个类似事物的"标记"，这个标记存在于一组具体的客体中。正如米尔说："所有的数字肯定是某种东西的数字，在抽象的世界中，没有数字这种东西。尽管数字必须是某种东西的数字，它们却可以是任何东西的数字。所以，关于数字的命题有着显著的特点，即它们是关于随便什么东西的命题，这些东西包括我们的经验所认识到的所有客体、各种形式的存在。"在此，事物的可数性这一数学特性就像任何物理特性那样得到了确认。正如我们通过全面比较个体情况而认识到所有物体都是有重量的，我们也通过类比的方法发现了它们的数字确定性。然而，我们认识到我们已经暗中得到了数字普遍性的断言，只要这个断言还依赖这类过程。因为没有任何东西可以向我们担保说，经验之外的情况也显示了那些现实观察到的特性并为此服从算术定律。通过从一般的统觉联系和分离这一基本操作对数字概念进行更深、更成熟的心理学演绎，我们首次得到了关于数字基础的新立足点。从这个立足点来看，之所以说数字具有普遍性，不是因为它是存在于每个个体中的固定属性，而是因为它表达了一个恒定的判断条件，即把每个个体都当成一个个体。我们不是通过考虑多个具体情况才获得这种普遍性的意识，相反，这种意识已经预先存在于我们对每种情况的理解中。思维处在一个可以确认并且维持一个法则的概念特性的地位上，尽管该法则在时起来会出现很多不同点和具体特征。正是因为思维的这种地位，我们才可能把这些个体安排进一个包容性整体。

这种演绎从完成的表象内容返回到形成这些内容的操作，其中，真正的数字逻辑问题与其说得到了部分解决，还不如说被推后了一步。无论我们给纯思维操作赋予什么建设性价值，这些操作在纯粹心理意义上都只是在时间中来了又走。它们属于某个意识流，并随着该意识流在此刻的具体情况下现时现处流动。然而，之前的问题又在这里出现了。在算术判断中表达和建立的并不是受时间限制的实在的关系，在这里，思维伸出了整个思维过程的领域，进入了一个理想客体的领域，并赋予了这个领域永恒不变的形式。正是凭借这种根本形式，数字序列的各个元素才根据一个固定的系统法则联系了起来。但是，对形成表象的操作进行心理学分析并不能揭示出"一"和"二"是怎么联系的，"二"和"三"是怎么联系的，以及纯粹算术中包含的整个命题综合体是如何根据这个联系产生的。这种系统性联系的构建和客观根基属于一个完全不同的方式。起初，这个方法其实只是一个假设，要实现它必然会显得困难重重。因为，如果我们不把它当成一个内部或外部存在、心理学存在或物理存在的复制体，那么我们还剩下什么方式能用来建立一个概念呢？然而这个一直处于风口浪尖的问题只是表达了一种关于概念本质和功能的教条式观念，我们不能按照这个观念来估计算术概念和命题的系统。相反，形式逻辑的思考在这里找到了一个逐渐从该系统独立和固有的预设中产生的界限和标准。

二、 纯数字概念的逻辑学基础(戴德金)——关系的逻辑学——递进概念——作为序数的数——亥姆霍兹和克罗内克的理论——对唯名论演绎的批判

纯数字概念的逻辑学基础(戴德金) 前几十年，科学算术越来越要求从纯逻辑前提中演绎出数字概念的全部含义，这个要求也标志着科学算术在这段时间内的发展。空间科学似乎属于直觉或者甚至说属于经验知觉。另一方面，人们也承认要通过一个"有限的简单思维步骤系统"，来确定数字的所有规定性，同时又不诉诸任何可感知客体或依赖任何具体可测量的量。从逻辑中演绎出算术，其中，假定前者有一个新形式。戴德金在开始他对数概念的演绎时说道："如果去看我们对一组事物进行计数时做了什么，我们将被带入这样的认识：大脑有把一个事物与另一个事物联系、对应起来的能力，能让一件事物复制另外一种事物，总之，如果没有这种能力，大脑就不可能会思考。无可避免地，这

是整个数字科学立足的根基……"在这里，多个事物的传统逻辑原则以及大脑复制它们的能力似乎是个起点。深思一层后就很容易看出，这些旧术语在这里已经获得了新的含义。在进一步的演绎中说起的"事物"，在没有任何关系前，它们不是当前的独立存在，但一旦进入了算术学家的世界，一旦处于关系中且具有关系时，它们就获得了整个存在，其中这些关系也就是它们的谓词。这种"事物"是描述关系的术语，就其本身来说，它们永远不能孤立地被"给出"，而只能彼此联系成一个理想的群体。"复制"过程也经历了一个标志性的转变。我们不再想以外部印象为模子去制作出一个概念性复制体，其中，后者在某些具体特征上与前者对应，因为复制只是指一个把完全不同的元素融进一个系统性整体的知性安排过程。在这里，问题只是如何用一个序列原则把一个序列的所有项统一起来。通过原始假设固定下某个起点后，一切后来的元素都是给定的，因为关系(R)是给定的，而它的持续运用将产生该复合体的所有项。如此就产生了具有严格概念分割的系统和系统群，同时不需要通过某种真实的相似性使一个元素与另一个元素联系起来。

关系的逻辑学。在《数是什么？数应当是什么？》中，戴德金已经说明，在这些简单原理的基础上不可能建立起完整的算术，也不能全部解释它的科学内容。只要我们不是对数字概念本身感兴趣而是想把它当作纯粹"功能性"概念的一个例子，我们就不需要详细地追溯这种思想的数学发展，而尽可以满足于强调它的基本趋势。在一般关系逻辑中给出了数概念的演绎预设。考虑所有可能的、能够安排一系列知性构建的关系时，首先会出现某些基本的形式规定性，它们都属于某类关系，并且与具不同结构的其他类相区别。所以，如果给出了两个项 a 和 b 之间关系，在此用 aRb 来表示，那么首先可以认为，它同样适用于 b 和 a 之间，所以从 aRb 的有效性中可以推出 bRa 也成立。在这种情况中，我们称这种关系为"对称的"，一方面，我们把它与"非对称"关系相区别，在这种关系中，aRb 的有效性可以允许但并不必然意味着 aRb 也有效；另一方面，我们把它与不对称关系相区别，而这种关系不可反向成立，也就是说 aRb 和 bRa 不能并存。此外，如果一个关系因为适用于 a 和 b、b 和 c，所以也适用于 a 和 c，那么它就是可传递的。如果并不必然会产生这种扩展，那么它就是非传递的。如果这种关系的本质排除了这种扩展，那么它就是不可传递的。[①]这些规定性在关系微积分中有很广泛的应用，在此，它们之所以引人思考主要是因为它们更精确地定义了我们称为给定整体的秩序的东西。这种秩序存在于一个杂多所包含的项之间，有人认为它是不言自明的，就仿佛它是单单通过各项的存在而直接被给出的，其实，这种认识是个幼稚的偏见。事实上，它依附的不是元素本身，而是把元素联系在一起的序列关系，而且它所有的确定性特征和具体特质都来自于这个序列关系。进一步的研究表明，要在整体的所有项上印下一个确定秩序，总是离不开一些可传递的非对称关系。

---

①罗素指出了这些区别，他用不同的家族关系来表示它们，"兄妹"之间的关系是对称和可传递的，"兄"关系是不对称和可传递的，"父"关系是不对称的和不可传递的。

　　递进概念。现在，我们来考虑一个序列，它有个第一项，并且受某个前进法则的支配，在该法则下，每一项都紧随着下一项，前后两项由一个清晰的、可传递的不对称关系相联结，这个关系贯穿整个做如此"累进"的序列。通过这种思考，我们就理解了算术所涉及的真实根本类型。算术的所有命题所定义的所有运算，都只和累进序列的一般特性相关，所以，它们基本上不对准"事物"，而是对准存在于某些系统性整体中的排序关系。加减乘除的定义、正负整分数的含义都可以单纯地在这个基础上进行发展，而不必返回到具体可测量客体的关系中。根据这种演绎，数字的所有"可信"都依赖它们显示的内在关系，而不是和一个外部客观实在的什么关系。只要它们每一个在系统中的地位都明确由其他的数来确定，那么它们便不需要外来的"基础"，而只需要彼此支持。戴德金在定义中说"在考虑由'复制'φ安排的简单无限系统 N 时，我们完全从元素的具体特性中抽象，只保留它们的清晰性，只关心'复制'φ命令它们在彼此间形成的关系，所以我们称这些元素为自然数或序数，或只是简单地称之为数，而基本元素 1 被称为数字序列 N 的基数。考虑到元素从每个其他内容中解放了出来，我们可以把数字称为人脑的自由创造物。不管单个元素叫什么，关系或定律在所有有序简单的有限系统中总是一样的，它们构成了数或算术科学的主要对象。"从逻辑学的立场看，我们明显是在一个新的意义上来运用概念和"抽象"这一术语的，这很有意思。抽象操作的目标不是分离一个事物的性质，而是把独立于所有具体应用情况的、本身纯粹的某个关系的含义带进意识。"数"的功能，就其本身的意思来说，是与被列举客体的真实多样性相独立的，当我们只想要阐述这个功能的明确特征，我们就必须不理睬这种多样性。这里的抽象实际上拥有一个解放活动的特征，它意味着对关系性联系本身进行逻辑思考，摒弃一切不是这个联系的真正组成部分的心理学事件，以防它们闯入表象的主观洪流。

作为序数的数。 偶尔有人会对戴德金的演绎提出异议，认为根据他的演绎，数字在原则上就没有剩下任何可以标记其特质、将其与其他有序排列的客体相区别的内容。因为在数概念的规定性里，只保留了一般的"递进"环节，此处说的关于数的一切都只对每个一般递进序列成立。所以，最终被定义的只是序列形式本身，而不是进入其中充当材料的东西。总体来说，序数要想存在，就必须通过一些绝对"标记"来与其他实体区别开，就像点和瞬间、音调和色彩被区别开的那样。但是，这个异议错了戴德金规定性的真实目标和倾向。这里只是要表达说，有一个由理想客体构成的系统，其中，客体的内容完全存在于它们的相互关系中。数的位置完全表达了它们的"本质"。在理解位置的概念时，我们必须首先知道，它们具有最大的逻辑普遍性和范围。元素被要求具有的特殊性取决于纯概念条件而不是知觉性条件。在这里，我们不需要像康德那样把数概念建立在纯时间直觉上。确实，我们把数字序列的所有项当成一个有序数列，但是这个数列不包含时间性连续的任何具体特征。"三"跟随"二"绝不像雷跟着电那样，因为它们都没有任何时间真实性，只有理想的逻辑成分。事实上，"二"是作为一个前提进入"三"的规定性里的，一个概念的含义必须由另一个概念的含义解释。较低的数由较高的数"预设"，但这并不意味着一种物理性或心理性的早晚，而是纯粹的系统性和概念性依存关系。"晚"位置的特征在于，它从基本的"一"出发，通过生成关系的复杂运用，最终把它前面的元素和阶段作为组成部分带入自身。所以，时间（如果我们通过它来理解"内部感觉"的"具体形式"）以数字为前提，但数字并未反过来以时间为前提。只有我们从时间概念中去除了特征的所有具体规定性，而只保留下"递进顺序"的环节（就如哈密尔顿做的那样），我们才能把算术定义为纯时间科学。事实证明，这才是数科学基本方法的优点，它不再关心某个递进联系的元素是"什么"，而只考虑这个联系是"怎样的"。我们首次遇到了一个一般过程，它对数学概念的整个形成过程具有决定性意义。只要一个条件系统可以在不同的内容中实现，我们就能把这个系统本身的形式当成一个不变量，它不受内容的差异影响并演绎地形成它的法则。通过这种方式，我们生产出了一个新的"客观"形式。但如果混淆如此产生的客体与感官性真实有效的事物，这就是缺乏鉴别力的错误。我们不能也不需要在经验中读出它的"特性"，因为一旦我们理解了产生它的纯粹关系，它的形式就在所有的确定性中揭示了出来。

亥姆霍兹和克罗内克的理论。虽然顺序的概念性环节是一个根本环节，但它并没穷尽数概念的全部内容。到目前为止，数都被推断为知性构造物的纯逻辑序列，但一旦把它当成一个复数表达式，它就会立即出现一个新方面。戴德金，尤其是亥姆霍兹和克罗内在发展算术数学基数理论的过程中，都认可这种从纯序数到基数的转变。给出任何一个有限系统，我们都可以把它们与提前生成的数字总体清晰、明确地联系起来，而所用方法就是，让系统的每个元素在这个总体中只对应一个位置。以这种方式，我们最终可以通过遵循位置的规定顺序，把系统的最后一项与某个序数 n 相对应。然而，作为该过程最后一步的对应运算，其本身包含了前面所有的阶段，因为 1 只能按照一种方式前进到 n，所以我们得到的数字就会复制出整个运算，该运算具有该数字的独特特点。主要作为最后一个元素的特征的数字 n，从另一个角度看，可以因此作为整个系统的特征。我们把它称为该系统的基数，并说该系统包含了 n 个元素。这里首先做出的预设是，一个给定群可以有也只能有一个基数，我们最终到达的"位置"和顺序无关，而我们也正是按照这个顺序来考虑和强调该群各个项的。然而，正如亥姆霍兹指出的，只要我们思考的杂多构成了一个有限系统，就可以从基数理论出发而且不做出任何新的假定，来严格证明出这个预设为真。基本算术运算的定义也可以轻易地转移到一种新类型的数中。所以，加法 $(a+b)$ 的形成只意味着，对从 a 开始的纯序数，我们"往后数"b 步，也就是说，在把 a 之后的数字逐项与序列 1、2、3……b 序列中的元素进行对应时，可以确定我们在序列中到达的位置。转向基数的加法时，这个解释不需改动就仍然有效。很明显，在基数分别为 a 和 b 的两个群的元素结合中，产生了一个新群 C，C 的项数由数字 $(a+b)$ 给出，并且具有预先确定的含义。所以，对"基数"的思考，并不能发现新属性和关系，因为它们不能从生硬的顺序元素中预先推导出来。唯一的好处是，次序理论发展出的公式可以在更广的范围中运用，因为它们自此可以用两种不同的语言读出。

尽管这种转移并未产生任何真正新的数学内容，但在基数的形成过程中，一个新的逻辑功能在明确无误地发生作用。正如在序数理论中单个步骤本身在特定数列中建立并在其中发展一样，在这里我们也认为有必要去理解序列，不只是在它的连续元素中理解它，还要把它作为一个理想的整体来看。后来者不能把前一个环节弃之一旁，而应将其保留在自己的整个逻辑意义中，所以，该过程的最后一步立即在其本身中包含了之前的所有步骤和支配它们彼此联系的规律。正是在这种合成中，单纯的序数数列首次发展成了一个统一封闭的系统，其中没有哪一项只因为自己而单独存在，而是代表了整个序列的结构和形式原则。

对唯名论演绎的批判。 这两个基本的逻辑运算构成了区分和联系一切数字的基础，认可了它们，就不需要再做进一步的具体预设去规定算术运算的领域。随后便实现了一个纯粹理性演绎，这种演绎不依赖物理客体的任何经验联系。确实，在评价数字的"次序性"理论时，这个鲜明的特征经常被误解。该理论的解释，以亥姆霍兹的解释为例，必然使人认为，应首先假定具体的客体群是给定的，而且思维的整个工作全部在于引入与多种事物对应的多种符号。然而"符号"本身不过是知觉性客体群，通过形状和位置在视觉上进行彼此区别。在关于数字关系的断言中，我们似乎能够对事物内在的特性进行抽象，而这只是因为我们用事物感官性的复制体代替了它们的真实性。所以，数字形成的真正起点不是从物理客体中抽象，而是对它们的感官意思进行巩固和集中。不同数学家在解释数字次序理论时，似乎时常会做出一个这样的解释，这种解释与它基本的、更深的逻辑学倾向相矛盾。对于这些符号，如果只根据它们感官上是什么，而不是根据它们的知性意义去评价它们，那么它们将不再是符号，也将失去它们的标志性功能。事实上，这样只会留下某些"图像"，我们可以探究它们的形式、大小、位置和颜色。但是，即使是最极端的"唯名论"也没有真正去尝试把数字的有效判断的含义变换成这类断言。只有符号概念中的模糊性，只有使它能够被理解的条件——有时是一项感官内容的赤裸存在，有时是感官内容象征的理想客体——才能够使这种向唯名论图式的简化成为可能。莱布尼茨的整个思想都是关于一个"普遍特征"的理想，他在抨击他那个时代的形式主义理论时指出一个此处的基本事实。正如他所说的，真理的"基础"从来都不在符号中，而是在理念之间的客观关系中。如果不是这样，那么有多少种象征方式，我们就得区分多少真理形式。与许多现代数学家一样，弗雷格在他入木三分、条分缕析的批判中指出，符号的算术只能够通过背叛自己存在。在论证过程中，代替空洞符号的算术概念含义似乎并不起眼。

在纯序数理论中，唯名论解释也仅仅是一层外壳，为了到达逻辑和数学思维的真正核心，这个外壳必须去除。去除了这个外壳后，我们所保留下来的就只是纯粹的理性环节。"顺序"不是可以在"感觉－印象"中直接指出来的东西，而是只能通过知性联系而属于它们的东西。所以，具有纯粹形式的理论不需要像以前被要求的那样去假定一个物理给定的、具体的事物群。被它赋予根本地位的杂多，不是出现在经验中的总体中，而是出现在理性定义的总体中，它们是根据一个恒定的法则从一个假定的起点出发以递进的方式构建成的。在这个规则里还根植着一切真正的

"形式"特性，它们能区分数列，并使它总体上成为概念知性联系的根本类型。

三、 数和类的概念——罗素的基数理论——"类理论"批判——零和一的逻辑定义——类概念的预设——属种概念和关系概念

数和类的概念。然而，如果我们去调查数学原理在现代的真正发展，我们似乎会觉得这个学科忽略了一个基本环节，该环节独自完成了数字的逻辑特征化。无论在哪里把数字概念分解为"逻辑常量"，类的概念都会被当作一个必要且充分的预设。只有从概念的一般功能中获得了数的所有具体含义，对数的分析才似乎算是完成了。但是根据主流的逻辑理论，概念的形成，再一次成了通过在大特征下再分小特征的方式把客体放进种和属的收集过程。所以，为了理解数的概念，首先就要剔除掉所有与这个图式不符合的东西。但是这里出现了一个根本的困难。如果我们不在总体上考虑数的概念，而只是考虑这个数或那个数的概念，我们所面对的就不是一个逻辑普遍的概念，而只是一个个别概念。我们想要的不是给出一个种，种可以在任何数目的个例中找到，我们想要的是某个位置在整个系统内的规定性。只有一个"二"，只有一个"四"，它们都拥有别的客体不具备的某些数学特性和特征，若尽管如此，把数的概念简约为类的概念也是可能的，那么我们就必须转向另一个方向。为了根据一个数的本质而确定它"是"什么，我们不应去把它直接分解成更简单的组成部分，而应首先去问数的相等意味着什么。只要知道了应在什么条件下思

考两个具有相等数值的群，我们就间接确定了这个"标记"的特质。在我们的假定中，这个标记在两个群中是相同的。判定两个群的数值是否相等的标准在于，两个群的项可以根据一个给定的关系进行一对一的对应。通过这种对应过程，我们就在无数多可能的客体类中间，通过把可以以这种方式对应的群统一成一个整体并建立某些联系。换句话说，我们把所有存在这种"等价"关系或一一对应关系的杂多合并进一个种，同时把不符合这个条件的群归入别的种。之后，任何单个群都可以通过等同的特征完美代表整个种：既然可以证明两个与第三个群等同的群彼此也等同，那么对于一个给定的总体 M，为了证明它能和一个复合体的所有群逐项对应，那么通过证明它能和该复合体的任何一个群逐项对应就可以了。如果我们抽象出这个复合体各群彼此之间的共同关系并把它当作一个可能的思维对象，我们就完成了这一环节，通俗地说，就是得到了这些整体的数。弗雷格完成了这个具备根本特征的演绎，他说："属于概念 F 的数是概念的外延，在数值上等于 F"。当我们不把一个概念下的客体只当成它们本身来理解，而是同时把其元素与那个被思考总体的元素一一对应的所有类也包括了进来，那么我们就算是理解了一个概念的数。

罗素的基数理论。 因此，这个认识的标志特点是，它把普通观念中简单的数字等同标准作为独特的组成特点强调在这个特点上建立了数概念的全部内容。传统观念假定个别数字是给定的、已知的，并在这种认识的基础上决定它们是相等或不等的，在这里，这个过程反了过来。只有在等式中断定的关系才是已知的，进入这个关系的元素起初是不定的，并且只能通过等式确定下来。弗雷格描述了这个一般过程，他说："我们的目的是塑造一个判断的内容，这个判断得可以用等式表示，我们需要在这个等式的两边各安放一个数字。为此，我们希望……通过已知的相等概念，找到被认为相等的东西。"这里清晰地定义了一个方法论倾向，它在所有数学概念的构建中都是必不可少的，"构建物"想从它所处的关系中获得它的全部构造。最后一个问题是，由所有关系构成的关系总体最终使序数的序列系统得以生成，而在类的等价关系中，我们是否真正理解了一个在逻辑上比这个总体更简单的关系呢？进一步的分析将必然能使我们从这个关系总体中抽象，并以一种新的方式完成数字领域及其法则的构建。

因此，需要把所有批判性的研究集中到这一点上：从类的概念中是否能成功演绎出数字序列呢？或通过暗地里从要演绎的领域预先假定出概念，这种演绎是否会进入一个循环呢？此处发展出的这个理论，虽然明显与关于数本质的经验解释冲突，但在一个形式特点上与该解释符合：它也把数字理解为某些内容和内容群的"共同特性"。然而，正如特别强调的那样，数字断言的基础不在感官物理事物本身中，而是全部在它们的概念中。每个关于数字关系的判断都会给事物的概念而不是给事物的赋予某些性质，而事物的概念就通过这些性质被划分成具有某些具体特性的类。"当我说：金星有 0 个卫星，实际上那里根本就没有卫星或卫星的总数，虽然我可以就卫星随便说什么。但是，我给'金星的卫星'这一概念赋予了一个特征，即这一概念下什么都没有。当我说：四匹马拉着皇帝的马车，我为此给'拉着皇帝马车的马'这一概念赋予了数字 4。"这一事实本身可以解释数字断言的普遍应用，它可以同等地应用于物质和非物质、内部和外部现象，可以应用于事物也可应用于经验和行为。很明显，有多种多样可以被编号的东西，对这种多样性进行仔细思考，就会发现它严格的统一性，因为编号从来都不是关于异质内容本身，而是关于它们所属的概念，所以也就是关于同一逻辑本质。先前的解释已经指出应如何对此进行正确理解。不同的概念因为它们的外延元素存在可能的一一对应关系而被归入同一类时，就会获得某种数字决定性。

"类理论"批判。 然而，这个阐释必然会引发一个异议。在这里，这个被辩护的理论绝不是要随机造出数的概念，而是要指出数字在真正的知识整体中拥有的真正功能。当然，之所以强调这一点，是为了和从序数出发的阐释区别开，在这种阐释中，此处演绎得到的数字"逻辑"特性成了"日常生活应用"中确定的基本特性。可以证明数字具体应用的自然演绎和技术演绎不同，后者只关心科学算术的目的。但是进一步的检查发现，这个目标并未达成，因为在这里被逻辑演绎的东西并不等同于真实知识中数字判断的真实含义。如果我们把自己限制在先前的假设中，那么实际上我们可以利用它们把不同的元素群放在一起，并从某个角度出发把它们当作相似的，但是我们并不能因此得到它们的"数字"的充分规定性，其中，"数字"是在通常意义上说的。我们的思维可以把握任何数目的"等价"群，并考虑它们的相互关系，同时不会对这个过程产生的纯数字概念有独特意识。"四"或"七"的特定含义不是简单地把多少由"四"或"七"个元素构成的群放在一起的结果，单个群必需首先被规定为有序的元素序列，然后才作为序理论意义上的数。在通常意义上，元素中"有多少"不可以通过逻辑变换成为一个关于"有这么多"的光秃秃断言。这仍然是个单独的知识问题。然而，对这个问题的思考会让人回头看到这两种数字理论在方法上的深层对立。序数理论的基本特征是，单个的数字本身并没有任何含义，它只能通过在一个完整系统中的位置被赋予一个固定值。单个数字的定义立即而直接地规定了它在这个系统中与其他项的关系，一旦消除了这个关系，这个具体数字概念就丧失了它的所有内容。但在我们正考察的一般基数演绎中，这个联系就消除了。该演绎还需要确证并在逻辑上得到一个能把个体数字排列起来的原则，元素的含义建立在这种排列之前并独立于它。在项与项的序列关系形成前，项就已经被规定为某些类的普遍特性。然而事实上，正是在首先被排除的元素中根植着特有的数字特征。在数的基础上进行概念构建，并不会像传统抽象学说那样诉诸抽象的相似点，而是分出并保留下不同点。对群的思考，对那些可以彼此逐项对应的群进行思考，只会分出它们的相同"标记"，但是这个"标记"本身不是"数"而只是一个尚未定义的逻辑特性。只有在这个特性通过一种"较早""较晚""更多"或"更少"的关系与具有同一特征的其他"标记"分开时，它才能成为数字。因此，那些极为严格忠实地通过等同的类完成了这个数字理论的思想家，强调说这个理论与纯数学方法无关。数学家只关心数字中的特性，这些特性上承载有位置顺序。数字本身可以成为它想成为的。分析和代数只在数字可以纯粹完全地以一个"递进序列"的形式产生时才会考虑它。严格地说，一旦对此进行了承认，关于序数在方法论上优先地位的争论就结束了。因为，有关知识批判意义上"数"本质的信息，还有在哪里得到的能比在最普遍科学应用中得到的更真实呢？

前科学思维中数概念所附带的含义，也提供不了能够经受住批判的帮助。无论如何，心理学分析也对该理论爱莫能助。相反，对思维真实状态的所有思考都清晰地表明了，等价思想与数思想有着内在的不同。如果数字需要单独依据这种演绎，那么，指出数概念的形成和在意识中保留下来的过程将是一个特别复杂和困难的任务。因为在这里数是存在于两个内容完全异质的类之间的关系，它们唯一的联系就是互相对应的可能性。但是哪个知性动因可以大体上把这两个不同的群联系起来呢？例如，当我们把木星的卫星类与年的四季类分开，以及含有九个钉子的钉子群与缪斯群联系起来时，建立这种联系又有什么意义呢？在这些类的数值和它们之间的关系已经通过另一种方式建立后，这种比较就是不可理解的。但是另一方面，如果这个数值不是预先假定而是从这个比较中获得的，那么这个比较本身就缺乏任何固定的方向或标准。等价理论受到了猛烈抨击，因为只要数字的规定性成了一个不属于群本身而是与其他群相联系的属性，该理论就会走向一个"极端相对论"。不管怎样，这个指控是模棱两可的，因为事实上，数的概念不是任何演绎形式，而只是一个关系性概念。只有在这里，关系的地盘和逻辑地点才得以转移，因为当我们在普通理论中思考那些彼此联系的理想构建物时，这里则可以从给定"类"的关系中演绎出来每一个单独的构建物。

零和一的逻辑定义。只要我们从这个观点出发，给个别的数值以严格的逻辑定义，并且确定在什么条件下我们可以认为这样的两个数值是连续的，那么在这里假定的预设就很容易理解了。事实上，在对零的解释中就出现了重大的困难，因为当定义了不含任何项的不同类时，我们再说它们存在逐项对应的关系就明显没有任何意义。但是，即使通过等价概念的复杂逻辑变换可以消灭这个困难，但是只要一定义"一"，这个解释中的循环就会再次亮相。从一开始，就假定已经知道把一个客体理解为"一"意味着什么，因为我们只能从一个类的每一项只能和另一个类的其中一项对应的事实得知这两个类的数值是相等的。但这个看似简单微小的见解备受争议。反对意见认为，在严格的数字意义上理解数字"1"和只在不确定东西代表的模糊意义上来理解它是不同的，只有在后一种预先假定的含义上，才能要求把类 u 中的任一项与类 v 中的一项联系起来。罗素说："在某种意义上，一个类中的每一个个体或每一项都是自然不可置疑的，但是并不能因此得出：当我们说一个个体时，'一'的概念是预先假定的。相反，我们可以把个体的概念当成根本概念，然后从这个概念中得到一的概念。"若一个类 u 不是空的，且如果 x、y 属于它，x 就等同于 y，那么"类 u 拥有'一'个项"这个断言的含义就此得到了规定。然后，一个相似的规定性将用于固定项项之间一一对应的概念含义：R 是这样的一种关系，当 x 和 x' 与 y 有关系 R，x 与 y 和 y' 也有关系 R，那么 x 和 x' 便是等同的，y 和 y' 也是等同的。很容易看到，数的逻辑功能与其说是演绎出来的还不说是通过技术性的啰啰嗦嗦描述出来的。为了理解这里给出的解释，我们至少有必要把 x 当成与它自己相等，同时我们把它与 y

联系起来，然后根据具体情况再判断 x 和 y 是否相同。现在，如果我们把假定和区别的过程作为一个基础，那我们剩下的就只能是在序数理论的意义上假定数字了。所以，罗素就以下述条件来定义由两个客体构成的类：一个类拥有项，且，如果 x 是它的一个项，那么它还有另一个项 y，而且 x 不等于 y。另外，如果 y 是 u 的不同项，而且 z 不同于 x 和 y，那么属于 z 的每一类都也都与 u 不同。我们看到，为了完成这个解释，元素 x、y、z 在连续的区别中产生出来，所以，它们必须被区别作为第一、第二、第三项。

总体上，为了把不同的数字引入确切排序了的"递进序列"的形式中(这个形式上承载有它们的含义和科学用途)，我们必须有一个原理，在给定了任何数字 n 时，它可以使我们定义接下来的数字。现在，通过比较相应的类 u 和类 v，通过使它们的元素一一对应，我们确定了两个相邻数字之间的关系。如果在此发现，类 v 中有一项在类 u 中没有对应项，那么我们就称 v 是 u "上一级"的类。这里也假定了，我们首先把可以与 u 逐项对应的部分 v 当成一个整体，这样就可以把没有在这种联系形式里获得联系的那一项理解为"第二"个整体。所以，从一出发到其后继元素的过程是建立在一个知性合成的基础上的，这个知性合成在原则上与它在序论中所依赖的那个合成过程是一样的。在方法上的唯一不同是，这些合成在序论里是以自由构建物出现的，但是在这里，它们则需要依赖给定的元素类。

类概念的预设。 最终思考的结果是，概念的逻辑顺序在这种阐释里被颠倒了。由类的等价得到的数字规定性预先假定了这些类本身是以复数的形式给出的。类的"相似性"的概念，是基数含义的基础，它需要把两个整体通过某种关系联系起来。已经特别指出的是，为了建立这种一对一的关系，并不需要提前给两个杂多的项进行编号，相反，如果第一个杂多的各项与第二个杂多的各项建立了联系；那么就应该满足这个普遍法则。但是，即使我们根据这个观点而放弃了对我们要比较的单个类进行提前列举，我们仍然必须把这些类分别作为整体来彼此区别，借此把它们理解成"两"个不同的整体。可能会有人反对说，这个区别是直接由类概念的纯逻辑差异给出的，所以它既不需要也不能够进行进一步的演绎。为此，我们将可以从类本身返回到它们所依附的、定义它们并给它们赋予特征的生成关系。系统整体间的差异简化成了这些整体源自的概念性法则间的差异。然而，从这点上看很明显，像纯序数这样的数字所构成的系统可以直接、无迂回的从类概念中获得，为此，我们只需要假定，对于一些由纯思维构造物构成的序列，我们是可以根据它们与某个基本元素的不同关系而区分它们，其中这个基本元素就相当于是一个起点。如此一来，序论就代表了基本的最低要求，数的任何逻辑演绎都不可回避它。与此同时，等价类思想对该概念的应用具有极为重大的意义，但是却不属于此概念的原始内容。

属种概念和关系概念。 在这里，数学理论之间的冲突又与逻辑原理的一般问题结合在了一起，这些问题也是我们的起点。阐释数概念的不同理论中，属种概念的逻辑和关系概念的逻辑之间再次发生争端。如果可以成功从类的概念中得到数的概念，那么传统的逻辑形式就得到了新的确认。从古至今，把个体排序成不同层次的种一直都是经验知识和精确知识的真正目标。在尝试着把基数的逻辑理论固定下来的过程中，这种联系偶尔会变得清晰可辨。根据罗素的观点，如果我理解了"两个人"这一想法，我就因此生产出了"人"概念和"二"概念的逻辑产品。"有两个人"这一命题，只是说给出了一个复合体，它在属于类"人"的同时还属于类"二"。在这点上，很明显这个理论并未走出它出发的基本批判思想。弗雷格和罗素认为他们的学说有一个决定性的优点：在他们的理论中，数字不是以物理事物的一个属性出现的，而是作为关于类的某些属性的一个断言，所以不是客体本身而是它们的概念构成了数字判断的基础。毋庸置疑的是，相比感觉主义的解释，这个转变极大地解放了思维，增加了它的深度。尽管如此，只要事物概念和功能概念还在一个平面上，这就并不足够用来强调数字断言的纯概念性特征。根据这个观念，数字不是那个根本条件的表达式，其中该根本条件使每个复数成为可能，而是作为一个"标记"出现，该标记属于给定的那些类，并且可以通过比较而与后者相区别。所以，整个抽象理论的根本缺陷再次出现：试图去把指导和控制概念形成的东西通过某种方式当成被比较客体的组成部分，这其实也就是一个纯"范畴上的"观点。这个理论最终证明了它自己是怀抱着诡秘的扩张企图，想要利用属种概念的一般图式来解决一个无论在含义还是在范围上都属于一个新领域的问题，而这个问题假定了另一种知识概念.①

①实际上，不仅是逻辑理论，就连更特殊的数学原理都是通过类等价来解释数的。似乎只有在这个基础上，我们才能得到一个理论，它从一开始就

四、 数概念的扩展——高斯的负数和虚数理论——无理数——戴德金对无理数的解释——超限数问题——"势"的概念——超限数的产生——数的第二"生成原理"(康托)

数概念的扩展。 然而，先前想要建立数字特征和其形成原理的尝试，都未能理解到这个问题的普遍性和宽度，[①]因为在现代数学的发展中，该问题已经变得更为普遍和宽广。类理论和序理论所尝试的演绎都是应用于具有最原始形式和含义的数字。原则上，毕达哥拉斯的认识还未过时，数字，就狭义的整体数字来说，仍然构成了唯一真正的问题。算术科学系统最先完成的是扩展，其中数概念通过引入正数和负数、正数和分数、有理数和无理数之间的区分完成了这个工作。这些扩展，是如数学界泰斗们断言的那样，只是那些只能作为应用而解释和证明的技术性转

不局限于有限数而是可以通过一次演绎中就把"有限数"和"无限数"包括进来并对它们进行描述。群的一一对应方面似乎非常重要，因为当我们从有限性也就是群的可列举性中抽象时，这一方面仍然也在。一般认为列举是从一项到另一项的递进过渡。在这个联系中产生了一般的"势"观点，虽然这个观点是有效的，但是它无法证明和"数"概念是一样的。对于"势"概念，无论我们把它当作原始的数原则，还是当成另一种数字理论的结果，它的纯数学意义都不变。有限数和超限数共有的特性并不包含一般数字构建的基本元素。在属种概念的逻辑意义上，"最高属"也不同于知识的概念起源。

变，还是那个标志着数字首次建立的逻辑功能的表达式呢？

高斯的负数和虚数理论。如果我们考虑到，在所有的这些转变中，数字断言的真正基础似乎正在逐渐消失，那么，我们就能很容易地解释我们在引入每一种新数字类型——包括负数、无理数和虚数——时遇到的困难。列举，在它最根本的意义上来说，可以通过可感知的客体直接被证明是"真实的"，因此也是有效的。"二"或"四"形式的含义，看起来并不是严重的问题，因为事物的经验世界到处给我们提供含有两个和四个事物的群。这种对事物的指涉是幼稚解释的基础，但在数概念的首次概括和扩张后，它就消失不见了。"虚数"的概念和名称表达了一个思想，原则上这个思想在每种新数字类型中都是成立的，并且给了它们标志性的印记。关于"非真实事物"的判断和断言要求一个确定的、不可缺少的认知值。高斯以确定真正的"虚数的形而上学"为己任，在执行这个任务的过程中，他清晰明确地说明了各种数字扩张方法都要返回的那个联系和一般原则。"正数和负数，"他说道，"只能应用在被列举东西有一个对立物时，它们的结合就等于灭亡。严格说，这个前提只能在被列举物是两个客体间关系而非物质(靠本身而被构想的事物)时才能实现。因此，假定这些客体通过某种方式被组织在一个序列里，如 A 与 B 之间的关系可以当作和 B 与 C 之间关系相同。在这种情况中，属于对立概念的就只是关系的反向。所以，如果 A 相对 B 的关系(也因此就是变换关系)用 $+1$ 表示，B 相对 A 的关系用 -1 表示，只要这个序列在两个方向上都是无限的，那么每个真正的整数都表示了一个被随机选择作为起点的项与该序列的一些确定项之间的关系。"虚数的演绎进一步建立在这样的一个事实，即我们不再把所研究的客体当成在一个单独的序列中排列着，而是为了排列它们而考虑一个序列的序列，因此引入了一种新的元素($+i$，$-i$)。在此，如果我们从所有的演绎细节中抽象，那么占支配地位的逻辑观念就凸显了出来。对于普遍化的数字概念，只要我们想要指出它们对于物质意味着什么，对于可通过自身而被构想的客体意味着什么，我们就不能够理解它们的含义。但是，一旦我们认为概念只是表现了纯粹关系，而正是这些关系支配着一个构建成的序列里的所有联系，那么它的含义就立即变得可理解了。一个负的实体既是存在也是非存在，这是种语词矛盾。负的关系只是一般关系概念的必然逻辑关联，其中，A 对 B 的每个关系也可以表示为 B 对 A 的关系。因此，如果我们考虑一个生成关系(R)，凭借这个关系一个数字序列的一项过渡到它紧邻的下一项，我们也可以因此假定一个从一个项到其紧邻前一项的关系，这样一来就定义了第二个进展方向，我们可以把这第二个方向理解为是第一个的反向或反向关系(R)。正负数($+a$,$-a$)现在只是表达了在这两个关系 (R^a, R^a) 在方向上的进展。从这个基本思路出发，在如此扩展得的数字集里，任何计算操作都可以被推导出来，因为所有这些运算都是建立在纯数字作为关系性数字的特征上，并越来越清晰地显示出了该特征。

无理数。再一次地，我们不应去追溯无理数在各个阶段的发展，而只应该研究最能清楚表现这种思想的逻辑倾向的典型例子。首先，在无理数的演绎中验证了新的原理。似乎有两种开展无理数演绎的方法，也就是说，我们既可以从给定的几何延拓间的关系开始，也可以从某些代数方程是可解的这一假定开始。第一种方法在魏尔斯特拉斯和戴德金的时代之前几乎是唯一被接受的方法，它把新的数字建立在空间上，如此一来，也就是建立在可测量客体间的关系上。在这里，似乎又是"心理—空间"客体经验支配了数学概念的形成过程并且规定了它的方向。但显而易见的是，诉诸具体经验事物的关系的做法必然会在这一点上失败。我们只能通过观察才能知道事物相对的量，所以，我们也就被限制在个人方程式划出的界限内。要在这个地盘上要求一个绝对精确的规定性，就将误解这个问题自身的本质。所以很明显，普通的分数系统无论从哪一方面看都是一个充分的知性工具，它可以完成这个领域产生的所有任务。因为在这个系统内不存在最小的差异，因为对于任何两个元素，无论它们多么接近，都可以在它们之间再给出一个属于该系统的新元素，所以这里就提供了一种概念上的微分，它是可观察到的事物关系无论如何也企及不到的，更别说去超越了。外部经验把我们带向了量的规定性，但这些规定性永远不能把我们逼向具有最严格数学意义的无理数概念。相反，这个概念必须出现且扎根在由公设构成的圈子里，正是在这些公设上建立着数学认知的系统联系。无论如何，只有几何的纯理想延拓而不是物理真实的物体才能为无理数的推导提供想要的基础。这个新问题并不是产生自对给定的、真实呈现的量的理解，而是源自某些几何构建物的法则。一旦辨识出了这个，必然会产生进一步的需要，即要求任何演绎都离不开的构建活动从数字本身的根本原则出发并证明自己。问题从数字到空间的迁移，将毁了代数自身系统的统一性和完整性。

普通的代数方法把无理数值作为某些方程的解而引入，实际上，这个方法是不充分的，因为它混淆了公设的设立和实现。事实上，有无数多的无理数无论如何也不能用代数方程的根来表示，即使我们从这个事实进行抽象，这个解释也不能确定那些方程产生的客体是确定的数，或是否有不同的值可以满足声明的条件。一个充分的定义如果只是通过理想客体的一些具体"标记"而瞄准它，那么它绝不能给这个理想客体赋予标志性特征。它必须理解并规定这个客体全部的、用以和别的事物相区别的标志个性。对于任何数值来说，如果对它的演绎给出了它在整个系统中的位置，并且如此规定了它与数集中所有其他已知项的关系，那么它的个性就得到了完全规定。从一开始，这个相对位置就把其他一切可以赋予个别数字的特性包括了进来，因为所有这些特性都是来自于这个相对位置，并建立在它的基础上。

戴德金对无理数的解释。这一指导思想在戴德金对无理数的著名解释中以最纯粹的形式出现，在戴德金的理论中，无理数被解释为"分割"。如果我们首先把全体有理分数当成给定的，并且假定分数在定义中是一个比例，而它是在不诉诸可测量和可除尽的量的情况下从对纯次序关系的思考中得出的，那么，每个我们可以从总体中选出来元素 a，就把这个总体分成了两类 γ 和 lu。第一类包括所有小于 a 的数（也就是说，在整体系统顺序中位于 a 前面的数），第二类是所有大于 a 的数（也就是在 a 后面的数）。但若对任何一个分数的指定都内在包含了对系统的这种分割，这个命题反过来就不成立，因为不是每个在思维上做出的具有严格定义的清晰分割都可以对应一个确定的有理数。例如，如果我们

考虑一个正整数 D，它的平方根不是一个整数，那么它就会位于两个整数的平方之间，其中正整数 $\wedge$ 可以出现在 $2\wedge^2 < D < (\wedge + 1)^{2\wedge}$ 的形式中。如果我们把所有平方小于 D 的数字归入类 γ，并把所有平方大于 D 的数字归入类 hu，那么所有可能的有理数值都会属于这两个类之一，所以这里做出的分割就完全穷举了有理数系统。尽管如此，在这个系统中明显没有哪个元素可以做这种划分，也就是比类 γ 中的所有数字大，同时又比类 的所有数字小。我们通过一个概念性法则(可以在其一侧放任何数目的其他数)可以得到数字类之间的一个完全清晰的关系，但是在到目前为止定义的集合中，还没有一个可以来表示这个关系的数值。正是因此，现在才引入了一个"无理"元素，这个元素的唯一功能和意义就是概念性地表示这种分割本身的规定性。这种派生形式的新数字并不是随机构想的，也不是只作为一种"符号"，它是通过严格的逻辑演绎出来的，用于表示由关系构成的复杂整体。它自一开始就代表了确定的逻辑关系系统，而且它可以再次分解进入这个系统。

反对戴德金演绎的意见既来自哲学也来自数学，并认为它包含了一个不可证明的假定。在所有分割有理数系统的情况中，并不能证明有一个且只有一个起分割作用的数字元素，这种数字元素的存在只是在一个普遍公设的基础上做的断言。事实上，只要戴德金为了阐明基本思想而以几何类比为起点，那么他的理论就暗示了这一点。据解释，直线的连续性可以从下述一个事实看出：当直线上的所有点被分成了两类，且第一类的所有点都在第二类所有点的左侧，那么在这个直线上有且也只有一个点能做出如此分割，也就是把这条直线分成两部分。戴德金把直线的连续性这一特性当成一个公理，通过这个公理，我们首先认可了线的连续性，也把连续性附加给了线。"如果空间拥有真正的存在，那么它不一定是连续的，即使它是不连续的，它也仍然拥有它的无数特性。即使我们确信空间是不连续的，也没有什么可以阻止我们通过在思维上填补住它的缝隙来使它变得连续，如果我们选择这么做的话。然而，这种填补在于创造新的、个别的点，并且根据上述原则进行。""理想的"和"真实的"对立确实可以让人想到，没有任何概念上的规定性需要包括一个存在的规定性，其中概念上的规定性是在我们理解数字集时强加给我们的。从一个理想的系统联系到一个新元素的存在，这一步似乎包含了一个偷梁换柱的转变。　然而事实上，我们在这里关心的不是一个不正当的过渡，因为在数字集里，理想存在和真实存在、"本质"和"存在"的二元划分是无关紧要的。对于空间，即使区分开自由构建的几何产品和空间在事物本质中的含义是可能的，但在纯数字集中这种区分也失去了所有意义。所有数字(整数、分数和无理数)都只是在某种概念性定义中生产出来的东西。因此，"有理数系统在何处有一个完整的分割，在那个地方就'存在'一个也只存在一个数字与之对应"这一假定也因此没有流露出任何不可靠的含义。此处可以绝对确定的只是分割本身。当有理数系统通过某种概念性法则分成了两个类，那么我们可以确定它的任一元素属于哪一个类，此外，还可证明这种二选一把所有项都一网打尽了，也就是说，因此产生的分割是完整而彻底的。"分割"本身拥有不可怀疑的逻辑"实在"，这种实在不需要由一个公设颁发给它。此外，不同"分割"的先后顺序也不是随机的，而是由它们的原始概念明确规定了的。对于两个分割，如果一个元素 α 属于第一个分割的 γ 和第二个分割中的 hu'，那么我们就说（γ，hu）大于第二个（γ'，hu'）。所以，存在一个可以确定单个"分割"次序的固定和普遍标准。所以，如此产生的形式就获得了纯数字的特征。因为原始意义上的数字没有任何具体特征，只是大体上表达了总体上的次序和序列形式，所以只要存在这样的一个形式，数字概念就有用武之地。也许可以说这些"分割"就"是"数字，因为它们在自身中形成了一个严格排序了的集合，其中元素的相对位置根据一个概念性的法则得以确定。所以，在创造新的无理元素时，我们关心的不是在有理数系统的已知项中间，假设或假定其他元素的存在。事实上，这种提问的方式本身是无意义且不可理解的。我们关心的是这样一个事实，即在原始给定总体的基础上，产生了另一个更复杂的、由排好序的规定性构成的系统。这个系统包括原先的总体，把它吸纳进了自身，因为属于"分割"的、标志着顺序的标记直接适用于有理数本身，而这些有理数都可以被理解和表达为"分割"。所以，可以从这里得到一个包容性的观点，从这个观点出发，不仅可以规定旧有系统所有项的相对位置，还可以规定新系统所有项的相对位置。我们看到了序理论的基本思想是如何在这里得到验证的。必须停止认为数字产生于多个整体的逐次相加，停止认为它的真正概念本质是建立在这个运算上的。事实上，这个过程包括一个原则，这个原则是多个整体进行排序的结果，但是它绝不包含产生这些整体的唯一原则。无理数的引入根本上只是表达了这个思想：它把顺序产生方法的全部自由和范围都给了数字，借此，可以假定并发展出项的有序序列，同时它不会被限制在任何具体的关系中。单个数字的概念性"存在"逐渐地、明显地在它的具体概念"功能"中消失了。在普通的解释中，尽管某个给定的数字在一个系统中产生了一个确定的"分割"，但这个过程最后还是反了过来，因为这个分割的产生成了我们说一个数字存在的必要和充分条件。其实戴德金的演绎最初也和这种解释有关。元素不可以从关系性复合体中分离出来，元素把复合体以一种集中的形式表达了出来，离开了这个复合体后它便什么也不是。

超限数问题。当我们从有限数集进入无限数集，数字形成所依靠的那个一般思想就转了一个弯。这里堆积了特别哲学性的问题，因为无限的概念也是这里讨论的中心，更多的是属于形而上学而不是数学。所以，当康托果断地在研究中创造了超限数系统，他就再次想到了可能无限和真实无限、无限和不定的区别。我们似乎最终从知识概念的纯意义问题被迫转到了绝对存在及其特性的问题。无限的概念似乎为逻辑学划出了界线，并标明了它是哪一点上开始与它之外的另一个领域接触的。

"势"的概念。那些导致了超限数集创立的问题，虽然是带着绝对的必然性起源于纯数学假设，但是在我们概括基础的"等价"概念以使之适用于无限整体时才产生的，而等价概念则从一开始就构成了有限群数值相等的标准。两个整体，如果它们的项之间可以互相对应，那么它们——无论它们的项数是有限的还是无限的——就是等价的，或者说具有相同的"势"。在无限群的情况中，明显可以不用通过使元素逐项对应来应用这个标准，而是假设可以给出一个普遍法则，并根据这个法则建立一个一目了然的完整关联。所以，我们可以确定，每个偶数 $2n$ 都必然对应一个奇数 $2n+1$，这个奇数群和偶数群可以完全地一一对应。因此，"势"的概念产生了，当人们发现它本身可以有差异、有程度时，就开始对它产生了特别的数学兴趣。如果我们说，所有能够和自然数序列逐项对应的整体都属于第一种"势"，那么就会产生一个问题：关于某种特性，它们中是否穷举了所有的可能集合，或者是否存在具有另一种特征的群呢？实际上，我们可以证明后者。因为，从所有正整数到所有有理数的过渡并未改变"势"，同样，当我们从有理数系统进入代数系统，"势"也不会变化，但是，当我们给系统添加进所有的超越数，并因此把它扩展到实数的群，那么这个系统就有了新的特征。这个系统就因此代表了一种新水平，也就是比先前高了一个水平。一方面，它把属于第一种"势"的系统包括了自身，另一方面，它超越了它们，因为当我们试图把它的元素与自然数序列中的元素对应时，总会有无数多项未能对应。引入超限数 $a1$ 和 $a2$ 只是为了保持这个特征性差异。这里的新数只是一个新观点，无限系统可以根据它组织。超限基数的作用仅限于把"势"给予无限群，当我们不再只根据群的元素数目而是根据元素在系统中位置来比较群时，基数的对应系统就会出现了。对于两个排序好的群 M 和 N，如果它们的元素可以彼此逐项对应，那么我们就给它们同样的序数或同样的"次序类型"，同时保留下对二者都成立的顺序。所以，如果 E 和 F 是 M 的元素，$E1$ 和 $F1$ 是分别与它们对应的、属于 N 的元素，那么 E 和 F 在第一个群的逐次顺序中的相对位置就与

E1 和 F1 第二个群的逐次顺序中的相对位置一致。换句话说，如果在第一个群中，E 在 F 的前面，那么在第二个群中，E1 就必然在 F1 的前面。所以，在比较两个杂多的"势"时，我们可以利用它们任何可能的排序，但在建立它们的"顺序类型"时，我们就要局限在某个规定的逐次性种类中。如果我们说，对于所有序列，如果它们能根据这个条件和自然数序列进行一一对应，那么它们就属于"顺序类型"ω，那么，我们就可以通过往这样的序列里加入 1、2 或 3 个项，从而组成 $\omega+1$、$\omega+2$、$\omega+3$ 类型的序列，接下来，我们也可以通过把 2 或 3 个这样的系统结合在一起而创建出 2ω、3ω……$n\omega$ 这样的顺序类型，同样，我们也可以进一步应用这个过程，继续创建出 $\omega2$、$\omega3$……ωn 甚至是 $\omega\omega$ 等类型。这些绝不是只作为任意符号而引入的，它们是概念规定性和差异的标记，是在无限组集中可以真实给出并且可以确切指明的。列举的形式也只是表达了一个必然的逻辑区分，后者首先在这种形式里得到了清晰和充分的解释。

超限数的产生。在这种类型的演绎中，关于真实无限的形而上学问题完全掉入了背景。已经有人恰如其分地强调说，我们对数字新形式的兴趣，更多的是指向"无限东西的数目"，而不是指向"无限数字"。也就是说，我们关心的是数学表达式，而我们之所以创建这些表达式，只是为了抓住无限总体的某些确切特征。"无限"和"实在"概念之间的联系在这里并不会引发冲突，因为这里是理想构建物的领域。对于由这两个概念引发的冲突，我们可以根据是从客体方面还是从主体方面对其进行认识，而用一种双面形式来表示它们。从客体角度看，真实无限是不可能的，因为事实上，列举动作所指向、所必须预先假定的客体，只能以有限数目的形式而被给出。无论我们拨给抽象数字什么样的宽度和范围，无论被计数的东西是什么，它都必然被认为存在于一定界限内，因为我们只能通过经验才能计数，而经验只能从一个个体前进到另一个个体。从主体的角度看，列举动作的心理学合成将排除掉真实无限，没有任何"有限的理解"可以真正看到无限多的元素，并把它们逐次相加。但是一提到严格数学意义上的"超限"，两个反对意见就都站不住脚了。我们可以自由摆布的列举"材料"是无限的，因为它的本质不是经验性的，而是逻辑概念性的。我们要收集的不是关于事物的断言，而是关于数字和数字概念的判断，所以，预先假定的"材料"不应被当作外部给定的，而应作为自由构建的结果。同样，也不需要具体、孤立的表象操作及其随后的合加。超限的概念意味着相反的思想：数的纯逻辑意义独立于普通意义上的"列举"。就是在确定无理数时，我们也不可避免地会思考数字的无限类，这些类只能通过一个普遍概念法则来表示它们所有的元素，而不能按个数给出。数字的新范畴给这个基本区分赋予了最普遍的意义。康托明确地把"逻辑功能"与逐次构建过程以及元素合成相区别，而逻辑功能是建立超限的基础。数字 ω 并不是具体元素不停做如此相加的结果，而只是一个表达了一个事实：整个自然数无限系统没有最后一"项"，"它是给定的系统，所有项按照法则而自然地逐次接替。""事实上，可以把新创建出的数字 ω 当成数字 1、2、3、4、5…… v ……所趋向的极限，因此，在我们的理解中，ω 就只是紧跟在所有数字 v 后的整数，它比所有数字 v 都大。这种逻辑

功能给了我们 ω，它明显与第一种生成原理不同，我把它叫作整实数的第二生成原理，并且对极限进行更细致地的义：如果给定了具有明确逐次性的整实数序列，其中不存在最大数，那么在第二种生成原理上产生的新数字将是那些数字的极限，也就是说，是第一个比它们所有数都大的数。"

数的"第二生成原理"（康托）。这个"第二生成原理"之所以在根本上是可以接受和有效的，是因为它并不表示一个绝对新的过程，而只是把那个思维倾向贯彻得更彻底了，而这个倾向在对数字进行任何逻辑建基时都是不可避免的。事实证明，对外部事物特性如具体的物理内容和表象操作的思考，不仅不能构建出具有正当顺序的"自然"数序列，而且不能够使它们变得可以理解。即使在这里，主宰概念形成的也不是元素和元素的相加。看起来，数字序列的单个项只能通过考虑同一个生成关系才能全部演绎出来，这个生成关系在各种各样的具体应用中都具有不变的内容。现在，这一思想已经得到了更为明确的阐释。正如自然数的无穷重数是由一个概念最终假定而来的，也就是根据一个普遍原理，所以它的内容也可以在一个概念里聚合在一起。在数学思维中，如果一个基本关系把所有从它那里生发出的所有项都包括进了自身，那么它本身也就变成了一个新元素、一种基本整体的种类，而以这个新元素为起点，就可以形成一种新的数字构建形式。关于自然数的整个无限总体，只要它是由一个法则给出的，也就是说只要它被当作一个元素，那么它就成了一个新构建物的起点。从第一秩序出发，可以产生其他更复杂的秩序，其中，后者以前者为材料基础。我们再次看到了数概念从共同整体的概念中解放了出来。把"数"ω当成多个整体的总和是荒谬的，并且会否定它的基本概念。外，这里验证了基数观念：在这个跟随在自然数序列所有元素之后的新构建物的概念中，只要记得能够在一个概念中对这个总体进行逻辑考察和穷举，那么就没有矛盾存在。

首先，我们可以不理会时间无限性的问题，因为"逐次性"在一个序列中的意思是和具体的、时间上的连续不同。所以，"三"不是在事件接替发生的意义上跟随"二"。这个关系只指出了一个逻辑情况，即三的定义预先假定了"二"的定义。在更严格的意义上，这也适用于超限数和无限数之间的关系。说数 ω在自然数序列所有有限数之"后"，其实只意味着这是种在成立顺序上的概念性依存关系。关于超限的判断，最终证明是复杂的断言，通过分析可以将这些断言简化为"自然"数无限系统的相对规定性。在这种情况中，全面彻底的概念连续性存在于这两个领域之间。这些新的构建物只要本身拥有一个规定的序列形式，它们就是"数字"，并且因此为了计算的目的而遵循特定的联系定律。这些定律与有限数的那些联系定律相似，不过它们在所有点上都存在分歧。

所以，复数、无理数和超限数这些新的数字形式并不是从外部加入到数字系统内，而是源自一个逻辑功能的持续展开，该功能在此系统的最前端处有效。然而，一旦我们从完整封闭的实数系统进入到更为复杂的数字系统，就立即产生了一个原则上的新方向。根据高斯创立和发展的"虚数的形而上学"，我们在这里要面对的不再是单个序列的最普遍次序法则的建立，而是多个序列的统一，其中，每个序列都是由一个确定的生成关系给出。向一个多维度集合的转变引起了逻辑问题，对这些问题的阐述超出了一般几何领域中数字纯粹原则的界线限。

第三章 空间概念和几何

一、 概念和形式——古代几何的方法——空间的概念和数的概念——解析几何的根本原理——微分几何——量和函数

数字概念的逻辑变换受一个一般动因的支配，该动因正得到越来越清晰的表达。只有思维放弃了在具体经验中为其构建物寻找关联，数字的意义才能首先被理解。在最宽泛的意义上，数字是一个复杂的知性规定性，它在物理客体的特性中并不拥有直接的感觉性复制体。尽管在现代分析和代数中需要完成这个阐释，但它看起来仍然只是表达了思维的一种技术性迂回而非支配概念的科学构建的原始和自然原理。只有思想不再像在数字领域里那样独断地按照自创的律法而行动，而是在直觉里找到了自己的价值和支持，这个原理才能真正地为人所知。严格地说，每个关于概念的逻辑理论，都需要在这里做出关键抉择。一个概念性构建物也许是从预设中巧妙地、持续地纺织出来的，但是，如果它不能深化和丰富我们的直觉，那么它看起来就是空洞和无意义的。但是如果我们遵循直觉标准，这些逻辑理论之间的对立也许会呈现一个新的方面。因此，每个理论都必须采用的模型不是在代数里，而是以更为纯粹的形式位于几何中。这个类型必须是空间概念，而不是数字，因为空间概念与具体实在有直接关系。

概念和形式。这个事实在逻辑学初期最为明显。概念和形式是同义词，它们毫无区别的统一进单词 *eidos*（形式）里。感官杂多被存在于它中间的某些空间形式排序和分割，这些空间形式多种多样，可以作为杂多的固定特征。我们可以从这些形式中获得固定的图式，然后借这些图式在可感知物的洪流中抓住一个具有不变规定性的系统，也即是一个"永恒存在"的领域。所以，几何形式立即变成了这个逻辑类型的表达和证实。属种概念逻辑的原理从一个新的角度得到了确证，但是这次，它的基础既不是流行的世界观，也不是语言的语法结构，而是基础数学科学的结构。对于一个可见形状，无论它的感官材料是什么或有多大的尺寸，我们都认为它的轮廓是一样的，类似地，我们也能抓住最高的属，这些属包含了存在物的统一结构和确定特征。

古代几何的方法。这些关系不只是对逻辑问题非常重要，它们在几何的科学演化中也占据决定性地位。古代合成几何也受同一基本观念支配，该观念在形式逻辑中有普遍表述。只有把存在物的属进行彼此区分，并且把它们限制在一个固定的内容范围中，它们才能被清晰地理解。因此，每个几何形状都拥有一个孤立和不变的个性。起初，证据瞄准的更多是形式的统一，而不是它们的严格区别。通过历史资料调查，认为希腊数学家总体上不研究变化问题的看法受到越来越充分的驳斥。希腊数学家对数字包括无理数的概念有着极为睿智的洞见。另外，阿基米德的《方法》清晰介绍了它所在的希腊思想是如何完全地渗透着连续性的概念，而且它预见到了无限本身的分析过程。然而，正是在我们意识到这一点时，发现法和科学阐释方法之间的差异才变得更加显眼。科学阐释受某些逻辑理论的影响，不能完全摆脱它们。圆和椭圆、椭圆和抛物线在视觉上不属于同一类型，所以严格地说，它们似乎不能统一在一个概念中。无论我们对这两个领域所做的几何判断在内容上多么重合和对应，它们也都只有一个次等相似性，而没有一个原始的逻辑特性。这两种断言类型所采用的论据在每种情形中都是严格分离的，它们只是单独从所涉概念及其特定结构中得到了它们的有效性和必然性。对于一个几何问题，可以对其中给定的和找到的线条进行多种布置，不同布置间的每个差异都会提出一个新论据问题。一个形状在总体感官外表上的每一个差异都对应一个理解和演绎上的不同。现代合成几何通过一个构建物就能解决的问题，到了阿波罗尼那里就得分解成八十多种情况，这些情况唯一的差异就在位置上。几何建构原则的统一性隐藏在其特定形式的细化中，其中，每一种形式都被认为是不可化约的。

空间的概念和数的概念。深刻认识了这个过程存在的哲学缺陷后，几何学就开始在现代发生了转变。这种几何新形式通过笛卡儿首次得到了确切阐述，这不是偶然的，事实上有人尤其是费马早已对此有所预料。只有在清晰地构想出了一个新的方法理想后，才能进行几何改革。笛卡儿的方法在所有地方都要求在思想的所有具体表达中建立一个确定的秩序和联系。一个给定思想的纯粹感知价值并不取决于它的内容，而是取决于一种必然性，正是凭借这种必然性，它才得以从连续序列的终极第一原理中推出。所有理性知识的第一条法则就是，对知识进行一定安排，使它们能够形成一个自我包含的序列，在这种序列中不能发生无媒介的转变。没有哪一项可以作为一个全新的元素加入，每一项都得从前面的项根据一定的法则一步步地进发。人类知识的对象无论是什么，都必然受这种持续联系条件的制约，所以，我们可以通过这种方法上的累进，一步一步，最终驾驭所有的问题，无论这些问题有多么遥远。这种简单的思想也是《方法论》的基础，它需要一个新的几何概念，同时也以这个概念为条件。在严格的意义上，把特定项目当成孤立的对象研究时，是不存在几何知识的，只有当所有对象可以根据一个给定的过程建设性的生成时，才会有几何知识。普通的合成几何便违反了这个公设，因为它的对象是孤立的空间形状，它可以在感官知觉中抓住它们的特性，却永远无法完全展示它们与其他形状之间的系统联系。在这一点上，我们是出于内在的哲学必然性才会最终想要通过数字概念来建立空间概念。笛卡儿的笔记揭示了他基本思想的发展过程，其中有段关于这个问题的标志性表述："当前的科学面罩轻纱，若要见识她们全部的美丽，我们须先扯掉这些面纱。考察过科学间链条的人都会发现，要铭记她们并不比记下数字序列更难。"哲学方法的目标是：在构想中认为它所有的对象都具有与数字系统一样严格的系统联系。从笛卡儿时代的精确科学的角度看，这是唯一一个从一个自创的开端开始根据固有的法则建立起来的杂多，所以它内部没有隐藏任何原则上无法用思维解决的问题。根据笛卡儿本体论的立场，认为空间形式可以表示为数字形式并且可以在后者中得到充分表达的看法，这可能看起来很奇怪，因为在这里，"外延"意味着外部客体的真正实质，所以也是存在的原始且不可化约的条件。但是，对存在的分析不能从属于知识分析。我们只能通过给空间赋予到目前为止还只属于数字的逻辑特征，才可以让它变得精确且可以理解。在这里，不能把数字理解为只是一种技术性的测度工具。它的深层价值在于，最高的方法论公设可以单独在数字本身内完成，而正是这个公设首先使知识成为知识的。所以，把空间概念变换成数字概念后，所有的几何学问题都被抬高到一种新的知性水平上。在古代几何的基本形式——概念中，形式和概念彼此绝缘相互对立，但是这个转变把它们变成了纯粹的"序列性概念"，这些概念可以通过某个基本原理互相生成。事实上，分析性几何的这一科学发现建基于一场真正的哲学"革命"。只要古代合成几何在传统逻辑旁边作为其原理的证实物和化身，那么传统逻辑就会看起来不可攻克。几何的扩张首先为一种新的杂多逻辑腾出了地方，这个逻辑已经超出了三段论的范围。

解析几何的根本原理。当我们考虑到解析几何从笛卡儿那里获得的特别进步时，这个联系就变得更加鲜明。看起来，明显个体化的阐述形式包含了具有普遍意义的特征，这些特征以另一副面孔贯穿了几何的整个哲学历史。笛卡儿的观点建立在运动概念这一根本概念上。根据更为久远的解释，即便在这个概念上都有一个问题。因为，只有单个形状摆在我们面前且具有明确封闭的界线时，我们似乎才能对其进行精确的知性处理，而从一种形式向另一种形式的转变似乎把我们逼退到单纯感知的混乱中，退回到"成为"的感官领域里。乍一看，认定了运动概念后，一个不完全理性的元素就进入了笛卡儿几何，而这与它的真正趋向相反。运动直接让人想到运动的"对象"，但是这个对象是否预先假定了一个物质实体，一个纯经验元素呢？然而，当我们具体分析运动概念被赋予的这个功能时，这个疑惑消失了。我们把一个给定的点当成根本元素，然后让它相对于一个垂直或水平轴线做不同种类的运动，那么结果就会产生不同形式的平面曲线。至于该点通过这种方式产生的"路径"，它们的特征完全可以从这些运动类型的统一中演绎出来。我们看到，运动表示的只是一个理想的而非具体的过程。它表现了一种合成，通过这种合成，由某个法则联系起来的多个连续位置才被带进了一个统一的空间形式。运动的概念，就如之前的数字概念一样，只是一般序列概念的例子。平面上的一个点首先是由它到两条固定直线的距离规定的，然后它就在所有可能的位置中获得了一个固定的系统性位置。这些点可以用确切的数值描述，它们并不只是并排站在一起，而是根据各种复杂的排列规则形成不同的联系，并且因此进入统一的形式。点"运动"的表达式只是这种逻辑安排操作的感官符号。直觉性的几何线条就如此变成了一个连续的纯数值序列，这些值通过某个算术法则彼此联系。我们在区别不同线时所凭借的感官特性，如方向不变或变化和曲率，只要它们能够进行精确的概念性表达，就一定能表示为这些值序列的特质。因此，运动概念并不能实现画面性呈现的目的，只能实现累进理性化的目的。给定形式被摧毁了，所以它可以从一个算术序列法则中以新的面目出现。笛卡儿在其阐述中用他特有的方式让我们看到了这个普遍公设是如何得以严格保持的，因为正是这个公设定义了几何本身的范围，并为它划出了界线。"超越"曲线不在此列，因为它们——用笛卡儿使用的技术工具——似乎是不能从纯粹数字法则的关系中演绎出来的。这些曲线在它们的直觉建构物中没有特殊的位置，因为不能把它们置放在新的几何概念定义下，所以就把它们排除在几何之外。正是通过上述所说几何概念的定义，概念最终就简化成了一个由基本的计算操作构成的系统。

微分几何。 在这里出现的笛卡儿几何，它的边界必然会在随后的历史发展中被跨出。一种新的知识理想得到了确认，但是这个理想并不能把到目前为止集结在几何下面的所有科学问题一网打尽。要想使概念构建物有效，就必须排除掉重要深远的领域。如此，就清晰规定出了逻辑进展的路径。指导观点仍然是要求把空间性概念分解成序列性概念。但是必须对空间性概念系统进行深化和提升，从而可以观察和把控所有的可能的空间形式而不是其中的一小部分。因为这个需要，笛卡儿几何出于内在的必然性而演化成了微分几何。微分几何里首次出现了以更完美形式存在的、新的概念构建物，它在解析几何中的一般轮廓仍然可以被辨识出。这个过程开始于一个根本的序列 $x1$、$x2$……xn，该序列根据某个确定法则而与另一个值序列 $y1$、$y2$……yn 相对应。但是这种对应不再限于普通的代数过程、数字或数组的加减乘除，而是根据法则包括了所有可能的的量关系形式。数的概念中扩散着一般函数概念，而前者在后者中得以实现。它们的对应使我们可以发掘出逻辑完美的、全部的几何内容。在迈向微分几何的过程中出现了一个新的决定性环节。无穷多的对应关系构成了一个杂多，从这个杂多的统一中首次生出了一个概念整体。微分分析方法第一次清晰的表明，无限的规定性不会摧毁所有的确切性，而是可以再次把这些规定性统一到一个几何概念中。在解析几何中，平面上的一点基本上由它的 x 和 y 坐标值决定，类似地，通过微分方程 $f(x, y, y') = 0$，每个给定的点就与某个运动方向对应了起来，所以问题就在于从这些方向系统中重构一给定曲线的整体，该整体应具有曲线所走几何路线的全部特质。方程的积分只是意味着把这些无限多的方向规定性合成为一个单一相连的结构。同样的，二阶方程 $f(x, y, y', y'') = 0$ 把每个点及其运动方向与某个曲率半径对应，结果，从如此获得的所有曲率值中，就产生了对曲线整体形式的演绎。在此我们以几何方式用方向和曲率概念来表示元素，它们在最普遍的表达上不过是简单的序列原则，这些原则应在元素总体和根据法则进行的变换中进行理解。

如果我们在微分分析的意义上，用运动物体的速度积分来表示它测得的空间，我们所应用的过程就在于，从真实前进运动的每个环节中解读出某个前进法则，然后借这个法则来准确规定向后面空间点的转移。在一个给定的时刻一个给定的点上，物体拥有"速率"，它只能通过比较一系列空间值和时间值才能构想出和表示出。在逻辑上，速率不是运动物体的绝对属性，而只是对这种彼此相关关系的表达。我们假定，在一个给定点上，停止对物体施加一切外部影响，那么该物体就均衡地向前运动，也就是说，如果它在时间 $t1$ 内跨越了 $s1$ 的距离，那么在时间 $t2 = 2t1$ 内，它将跨越了 $2s1$ 的距离。我们并不想通过给出物体经过的具体位置来表示它的真实运动，而只是根据各种关于时间点和空间点对应的法则，以纯粹理想的方式构建出它的路径。各种序列里的单个值都是不真实的，因为运动的均衡性从未真正实现过，尽管如此，思维却必须要利用这些假设性值和值序列，从而使整个复杂的整体也就是真正的路径变得可以理解。几何中无限分析所涉及的过程也是如此。曲线在这里还被当作具有一定秩序的点，但是这个秩序，正如直接给出的那样，是一个高度复杂的序列形式，在概念中我们把它作为一个杂多进行分析，该杂多由较为简单的序列性秩序法则构成，这些法则互相规定着彼此。具体形式被分解成一个由虚拟的规定性基础构成的系统，这些基础被假定为随着点的变化而变化。几何形式，从直接直觉和基础合成几何的立场来看，似乎是某种绝对已知和可直接理解的东西，但在这里，它是一个间接结果。几何形式似乎被分解成了很多层关系，这些关系一层摞一层，并且通过一种确定的依存类型，最终规定了一个单独的整体。

量和函数。然而，此处揭示了一个具有综合意义的问题。从一个曲线的所有切线中构造出该曲线，正如微分几何显示的那样，只是例证了一个具有更普遍适用性的过程。所有的数学概念构建都给它自己设置了一个双重任务，也就是，一方面把某个关系性复合体分解成基本的关系类型；另一方面再把这些较简单的类型和构建法则合成为具有更高秩序的关系。在逻辑意义上，对无限的分析是对该知性倾向的第一个次完整表达。因为即使在这里，数学探究也超越了对量的简单考虑，转而进入一个普遍的函数理论。此处结合在一起成为新整体的那些"元素"，它们本身也不是可扩展的量，不是作为一个整体的"部分"，而是作为互相规定彼此的函数形式，然后统一成一个关系系统。这一进程前给数学赋予了独特的个性，在我们跟踪这一进程前，我们必须返回到具体的几何问题中，因为在关于几何方法的哲学争论中似乎出现了一些萌芽，预示着逻辑问题可以用一种新的普遍方式提出。

二、 位置几何原则中的直觉和思维——斯坦纳和彭赛列——"关联"概念和连续性原则——不同于归纳和类比的关系传送——几何中的射影和虚构——度量和射影几何以及施陶特的四边形构建——射影度量(凯莱和克莱因)——空间概念和次序概念——几何和群论——几何中的恒定概念和变化概念

位置几何原则中的直觉和思维。现代几何从测量几何进化到位置几何的过程中，首次在严格的逻辑意义上，构造出了自己的地盘和真正的自由，获得了方法的普遍性。相对于笛卡儿的解析几何，这一步称得上是一种反动。直觉再次声称拥有在古代合成几何里具有的权利。尽可能地限制直觉并用纯粹的计算操作取而代之，并不会产生真正符合逻辑的、经过严格演绎的空间科学构建物，要想获得这样的建构物，我们必须把直觉的全部范围和独立地位还给直觉。所以，这个进程从抽象的数字概念又回退到了纯粹的形式概念。笛卡儿本人发现并声称说，在这里存在着一个新的哲学动因。笛卡儿在笛沙格的方法中看到了一个普遍的"几何的形而上学"，这些方法包含了首个用射影方式来处理和理解空间形式的手段。如果我们再往前跟进这个"形而上学"，就会发现这似乎与他自己的倾向和演绎存在直接的冲突。事实上，要

完成这种新解释，就必须对分析方法的至尊地位进行顽强抵抗。对这些方法的批判源于莱布尼茨，在这第一次的批判结束时，他创立了位置分析。有人反对说，分析以建立普遍的秩序原则为荣，但其实它根本没能力在要建立秩序的领域内做到这点，而只能诉诸一个外在于被考虑对象的角度。用随机选取的坐标来指示一个空间图形，这样就把一种主观随意的元素带到了规定性里，结果，形式的概念性特征就不是建立在其本身内的纯粹特性上，而是被一个偶然的关系给表达了，该关系则随所假定指示系统的不同而不同。根据这个过程，在表达一个空间图形时可以使用多种方程式，要从中选择出相对最简单的一个，就取决于计算者的个人技巧，也就是取决于严格的方法过程想要排除的某个元素。如果要避免这个缺点，就必须找到一个新的过程，该过程既要与分析方法具有相同的逻辑有效性，又要能够在整个几何领域和纯空间领域内实现理性化。

斯坦纳和彭赛列。尽管从这个立足点出发——这是具有哲学特征和意义的——我们是不可能返回到古代基础几何的角度。返回到图形的直觉方面只会产生一个明显的连接关系，因为内容本身现在已被放在几何"直觉"下理解，并因此得到了深化和变换。如果为了给哲学观点分歧寻求一个固定的标准，我们就应去问现代几何的科学创立者给"直觉"这一概念和词语赋予了什么含义，那么首先就会出现一个特别的矛盾结果。一方面，雅各布·斯坦纳就像他的老师也是他的楷模斐斯塔洛齐一样，赞叹起纯直觉的逻辑合理性和有效性时是永不知疲倦的。斯坦纳和他的学生认为普通合成几何的缺点在于它只教我们在有限的意义上利用知觉，而不是在其意义的全部自由和范围内。另一方面，在彭赛列的主要作品中，我们发现他表达了一种相反的逻辑倾向。他认为这个新方法的价值在于，几何演绎可以通过它无障碍行进，在于它不必局限在可能感官表象的范围内就可以特别考虑想象的和无限遥远的元素，而这些元素本并不拥有任何个体化的几何"存在"，如此一来，它就首次获得了完整的理性演绎。只要我们从两边更仔细地贴近这个阐释，此处关于思想形成的矛盾就立即消失了。位置几何如果纯粹建立在直觉上，那么它的意义就不是严守着感官给定的图形，而是根据一个确定的单一原则来自由地、建设性地生成图形。一个图形在感官上的各种可能情况，不像在希腊几何里那样是单个拿来构想和研究的。对于它们，所有的兴趣都集中在它们以彼此为出发点的方式上。在认识一个单独的形式时，我们决不把它只当成它本身，而是把它看作其所属系统的一个象征，看作对一种形式总体的表达，这个总体里包含了所有它可以按照某种法则变换的形式。所以"直觉"的对象从来都不是具有偶然内容的具体图形，根据雅各布·斯坦纳的观点，直觉指向的是几何形式间依存关系的媒介。[①]在这里，具体的称

---

① "当前的任务是揭示不同现象在空间世界中是如何组织在一起的。我们看到少数简单关系表达了一个图式后，其余的命题就从这个图式中在逻辑上顺利形成了。合理使用少量的基本关系，我们就可以理解整个主体。秩序来自混乱，我们看到了部分之间是如何自然衔接在一起并最终形成了具有完美秩序的序列，看到了连接部分是如何形成了有条不紊的群组。通过这种方式，我们获得了作为自然起点的元素，其中，自然以最为简单经济的方式，

谓也从属于联结它们的系统关系。只要不是就某个图形本身对其进行定义，例如，把一条直线当作一束光线里的一个元素，或把一个平面当成一层光线里一个元素，那么对根本形式的演绎本身所表达的就是这样的意思。一般，我们会看到，导致发现了解析几何的根本方法论立场在这里并未被丢弃，而是留了下来进入了一个更有效的应用领域——空间领域本身。数字动因被排除了，但是普遍的序列动因变得更加显眼。对于数字，不再因为它本身的内容而把它当成根本原则，保留下它只是因为它总体上代表了最纯粹和最完美的、逻辑上有序的杂多类型，而我们已经看到笛卡儿是如何做的。严格的演绎性联系似乎只能以数字为媒介才能进入空间领域。我们可以理解，此后伴随着解析几何的成就，必然会产生一个新的重要任务。从原始的、根本的关系中构建出空间形式，仍然是一个不可违背的公设，但是现在必须通过纯粹几何的方式来满足这个公设，同时不引入量度概念和数字概念。

"关联"概念和连续性原则。 这种演化从这里开始，以逻辑观念为特征并受其详细指导。这在彭赛列的情形中尤其明显。彭赛列加入了一场关于其学科原理的论战，其中，他越来越坚定地把目光投向哲学的基础。巴黎学院尤其是柯西对他著作中的哲学预设提出了批判，对此，彭赛列强烈反驳说，在这些预设中我们面对的不是次等问题，而是这个新观念的真正根基。他引用了牛

给图形赋予了无数特性。在这一点上，问题的本质既不在于合成方法也不在于分析方法，而是在于发现形式之间的关系，以及发现它们的特性是如何从简单图形过渡到复杂图形的。"

顿的话说，发现法在几何中意味着一切，所以一旦找到并建立这种方法，成果就会自动出现，而它们就是这个方法结出的果实。射影特性理论不只是几何领域的重要扩张，而是引入了一个新的研究和发现原则。第一步就是必须把几何思想从感官视野的狭隘性中解放出来，这个视野太执着于直接给定的、单个的图形所具有的特性。笛卡儿指责古代数学家，认为他们如果不依赖感官形式、不大量使用想象力就不能够获得深刻的知识，彭赛列把他的这一质疑保持到了最后。

真正的合成方法不可能返回到这个过程，如果它与分析方法有着相同的范围和普遍性，且它的这一视野普遍性还是从纯粹几何假设中得到的，那么它也只能证明自己与分析方法有相同的价值。只要我们不把所研究的某个具体形式本身当成是研究的具体对象，而是只把它当成一个起点，而从该起点出发通过一定的变化法则就可以演绎出一个包含所有可能形式的系统，那么，我们就算是完成了这个双重任务。这个系统的所有基本关系，都必须在每个具体形式中得到同等满足，它们一起构成了我们研究的真正几何对象。几何学家思考的与其说是一个给定图形的特性，不如说是它与其他相联结构的关联网。如果某一特定空间形式能够通过连续变换它的一个或多个位置元素而从另一个空间形式中推导出来，那么我们就说它与后者关联。但在这个变换中，有个假设依然成立，即某些基本的空间关系将被当作系统的一般条件，且它们不发生改变。几何证据的有力性和结论性总是依赖系统的常量，而不是单个项本身的特点。彭赛列在哲学上把这套阐表述为"连续性原则"，他另一个更精确的表达是"数学关系的表现原则"。其中牵涉的唯一一个公设就是：某些只需进行一次定义的关系，就算某些项也就是某个被关系者的内容发生了变化，它们也是可以继续成立的。所以，我们开始把这个图形放在一种普遍的联系里对其进行思考，我们不会一开始就把它肢解成所有的单独部分，而是允许它的这些部分在系统条件定义的范围内发生变化。如果这些变化是从一个确定的起点连续发生的，那么我们在一个图形中发现的系统性特征就可以转移到每个后继的"相"，最终，在一个个体中发现的规定性就可以累进地扩展到所有的后继项。

不同于归纳和类比的关系传送。在彭赛列这些解释中，明显有一种倾向，即给这个新思想一个精确和普遍的表达。首先，他想要防止关系传送与只是类比性或归纳性的推断相混淆，他把关系传送假定为是基本的。归纳是从具体到普遍，它想要把多个个别事实在假想中统一成一个整体，其中这些事实在实际观察中被当作没有必然联系的个别项目。然而在这里，联系法则随后并未暴露出来，而是构成了原始基础，通过它单个项的含义才得到规定。整个系统的条件是预先规定的，所有特殊化都只能通过在保留这些条件的基础上添加一个新因素而作为一个限制规定性来完成。从一开始，我们在考虑度量和射影关系时，不会把它们当成它们在具体图形中的那样，而是给它们一定的宽度和不确定性，从而给它们提供发展空间。把起点的这种不确定性当成这个新过程有效性和它优胜于古代方法的原因，乍一看，既意外又矛盾；然而，我们很快就可以看到，传统逻辑术语的模糊性危害到了这里对新思想的表达。在传统逻辑术语中，概念和图像并未得到严格区分，一个概念法则同一的、清晰定义的含义总趋向于溶解为一个抽象的和简图般的一般图像。从图像角度之所以看到不确定性，是因为忽略了图像的个体特征，但从概念角度来观察时，这种不确定性就是一切精确规定性的基础，因为它里面包含了用于建构单个项的普遍法则。在"普遍"和"具体"之间存在着一种关系，它可以描述所有真正的数学概念构建。普遍情况不是绝对忽略具体的规定性，而是表现了一种能力，即可以从一个原则中完全演化出具体完整的单个项目。正如彭赛列强调的那样，一个图形的射影处理绝不只是起始于具体种的特性，而是起始于属的特性。然而，"属"只是意味着条件间的联系，通过这个联系，所有个体化的东西得到了安排，而不是指一个分开的整体，这个整体由统一出现在个体中的属性构成。这个推断过程从联系的特性出发到被联系客体的特性，从序列原则出发到序列的项。

几何中的射影和虚构。 这个方法的特质在其根本过程中最为明显。关联关系把不同的图形联系在了一起，它最重要的形式存在于射影过程。图形的那些"量度性"和"描述性"元素也进入了它的射影中，而最基本的问题就在于把这些元素分出来。所有可以按这种方式生发彼此的形式，都被认为是一个不可分割的整体，在纯粹位置几何的意义上看，它们只是对同一概念的不同表达。从这里可以直接看出，要从属于一个概念，不需要借助具体项目的任何一般相似点，而只需要预先假定一个始终不变的变换原则。被我们如此统一成一个"群"的形式，可以在感官直觉结构上属于极为不同的"类型"。事实上，只要在直接的直觉意义上没有几何存在与它们对应，它们就不能指代这样的一个类型。

概念的几何构建新标准在这里就显示出了它的普遍意义，因为虚构物进入几何的资格在根本上正是建立在这个标准上。按照彭赛列的观点，总体上可以区分三种不同的"关联"过程形式。我们可以把某个图形当成一个起点，通过保留下它的部分以及这些部分的排列，把它变换成另一个图形，结果，这两个图形之间的差别就只在于这些部分的绝对量。在这种情况中，我们可以说直接关联，然而当单个部分的顺序在推导出的图形中发生了交换或颠倒时，我们只能说有一个"间接"关联。最后——这在方法论上是最有趣、最重要的情形——变换可以这么进行：让某些在原来形式中作为真实部分的元素，在这个变换过程中全部消失。例如，如果我们考虑一个圆和与它相交的一条直线，我们就可以用连续替换的方式变换这个几何系统，让直线完全位于圆外，这样的话，与它们对应的半径焦点和半径方向就可以用虚构值表示。演绎图形和原图形间的对应就再也不能连接那些真实存在和可观察到的元素，而只能连接知性元素，而它已经把它自己变成了一个纯粹理想的关联。

但如果要给几何一个单一自含的形式，恰恰就需要这些理想的关联。古代方法的缺陷在于，它们忽略了这个基本的逻辑工具，而只考虑一个绝对和类物理存在的量。新的视野摆脱了这个过程，因为从一开始它就不是把感官存在的个体化形式，而是把形式之间存在的不同关系种类定义为几何研究的对象。从这个角度来看，真正的元素和虚构的元素在本质上是相似的，因为后者也表达了完全有效和真实的几何关系。一个图像的某些元素在确定的条件下消失和停止存在，这本身并不只是负面知识，而是包含了一个有效的、彻底正面的几何见解。此外，虚构中间项的作用也经常是使人深入理解真正几何形式之间的联系，如果没有这种媒介，这些形式将是异质的、没有关联的。正是逻辑联系的这种理想力，才使它们在逻辑几何意义上获得了完全的"存在"权利。只要虚构物可以在几何命题系统中完成一个在逻辑上必不可缺的功能，那么它就存在。我们可以合理期望和要求它有的唯一"实在"，指的是它和它揭示出的有效命题及判断之间的关系是有效的。在几何领域里也重复着我们能够在数字领域里观察到的那个过程。保留下特定的关系，便可以从中产生出新的"元素"，它们与先前的元素在本质上相似相等，因为这些元素的基础也并不比关系真理更深或更固。

我们可以从普通几何中找一个简单的例子，如一个平面上的两个圆，当它们相交时，在连接两个交点的直线上就给出了一个具有明确特性的新结构。我们称这条线为两个圆的"公共弦"，该直线上的点有一个特征，即从它们出发向圆做的切线长彼此相等。如此建立起的关系，也可以出现在两个圆不相交、彼此分离时，并继续这样表示。在这种情况中，也存在一个直线——也就是两个圆的"根轴"——它满足上面所说的基本条件，在这个意义上，也可以称为两个圆的理想公共弦，它包含了两个虚构的交点。 所以这里就表达了某个直觉元素，而这个元素则完全被某些属于它的概念性特点给替换了。该元素的基础消失后，这个逻辑规定性却保留了下来，而当初，这个元素正是因为这个基础才被发现的。我们从这种恒久关系出发，通过定义在虚构的"点"中创造了这些关系的"主体"。这个过程的有效性表现在，它因此在形式之间建立了一个系统性联系，这个联系使我们能够把从一个形式中发现和证明的命题应用到另一个形式中，而这两个形式的联系却并不是那么直接明显。[①]除了这些内容上的具体联系，首先还有所有普遍的、形式的规定性，正是通过它们，几何产生的"非真实"元素才能与"真实的"点联系起来。"形式法则的恒久性"原则在代数里被用来证明广义数字概念的有效性，但在此之前，彭赛列就已经从纯粹几何的角度引入和建立了这个原则。根据空间射影理论，两个平行线交于无穷远的一个点，两个平行的平面交于一条无穷远的直线，这个点和这条直线在逻辑上都是正当的概念构建物，不是因为它们表达了对特定位置关系的集中断言，而是因为这些新构建物也要服从几何公理，而只要它们不指向量度关系，这一点便可得到证明。这里便出现了一个更高的角度，而它对"真实"点和"非真实点"一视同仁。彭赛列明确说道，新元素在它们的客体中是矛盾的，但是只要它们能够引出严格经得住检验的真理，那么它们的结构就是完全有效的。

度量和射影几何以及施陶特的四边形构建。射影几何建基于一些哲学原则上，而随着自身发展，它对这些哲学原则也进行了越来越明确的表达。在此，我们不对射影几何的发展进行详细回顾。位置几何产生于独立的假定，在这个意义上，这个新方法的

---

①所以，如果给出了一个平面上的三个圆，并为每两个圆构建出一条"根轴"，我们就可以证明这三条根轴相交于一点。由我们还可以得出，对于真正相交的三个公共弦，这也是成立的。如此一来，真实公共弦的真实特性就通过参考"理想弦"被发现。

一般逻辑特征和含义就变得显而易见。借助建构过程，通过严格的演绎，我们从简单的点和直线概念中推导出了整个射影空间，而这个建构过程，则是以考虑点的调和配对为起点。所以，在射影几何的第一阶段，只能通过双比例概念来首次引入一条直线上四个点的调和位置：对于点 a、b、c 和 d，如果 ab 和 bc 的距离关系等于 ad 和 cd 的位置关系，那么这四个点就构成了一个调和序列。这个解释明显预设了对特定距离的测量和比较，所以它在本质上是纯粹度量的。尽管如此，它还是成了位置几何的基础，究其原因，是因为它表示了一种度量关系，无论一个给定图形发生何种射影变换，这个度量关系始终不变。这里并没有排除度量概念，而是把它作为一个原始要素纳入了根基。如果最后一项限制也被废除了，如果那个规定性也就是那个度量上的双比例是以一种纯粹描述的方式得到的，那么射影几何就只是得到了一个独立和严格统一的阐述。对此，决定性的方法存在于已知的施陶特四边形构建中。我们可以确定与 a、b 和 c 这三个给定点调和的第四个点 d，而所用方法就是构建一个四边形，在这个四边形中，两个对边通过点 a，对角线通过 b，另一对对边经过 c，如此一来，该四边形另一个对角线与直线 abc 的交点就是我们想要的点 d。通过这种方法，点 d 得到了确定，因为我们可以证明，在上述构建中，无论以什么样的四边形作为基础，只要它满足以上所述条件，最后都会得到同样的结果。所以，不需要应用任何度量概念，就可以通过一个绘制直线的简单过程来建立一个根本的位置关系。纯粹射影的几何构建这一逻辑理想就如此被简化成了一个简单要求，要满足这个要求，我们可以证明只借助基本关系和它的重复应用就能够演绎出空间的所有的点，而且这些点有确定的顺序，是一个系统总体的组成部分。

射影度量(凯莱和克莱因)。射影几何通过凯莱和克莱因完成了上述证明。在此，我们就找到了一个普遍过程，通过它我们可以把所有空间点与特定数字对应起来，只要这些点可以从一个起点出发通过累进调和构建生成。如此一来，它们就在一个普遍序列性顺序中得到了一个固定位置。对于一条直线上的三个点 a、b、c，如果我们要用施陶特的四边形建构法来把它们与值 0、1、∞ 对应，我们会发现第四个调和点，我们让它与 2 对应。我们还可以进一步确定一个新的点，这个点构成了 1、2、∞ 的第四个调和点，我们给它一个值 3，如此反复，我们最终会通过这一方法而得到一个无穷大的、简单的位置规定性集合，其中每一个位置都与一个整数对应。这个集合还可以通过成为一个普遍的"密集"群进一步得到完善，在这个群中，每个元素都对应一个确定的正有理数或负有理数。向点连续的过渡发生在一个更为知性的公设上，而戴德金也是在一个类似的公设上把无理数作为"分割"引入了他的理论。因此，我们就得到了一个完整的范围，在它的基础上发展出了一个统一的射影度量，其中，基本运算如距离的加减乘除都是以纯粹几何的方式定义的。另外，向前进入更高的维度空间概念和次序概念。对这个思想的探究主要是出于技术性数学兴趣，但它也揭示了一个哲学结果，该结果也是从现代几何开端中预料到的。在此，空间概念最终被包含进了纯序列性概念的图式里。给空间的单个点指定对应数字，这个做法也许会在起初引起误会，认为这个演绎过程运用了量的概念、长度和距离的概念。然而事实上，数只是在其最为普遍的逻辑意义上并被使用，并不是表达了量的测量和比较，而是表达了一个排了序的序列。我们不关心距离和角的加或除，而只关心某个序列诸项之间的差别和分等，以及被定义为纯粹位置规定性的元素。在此，我们确证了一个事实，即在我们的普遍逻辑演绎中，数字只是纯粹的的序数，它们与可测度的量没有任何联系。笛卡儿提出的要求就这样以新的方式被满足了。当然，这两个领域在本质上还是严格相分别的，图形的"本质"不能直接归结为数的本质。但正是在元素的这种相对独立中，就像在它们基本关系的独立中一样，普遍演绎方法中的联系才得以水落石出。在数的情形中，我们以一个原始单位为起点，根据某个生成关系，最终生产出了一个具有固定次序的总体。在此，我们首先假设有多个点，并假设它们之间有一定的位置关系，那么在这个开端中我们就发现了一个原则，这个原则的各种应用就构成了一个包含所有可能空间构建物的总体。在这种联系里，射影几何可以名正言顺地被称为普遍的、"先验"的空间科学，且它的演绎有效性和纯度也可与算术相提并论。在这里，只是把具最普遍形式的空间演绎为普遍的"共存可能性"，但并不就它的特定自明结构尤其是平行公理的有效性做出判断。但是可以证明，通过添加特殊的完成条件，在此产生的普遍的、映射的规定性就可以成功地与不同的平行原理相联系，并因此延伸到"抛物线""椭圆的"或"双曲线"的规定性。

几何和群论。 几何方法多种多样，相比之下，几何概念的单一形式就越来越突出。具体应用千变万化，但该形式的逻辑特征始终如一。通过考虑现代几何概念取得的最普遍解释，我们可以捕捉到这个特征。而把几何添加到群论中，则是这整个解释最后决定性的一步。"群"的定义构成了一个新的、重要的逻辑方面，前提是，通过它而被带进知性统一的不是一个由单个元素或结构构成的整体，而是一个由运算构成的系统。一个由运算构成的总体就形成了一个群，前提是由该总体中任何两种运算结合产生的复合运算也存在于这个群中。所以，连续使用属于这个总体的、不同的变换过程，只会产生最初就包含在这个总体内的运算。在这个意义上，一个群就是由所有的几何变换构成，当我们允许元素在普通三维空间内做任何形式的运动时，就产生了这些变换，其中，两个连续的运动可以表示成单个运动。在这个群概念中，我们得到了一个普遍的分类原则，凭借它我们可以把不同种类的几何统一到一个角度下，然后寻找它们之间的系统联系。如果我们问什么才能在普遍意义上被当作"几何"特性，那么我们就会发现，我们只把不受一定空间变换影响的特性当成几何特性。几何针对一个特定结构提出的命题在下述情况中依然成立：改变该结构在空间中的绝对位置；成比例地增加或减少该结构各个部分的绝对量；颠倒该结构单个部分间的排列顺序；用该结构的镜像来代替该结构。对于作为起点的一单个形式，要给它真正的普遍性以及真正的几何特性，就必须在对它的直觉上增加一个认识，即它独立于所有这些变化。"几何与地形学的区别在于，只有在某个运算群中保持不变的空间特性才能称为几何特性。"如果我们认同这个解释，我们就会得到一个新视野，通过它就可以看到几何系统构建的多种不同可能，且这些可能在逻辑上都同等有效。我们把变换群当成探索的基础，但是我们并不是只能在这个群中选择，相反我们还可以通过添加新条件来扩大这个群。如此一来，我们就可以通过改变牵涉到所有断言的根本系统在不同几何形式间迁移。例如，如果我们认为普通度量几何的特征是适当的空间变换群(也就是说特定的移动运算、相似性变换运算和"反射")，那么我们可以通过向这个群里加入一切射影转换并考虑这个更大变换范围的恒常特性来扩大普通度量几何。正如克莱因详细证明的那样，不同种类的几何都可以根据一个确定的法则，从一个给定的群变成一个更为包容的系统，从而建立方法基础，并且以类似的方式被演绎出来。一般而言，对于每一个这样的几何，只要其中给定了一个包含变换群的集合，它面临的问题就是发展一个适用于群的不变理论。

几何中的恒定概念和变化概念。这个普遍过程照亮了几何基础中恒常概念和变化概念的关系。我们已经看到这个哲学问题是如何自希腊数学开始起以及不断地返回到这个关系中的。如果几何，借用柏拉图的话，拥有"永恒存在"，如果只能证明出能够保持自身同一形式的东西，那么变化就只能作为一个附属概念被勉强接受，而不能作为一个独立的逻辑原则。"成为"领域标记出了一个地盘，其中纯粹的数学思想不具备任何力量，因此，这个地盘也就屈服在感官知觉的不确定性下。这种对恒久性的强调，旨在把一切感官元素从纯粹数学知识的基础中排除出去，而它最终也在几何中以相反方向发挥了作用。因为要求直觉空间形式必须严格恒定，所以几何演绎的自由度就降低了，结果，思维并没有根据法则去寻找图形间联系的最终根基，而是仍然在具体图形中纠缠不清。通过分析对变化概念进行了关键的检验和确认后，变化才有了一个新发展，而这一发展在群论中得到了它的系统性结论，因为在群论中，变化被当作是一个基本概念，当然另一方面，它也被限制在固定的逻辑范围内。现在，柏拉图的解释在一种新的意义上得到了确证。几何是关于不变式的理论，它研究的是某些不变的关系，但是我们无法定义这种不变性，除非我们把某些根本变化当成它的理想背景，其中它的有效性正是通过与这些变化相对立而得到的。这种不变的几何特性并非自在自为，而是相对于一个由可能变构成的系统而言的，我们已经深信不疑地假定有这个系统。如此一来，恒定和变化就似乎成了全面关联的环节，它们只能通过彼此而被定义。几何"概念"只是通过指出了确定的变化群，获得它的同一和确定的含义，其中，正是因为参考这个变化群，我们才构想出了几何概念。这里说的永恒并不是指给定客体的任何绝对特性，它的有效性只是相对于某个知性运算说的，这个知性运算被选择来作为一个参考系统。在这里，关于一般实体种类的含义就出现一个变化，而随着研究的深入，这种含义必然会不断明朗。永恒指的不是事物和它们属性的持续时间，而是指一个功能性联系中某些项的相对独立，相比其他性，这些项是独立的环节。

三、 作为纯粹"形式原理"的特征(莱布尼茨)——作为纯"关系原理"的几何学(希尔伯特)——生成关系的合成——格拉斯曼的扩展理论和它的逻辑原则——微积分形式和源点概念

随着演化，现代数学已经越来越自觉地、越来越成功地处理起理想事物，其中，理想事物是莱布尼茨为数学创立的。在纯粹几何中，这一现象在一般空间概念的发展中得到了最清晰的展示。度量关系简化成了射影关系，这也印证了莱布尼茨的看法，即在把空间定义为一个单子前，我们必须理解它作为一个"共存秩序"的原始量化特质。调和构建物的链条生成了射影空间的点，它提供了拥有这个秩序的结构，该结构之所以具有价值并能被人理解，是因为它不是以感官形式被呈现的，而是被思维通过一系列连续的关联结构构建出的。①我们仍然可以从直觉中取用

---

①建立在纯射影关系上的度量几何具有一个逻辑问题，饶有历史趣味的是，莱布尼茨抓住了这个问题。莱布尼茨把共存和时间顺序定义为继替顺序，拥护牛顿绝对空间和绝对时间的克拉克在反对这些定义时说，这些定义没有触及这两个概念的基本含义。克拉克说，时间和空间首先是量，而位置和顺序则不是。莱布尼茨回答说，只要可以区别开一项和后一项，只要它们之间的"距离"是可以在概念上定义，那么在纯粹的顺序规定性中，便可以产生量的规定性。"相对事物和绝对事物一样也是有大小的。例如，在数学中，关系或分数具有大小，我们可以用它们的对数来表示，尽管如此，它们也仍然是关系。"这里参照了一个不断在射影度量几何中出现的问题，因为实际上，两个点之间的距离是由某个双重关系定义和测量的。

几何的基础内容，例如，这些公理是从该关系表象中多变的感官材料里抽象出来的。通过这个扩张，我们可以使"在中间"概念独立于它的原始知觉内容，并把它应用到序列中。但在这些序列中，"在……中间"这一关系没有任何直接的直觉关联物。

作为纯粹"形式原理"的特征(莱布尼茨)。然而，当这种解释想要把空间外部事物的特定秩序纳入一个由一般可能秩序构成的系如点、直线和平面但是，至于这些内容的联系，它们必须被概念性地演绎和理解。在这个意义上，现代几何的一个目标就是把一个关系如一般的"在……中间"的关系从这种限制中解救出来，并且把它放进自由的逻辑应用，虽然起初这个关系似乎并没有一个可化简的感官存在。这个关系的含义必须通过确定的联系公理规定，因为只有从这些公理中获得的含义才能使它进入数学演绎，我们再一次被带到了莱布尼茨对数学的理解。根据这种理解，数学不是关于大小而是关于形式的一般科学，不是关于数量而是关于性质的科学。如此一来，特征就成了基本的科学，我们并不在它下面思考给定元素组合数目的原理，而是思考如何阐释一般联系的可能形式和它们相互间的关系。无论何时给定了一个确定的、用某些法则和公理表示的联系形式，在数学意义上都会定义有一个与之等同的"对象"。数学研究的真正对象是这种关系性结构本身，而不是元素的绝对特性。对于两个由判断构成的复合体，如果其中一个是关于直线和面的，另一个是关于圆和某个球体群的，并且它们本身除了包含同样的概念性关系内容外，还包括这些关系作为谓语所从属的直觉"主语"的变化，那么从这个角度来看，它们就是等同的。在这个意义上，普通欧几里得中的点就可以变为球和圆，变为一个双曲或椭圆球体群的反式点耦，变为没有任何特定几何意义的三重数组，同时我们为这些点所提命题间的演绎联系也不会发生任何变化。这种演绎联系构成了一个明确的形式规定性，后者可以与它的基础相分离，并且具有系统性特征。我们不把这种数学构建的内容当成它们自身看待，而只是把它们当成某个普遍的秩序和联系形式看。数学只识别它们通过参与这个形式而得到的"存在"，而不是其他别的"存在"。因为只有这个存在进入了证明和推导过程，并因此获得了数学给定对象的全部确定性。

作为纯"关系原理"的几何学(希尔伯特)。这种纯数学方法的解释在希尔伯特阐述和演绎几何公理所使用的方法中得到了最明晰的表达。在欧几里得几何的定义中，点或直线的概念被认为是固有的直觉信息，而这些直觉的固定内容则是概念的起点，相比之下，原始几何对象的本质在这里只是通过它们所服从的条件定义的。这个起点由一群特定的公理构成，我们假定了这些公理，并且必须证明它们的相容性。我们把这些法则当成一个基础，在它上面是元素的一切特性。点和直线只是一些结构，它们与其他同类结构处于特定的联系中，而这些关系则由某些公理群定义。对于这些元素，能够表达它们本质的不是它们的具体特征，而是它们之间的系统"组合"。在这个意义上，可以把希尔伯特的几何正确地称为纯粹的关系论。然而，它也构成了对一个思维倾向的总结，这个倾向的纯逻辑方面可以追溯到数学的开端。首先，只通过几何概念的公理来定义几何概念的内容似乎是种循环定义，因为难道不是公理本身预设了特定的概念吗？当我们清楚地区分开了心理学开端和逻辑基础时，这个困难就迎刃而解了。在心理意义上，当我们要把某个关系的含义呈递给我们自己时，确实只能借助某个给定的术语也就是这个关系的"基础"。正是通过这个知性过程，临时性的内容才首先成了一个固定的逻辑对象。因此，联系法则指的是真正的 $\pi\rho\acute{o}\gamma\rho o\nu \ \gamma\eta\phi\acute{v}\sigma\epsilon\iota$，然而它们的绝对性只是指一个 $\rho\acute{o}\gamma\epsilon\rho o\nu \ \pi\rho\acute{o}\zeta\eta \ \acute{\alpha}\mu\zeta$。直觉似乎把内容当成了一个孤立的、自我包含的存在，但是只要我们在判断中去描述这个存在时，它就分解成了一个相关结构网，其中的相关结构彼此支持。概念和判断只是把个体当成一个项或当成一个系统性杂多的一个点。在这里，就像在算术中一样，真正的逻辑开端并不是所有的具体结构，而是一个系统性杂多。元素个性的规定性不是概念性发展的起点而是终点，它是我们采用普遍关系的递进联系而追求的目标。在此，数学过程指向了与它类似的理论自然科学过程，因为它包含了通向后者的钥匙及其成立的理由。（见第五章）

生成关系的合成。从这一点看，我们可以理解数学系统的重心是如何在其历史发展中移向了一个确定的方向。数学的目标范围大大增加，最终可以清楚地看到，方法的特质是不受任何具体的客体种类限制的。在笛卡儿看来，"普遍数学"在哲学意义上是要成为解决所有次序问题与量度问题的基本工具。莱布尼茨用逻辑从属关系代替了两个方面的简单联结关系。对于以可度量和可分割的量为对象的科学，它的一个预设就是关于不同的可能联系和排列类型的原理。[①]现代数学澄清了这种认识。射影几何的发展，不使用量的测量方法和比较方法就实现了数学阐释的理想。度量几何本身是从纯粹量的关系中演绎出来的，这种关系只关心空间点的相对位置。数学对传统界线的超越在群论中更加引人注目，在这里，直接的对象不是量或位置的规定性，而是一个运算系统，这些运算存在于它们的彼此关系中。在群论里，数学第一次到达了它最高的普遍原则，在这个原则下，可以把数学的全部领域当成一个整体来俯察。在普遍的意义上，数学的使命不是比较、分割或组合给定的量，而是区分出生成关系本身和规定这些关联性，其中，量的所有可能规定性都是建立在这些关系上。元素和它们所有的衍生物都是某个原始联系法则的结果，这些法则既可以在它们的结构中被检验，也可以在它们因为合成和相互渗透而产生特征中被检验。现代数学的微积分存在不同形式，包括格拉斯曼的扩展理论，哈密尔顿的四元数以及距离的射影微积分，它们都只是这个逻辑普遍的过程的例子。 所有这些形式的方法论优点绝对在于，这里的"微积分"实现了完全自由独立的活动，它再也不被限制在量的组合中，而是直接被运用到关系合成上。

我们可以在无限分析的发展中追溯这个合成过程，把它当成数学远算在数量领域本身内的真正目标。然而，我们现在思考范围扩大了，因为对于任何随机选择的元素，只要一个结构可以通过重复使用某个确定关系而从它当中产生，那它就可以作为一个根基。只有这种规定性的可能性保留在了微积分中，并构成它的

---

① "尽管哲学家仍然把数量当作是数学的基础，但是其实，数量在纯数学中并不存在，并且很多时候不能进行数学处理。"

必要充分条件。这个演绎结构的确定性不局限在任何具体的内容中。就像在格拉斯曼的几何特征和四元素论中那样，我们可以处理点乘积或向量的乘积。我们不仅可以用空间位置来表述点，还可以使用不同的质量值，就像在麦比乌斯的重心微积分中那样。我们也可以用任何一种方法使距离之间、三角形平面之间、力之间或二力之间发生合成，并计算出结果。在所有这些情形中，我们的目标都是把一个给定的"整体"分解成与它类似的部分或者再把它从这些部分中合成出来。在此，一个普遍的问题是如何把一个一般序列中的累进条件合成一个统一的结果。如果定义了一个初始元素，并且给出一个原则，借这个原则我们可以通过一种普通累进方式接触到很多其他元素，那么把几个这样的原则结合起来就会产生一个运算，这个运算可以化简为固定的系统原则。只要可以把简单序列变为复合序列，我们都可以定义一个新的演绎性数学处理领域。

格拉斯曼的扩展理论和它的逻辑原则。这个普遍思想产生自笛卡儿和莱布尼茨的哲学理想即"普遍数学"，生成过程遵循了严格的演绎顺序，它同时产生了现代数学中最重要的认识之一，即赫尔曼·格拉斯曼的《扩展的理论》。如果把格拉斯曼在这部著作的前言部分提出的那几点思考，如果当成定义来看，可能会让人觉得差强人晦涩难懂，但是它们指出了一个清晰的方法论项目，而随着问题的发展，该项目的意义也得到解释和确证。格拉斯曼自己设立的目标是把空间科学提升到普遍的形式科学的高度。纯粹形式科学的特征是由一个事实定义：其中的证明不能超越思维本身进入另一个领域，而是仍然完全停留在不同思维操作合成中。这个公设在数字科学中得到了实现，因为数字领域里的所有细节都可以完全从有序的公设系统中推出，正是这些公设使数字序列得以存在。但是现在必须给几何找到一个"起点"，它要和已经在算术中给出和确保的那个起点一样"直接"。为了这个目的，我们也必须从一个给定的广阔系统回到它简单的"生成方式"，而正是借助这个方式，该系统才得以首先被研究和理解。一般我们在描述几何元素时，我们会习惯于说线是从点中生成的、面是从线中生成的，但是在这里，我们所说的图形必须得拥有一个严格的概念性解释，这样它才能充当这门新科学的起点。直觉空间关系给了我们第一个机会，使我们可以去理解纯粹概念关系，但是它们并不能穷举后者的真正内容。我们现在不再假定点(也就是特定位置)而是假定元素，这里的元素只是指一个不同于其他特定项的特定项。如此并没有假定出一个具体内容："在这里不需要去思考这究竟是哪种特定项，因为它就是一个没有真正内容的特定项，也不必问一个特定项在哪一种关系上与另一个特定项不同，因为这里定义的特定项是绝对与另一个不同的，我们并不假定它有任何真实内容，所以它也就不能凭借其内容而与其他特定项相区别。"我们认为基本元素会发生变化，而我们也会用上述方式明确地从这些变化具有的具体特征中抽象，并且只保留对一个原始起点的抽象认识，其中，这个原始起点通过重复一个运算而生成了许多项。所以，如果格拉斯曼扩展论的具体应用主要是针对确定的转换种类，那么源自该起点的总体图式会走得更远。在此，我们只关心作为数学概念最普遍功能的那一方面：给出一些具有确定量的、单一的法则，它可以规定一个序列中项之间的转变形式。"如果结果是确定的，那么'区别'必然会根据一个法则而产生。如此一来，就根据一个法则通过生成元素的变换而产生了简单的扩展形式。根据这个法则而产生的元素总体，被我们称为一个系或域。"类似地，当我们以这种方式把不同变换结合起来，那么就产生了更高水平的系统。一开始，从初始元素中通过某个变换产生了一个系统，然后，它的所有项就从属于一个新的变换了。只要这些域不是从别处给出的，而只是已知的、由它们的构建原则定义的，那么就很容看出，这个法则必须能够单独表示它们的一切特性。

当格拉斯曼随后详细阐述了不同的联系形式时，这些一般思考就获得了更为精确的数学含义，并通过制约它们的形式条件来区别开它们。因此，便产生了一个关于相似或不同变换的"加""减"的原理，一个关于距离和点的外部和内部乘积的理论。这些运算与具有相同名称的代数过程只在某些形式特性方面上一样，如都遵循结合律或分配律，但是它们本身并不表示完全独立的过程，其中通过这个过程，可以从任何给定的元素中规定一个新的结构。我们从相对简单的"生成"形式开始，逐渐使用越来越复杂的构建方法来从某些基本关系中构建出一个杂多。如果给出一个初始项 α_0 和多个运算 R1R2R3···，这些运算把 α_0 依次变换成了 α_1、α_2、α_3，α_1'、α_2'、α_3' 等，那么这些运算的合成结果和不同类型的合成形式都是通过演绎规定的。如此一来，被格拉斯曼作为其作品引言的这些思考，就创造了一个普遍的逻辑图式，该图式可以包含不同形式的、与扩展论相独立的微积分，因为，它们只是从一个新的角度揭示数学微积分的真正元素不是数量而是关系。

微积分形式和源点概念。 如果我们去研究所有的这些发展，我们就会立即看出逻辑理念论的根本思想本身是如何逐渐地被确认和深化的。现代数学越来越有倾向降低"给定"元素本身的地位，不允许它们影响普遍的证明形式。一个真正的证明所使用的每个概念和命题，都不只是与图式性表示相关，而必须充分建基在构建性联系的法则上，并且可在其中被理解。数学的逻辑，就如格拉斯曼理解的那样，其实只是严格意义上的"源的逻辑"。科恩的《纯粹知识的逻辑》与微积分相联系发展了它关于"源"的基本思想。实际上，这是关于这一普遍观点第一个也是最令人印象深刻的例子，它把真正的基础从量的概念换成了函数的概念，从"量"换成了"质"。在扩展到现代数学的其他领域中时，这个逻辑原则又获得了新的确认。然而，无论这些领域在内容上有多么不同，在结构上它们都回头指向了"源"的基本概念。只要一个杂多的各项是由一个确定的序列性原则演绎出来的，并且能够被它穷举，那么这个概念的公设就被实现了。对于差别最大的"微积分"形式，只要它们满足这个条件，那么它们就属于一个逻辑类型，同样，它们对数学自然科学的问题也都是有效的。所以，莫比乌斯把他的普遍微积分应用到静力学的严格理性建构上，同时麦克斯韦则从向量解析的基本概念中得出了力学元素。运算的系统性联系一旦被推导出来，那么就算我们用力代替直线、用二力代替某个距离乘积，它们也仍然保持不变。如此一来，就把每个几何命题直接与一个力学命题联系了起来。让无穷小分析从属于一个更包容的"关系分析"系统中，也固定和限制了它自己的问题。尽管理想主义逻辑提出了抗议，但是"无穷小"的概念不断让人认识到，这里的量不是来自它们的概念性原理，而是从它们消失的部分中合成的。所以，真正的问题被错解和替换了，因为我们的目标不是指出量的终极的、实质性的构建，而是要找出一个新的逻辑角度来给它们规定性。然而，如果我们把数学"规定性"的其他一些可能形式置放在了微积分过程一边，那么这个角度就凸显了出来。例如，给重心微积分的运算赋予普通的"算术"含义就是不可理解的，如让两个简单的点相加，或者对于两个有方向的距离，从它们中构建出一个四边形，然后用该四边形的对角线来表示这两个距离的和，再或者，我们说两或三个点的积，一个点和一个距离的积等，这些都是不可理解的。我们在这里排除了"整体"和它的组成"部分"之间的关系，并用有限环节和单个环节的普遍关系替代，在概念上来看，后一种关系构成了前一种关系。莱布尼茨明确强调的区别是不可避免的，相比"分解成部分"，这里似乎到处都是"溶解为概念"，其作为一个普遍工具，保证了纯粹演绎的确定性和进步。

四、 元几何问题——在几何的经验主义基础上的尝试（帕施）——经验几何中的理想对象——委罗内塞对经验主义的修正——理性主义和经验主义——数学空间和感官空间——对康德几何理论的异议——真实的空间和实验——纯粹空间的概念性原理——欧几里得空间和其他形式的数学空间——几何和实在

元几何问题。欧几里得几何系统通过元几何研究和思考而完成的扩展，落在了我们探索范围之外的内容上。因为我们的目标不是呈现出数学成果——无论从认知批判的角度来看它们多么重大和有效，而只是规定出数学构建概念的原则。但是即使是从这个有限的角度出发，我们也无可避免地要拿起元几何的问题，因为它不仅改变了数学知识，也改变了我们对数学基础和源头的理解，而这一点正是这个问题的特别之处。于是，必然会产生一个问题：原先从数学概念中获得的观念，在面对在这个联系中产生的新问题时，是否依然有效。对于哲学家和数学家来说，这里无疑存在一个对原始几何领域的合法扩展，所以，就更加需要去知道新内容是突破了几何的逻辑形式还是确证了它。

在几何的经验主义基础上的尝试(帕施)。数学本身的答案似乎曾一度是确定的，一般来说，从元几何研究中推导出来的都是几何概念的经验特征。委罗内塞的《几何基础》首次全面研究了历史上所有改革几何原则理论的关键尝试，它确认了科学研究者的共识，认为三维空间的普通几何至少建立在经验的基础上。如果我们更加仔细地检验促进那些个体研究者达成共识的原因，我们会很快发现解释上的一致只是表面上的，就好像几何进入哲学思索领域后就失去了它的标志性特权，即在严格清晰的意义上应用其概念的特权。我们一般使用的经验概念具有不确定性，而此时它的整个不确定性就呈现了出来。在严格的意义上，只有引证说数学概念的全部内容都植根于具体感知上并且可以从中推导出来，数学概念的经验基础才能被给出。所以，只要帕施尝试引入初等结构(如点和直线)，它们没有精确的概念形式，而只有能够被感觉的含义，那么他就算构建出了一个连贯的数学经验系统。帕施解释说，几何在自然科学和实际生活中的不断应用只能基于一个事实，该事实便是，起初几何概念只是精确地与实际观察对象相对应。只有在这之后，这个原始内容才能被一张技术抽象网覆盖。正是通过这张网，它的理论构建才得以向前发展，但是并没有增加其命题的根本有效性。如果我们放弃这些抽象，决然转向真正的心理学开端，几何就保留了自然科学的特征，并且与其他自然科学的不同之处只在于，它只需要从经验中直接获取非常少的概念和法则，且通过阐述这些给定的材料得到其余的概念和法则。根据这个认识，"点"只是一个物质实体，在给定的观察界限内，它不可以再分割，而距离则是从一定量的这种点中合成出来的。几何原则的有效性就相应地受制于某些限制，这些限制则是被几何对象的本质要求作为感知对象的。所以，对于"过两点可以画且只能画一条直线"这个命题，我们应加上一个限制条件，即这两个点不能太靠近。至于"在两点之间总能插入第三个点"这个公理，只能在这些情况下有效，而一旦超越了某些限制，它就会失去有效性，这些限制其实是不能被明确分配的。

经验几何中的理想对象。所有这些发展都与所选起点一致，但是，我们很快就会看到，要想从这个起点出发找到科学几何的总体历史体系结构，似乎是不可能的。为了给这些证明真正的有效性和普遍性，我们不得不先假定出"真实的"点，让它们代表观察到的真正对象，然后去假定出"非真实的"结构。从根本上来说，这些结构只是那些我们最初想要排除在外的、理想的构建过程所产生的结果。完全确定的点、直线和平面概念也是那些元素的基础，在这些元素中，几何思想只是近似地实现了。每个近似几何都需要使用"纯粹"几何中的预设，它不能充当方法演绎，因为它只是这种演绎的一种特殊应用。

委罗内塞对经验主义的修正。 如此一来，为几何找寻经验基础这一探索就被引到了一个新的路径上。起初，委罗内塞赞成这个探索，并指出了一个新的方向，那时他强烈认为，几何"可能性"不只是建立在直接的外部观察上，它还建立在"知性事实"上。几何公理不是感官感知到的真实联系的复制品，而是一些公设，通过它们我们才能把确切的断言引入不确切的直觉。感官印象的原始材料必须首先经过大脑的处理，才能变为数学思考的一个有用起点，而在纯粹数学、几何和理性力学中，也正是这个"主观"要素声称优于"客观"要素。尽管几何在这里也被定义为一个精确的实验科学，但是，经验的逻辑作用已经变得完全不同。我们从"经验思考"和某些感官直觉事实出发，但是在柏拉图的理论里，这些事实只是一个"跳板"，我们借助它完成对普遍的、与感官无关的条件系统的认识。实际上，感官内容构成了第一个理由，但它既未表明数学概念构建的界限，也未表示其真实含义。它们相当于首个诱因，但不进入演绎证明系统，而该系统要通过严格的依存关系才能形成。但是在发现了这点时，从知识批判的立场便已经确定了一个问题，因为这种批判不会追问概念的来源，而只会问它们作为科学证明要素的含义和价值。

理性主义和经验主义。 如此一来，在演绎三维以上的几何时，我们最终还是要诉诸智力的一个特殊功能。在帕施的系统中，就如委罗内塞所说，多维几何不是后验地而是先验地被排除在外的，也就是说，不是在事实上，而是在方法上排除的。观察资料否决了我们进入一领域的所有尝试，只因该领域超越了我们空间直觉的可能。若要这么做，就总是需要一个纯粹的构建操作和一个可能的"知性活动"。在这个活动中，我们可以超越给定的条件，并且通过把一个起点放在某些普遍的关系法则下生成一个确定的元素。几何的公理、命题和证明都不能包含任何未定义的直觉元素，所以，如果我们在总体上放弃了直觉，就必须至少留下抽象真理的一个纯粹假设性联系，一个可以通过知性探究而认识到的联系。委罗内塞继续说道："如果我们因为这些思想被称为'理性主义者'或'理念论者'，那么，我们会接受这样的称呼，借此来与另外一些人划清界限，他们会拒绝为数学和几何知性尽可能大的逻辑自由，会询问每个新的假设是否都拥有可能的感知表象，例如，他们会问一个几何假设是否拥有纯粹外部的感知表象。不过，我们接受这个称呼是有条件的，即它不附带任何真正哲学的含义。"此处要避免的"真正哲学的"含义——正如对杜布瓦·雷蒙的介绍，只是把数学理想实体化，使之变为一种绝对存在，但它们作为假设的纯粹知性价值并不因此受到影响。

数学空间和感官空间。然而，此处为几何概念争取的逻辑自由，不能只是针对可应用于三维以上空间的几何概念，只要争取的是一个由原则构成的真正整体，那么它就必须也存在于普通欧几里得几何的方法中。如果这种几何的"点"只是一个图像，而该图像只是代表一个外在于思维的实在，"因为外部实在直接在我们的大脑中呈现或激发出了对一个点的感知，而没有这种感知，也就不会有真正的所谓的点"，所以几何系统的连续性就会断裂，毕竟，在作为被呈现事物复制品的元素和完全产生于"知性活动"的元素之间，又有什么概念类似性呢？相反，如果那些知性过程足以构成一个 n 维流形的元素，那么获得三维流形的元素又有什么困难呢？事实上，正是在比较欧几里得空间和其他可能的"空间形式"时，它的独特概念特征才能凸显出来。以元几何为立足点时，欧几里得几何似乎只是一个起点，是给出下一步进展所需的材料。尽管如此，它也表示了一个终点，一个完整的知性操作序列的终点。对空间思想起源的心理学研究（包括那些带有纯粹感觉主义倾向的探究）已经间接确认和澄清了这点。它们明白无误地说明了，我们感官知觉中的空间和几何空间是不一样的，二者的区别正是在于决定性的构成特性。在感官理解中，每个位置差异都必然与感官内容中的一个对立物相联系。"上面"和"下面""右边"和"左边"，在此并非等同的方向，即无须变化就可以彼此替换的方向，但它们本质上仍是明确的、不可化约的规定性，因为有完全不同的有机体感觉群与它们对应。相反，在几何空间中，所有这些对立都被取消了。因为这样的元素并没有任何具体内容，它所有的意义都来自它在整个系统中所处的位置。空间点具有绝对同质性这一原则不承认所有差异，如上下之别，因为上下表示的只是外部事物与我们身体的关系，也就是与一个具体的、经验性的给定实在的关系。点只是构建过程的起点，在这个过程中存在一个有效的公设，即无论初始元素发生何种变化，这些建构过程的标志特性都可以被识别出和被保留下。更进一步的几何空间环节，如它的连续性和无限性，都建立在一个类似的基础上。它们绝不是在空间感觉中给定的，而是依赖于我们在这些感觉中假定的完整理想。从表面上来看，空间的连续性是感官上的现象特性，但是，通过流形理论对连续统进行更深刻的数学分析后，这一表观已经被明确地丢弃了。感官直觉给我们提供了空间图像，但数学家在演绎中使用的连续统概念绝不是从这种模糊图像中得到的。这个图像绝不可能精确地揭示出连续的流形与其他无限总体区之间的根本差异。感官性的区分力无论多敏锐，也不可能区分开一个连续的和离散的流形，只要后者的元素"处处稠密"，也就是说，无论两个项靠得多么近，我们都能在从它们中间发现另一个属于该流形本身的项。正如可以通过逐步思索实数的连续总体而扩张有理数的领域一样，也可以通过一个知性变换序列使感官空间变成无限的、连续的、同质的和概念性的几何空间。

对康德几何理论的异议。所以，从元几何的可能性中推出欧几里得空间的经验特点时，它就成了一个奇怪的反常。就算已经证明除了欧几里得几何外还有其他、在联系方面具有同样严格性的系统，欧几里得几何依然是一个纯粹理性的条件和结果系统。需要注意的是，对于康德几何理论已经有了两个异议，它们基于同样的元几何前提。一方面，空间的纯粹先验性在这些前提的基础上受到了质疑；另一方面，有人反对说，在康德自己的阐述中，数学概念的先验自由和它与所有感官表象的可能区别并未得到令人满意的表述。康德认为，公理是在"纯粹直觉"中"给定的"，而要解释这个观点，只能通过"仍然依附于康德理念论的感觉主义残渣"。在这两个反对意见中，只有后一个拥有完全清晰和一致的含义。数学领域的现代扩张只能以一种新的方式确证和说明基本概念的逻辑特征，而非它们的经验特征。我们仍然认为经验具有的那种功能，即不在于建立具体的系统，而在于我们不得不在它们之间做的选择。这个原则只能在实在中找到，因为我们在这里面对的不只是可能，还有实在本身的概念和问题，简言之，它只能存在于观察和科学实验中。如此一来，经验从来都不是数学条件系统的论据，甚至都不能给它支持，因为这个系统必须纯粹仰仗自身。不过，经验可以指出如何从概念的有效性到达概念的实在。经验观察不能弥补纯粹逻辑规定性留下的缺口。但通过经验，我们可以从几何空间的多个形式中得到物理对象的一个空间。

真实的空间和实验。 然而，这个联系超越了纯粹数学的限制，并因此产生了一个问题，我们只能通过批判分析物理过程才能充分解决这个问题。现在，确定物理实验本身具有什么样的方法和价值，就变得至关重要。如果一个人做实验只是为了确认或否决某个数学假设系统，那么实验在本质上就是培根所说的"决定性实验"。经验和假设属于不同的领域，各自为自身存在，各自通过自身发挥作用。"纯粹"经验被认为是区别于任何概念性预设的经验，也用来判断某个理论假设是否有价值。对经验概念的重要分析表明，这里假定的区别包含了一个内在的矛盾。如果观察材料在一边作为本身存在且不包含任何概念性含义，那么抽象理论就不能站在另一边。如果我们要给这个材料赋予任何确定性特征，它就必须有某些概念性形成的标记。在检验这些概念时，我们永远不能用经验资料这种赤裸裸的"事实"来质疑它们。但归根结底，对于某个经验联系的逻辑系统，我们通常会使用一个类似的系统来测量和评价它。但如果测度实验总是通过这种方式与一个预设系统捆绑在一起，那么很明显，我们就不能期望从中得到任何关于几何系统冲突的清晰决断。因为，这种预设系统既包括关于空间的纯粹几何假定，又包括关于物体关系的具体物理假定。只要实验得到的值与演绎理论要求的值不一致，为了恢复概念和观察的一致性，我们就得决定，应该去改变抽象假设的数学部分，还是应该去改变其物理部分。思维无疑会采纳后一种办法。条件可能发生的变化都会遵守一定的法则，依随于某个序列。在天文测量结果的基础上把欧几里得几何变为罗巴切夫斯基几何之前，我们首先得研究否能通过改变对物理定律系统的理解来解释这个新结果，如修改之前认为光是严格直线传播的假定。在关于几何原理的争论中，这个形势在哲学的立场上一直受到强调。庞加莱的理论决定了这个联系，看起来，也正是通过他的理论，该形势才首先变得明朗起来，才在数学范围内获得了广泛认可。正如庞加莱正确强调的那样，我们所有的经验都只是关于物体间的彼此关系和其物理性相互作用的，而不是关于物体和纯粹几何空间的关系或这个空间各部分间的关系的。所以，要想从一个过程中得到对空间"本质"的认识，是注定会落空的，因为根据这个过程的整体倾向和特性，它关注的是完全不同的问题。经验的对象和几何断言的对象完全属于不同的类型，且对物质性事物的探究从来都不会直接触及理想圆或理想直线，所以，我们永远也不能通过这种方式在不同的几何系统之间做出裁决。

纯粹空间的概念性原理。所以，如果在不同系统之间进行的选择必然要完全受制于主观无常的影响，我们就必然面对一个问题，即如何找到一个衡量差异的理性标准。所有这些系统都符合逻辑，这种符合性也只是它们都满足的一个否定条件。但是在如此形成的群内，根本结构上的区别和结构简洁性上的差异都未区别开。从特性原则和矛盾原则的角度来看，空间的异质性思想可能就等同同质性思想，尽管如此，无可争议的是，在理性的知识系统内，均一性的概念在最为迥异的领域内，也通常都是先于非均一性的概念的。在通过添加新条件进行的构建合成过程中，非均一总是来自均一，所以也就代表了一个更为复杂的知性结构。在代数里，一次多项式要比二次多项式更简单，同理，欧几里得空间形式实际上也比别的空间形式更为"简单"。至少，在知识的顺序中，存在一个必然的、确切的序列，而在认知批判中，我们就利用这个知识顺序来决定客体的顺序。至于欧几里得空间和罗巴切夫斯基或黎曼假设表示的空间，它们之间的区别也只在我们比较它们彼此的、超过一定级别的部分时才会变得明显。相反，如果我们围于这些空间的生成元素，就永远也不会看到这个区别。欧几里得标准无须修改关于无穷小的量度就依然成立，这也证明它在原则上是真正根本的标准。它表示了第一个根本的图式，所有其他的构建过程都与该图式相联系并且相区别。欧几里得空间的均一性只是表达了一个事实，即欧几里得空间只是一个纯粹关系性的、构建性的空间，它不包含任何进一步的、内容上的规定性，而这些规定性可能产生绝对量和绝对方向上的差异。只要在纯粹几何中允许存在量本身的绝对规定性，那么这些规定性就总是依赖一个普遍的关系系统，该系统中的关系都是独立形成的，也都只能通过添加具体条件才能更为详细地予以规定。

欧几里得空间和其他形式的数学空间。 所以，欧几里得空间实际上仍是假设系统中的一个概念性假设，不过它在这个系统中拥有一个独特的价值和意义优势。纯粹逻辑—数学形式系统中，我们选择了一个与某些理性公设相对应的流形，并想借它来表示真正可理解物的特征。除了根本系统，更为复杂的系统也拥有某个应用范围并且在这个范围内获得具体的意义，对此，我们并不否认。首先，这些系统的结果本身通常就可以充当一个解释，可以把它们带进（至少是间接带进）直觉表象。正如贝尔特拉米所提出的，罗巴切夫斯基几何关系的确切关联物和复制品存在于伪球面几何中，后者本身则是普通欧几里得几何的一特定部分。黎曼提出的平面"椭圆几何"对应欧几里得三维空间中的球面几何。同样，当我们进入具有更高维度的系统时，我们仍然有可能回溯可以再次在直觉空间本身内选择一些结构，这些结构彼此之间的所有关系都服从经过演绎和证明的、适用于三维以上空间的抽象法则。所以，由所有球面构成的流形就形成了一个四维线性流形，后者的形式可以在普遍几何中研究和建立。①但是，即使我们缺少这种向已知空间关系和问题的还原，也不能排除解释非欧几里得几何命题的可能性。这样一来，这些命题都可能对应有一个确定的具体"含义"。这些命题都只是表达了一个关系系统，

---

①下面这个原理表现了空间的朴素性：空间在所有地方和所有方向上都相同，也就是说，可以在所有地方和方向上构建出相同的构建物。

但它们并不对单个项的特征做任何最终的规定。它们所关注的点并不是自在自为具有某些特性的独立事物，而只是假定的、关系本身的终点。通过这个终点，这些点获得了它们的特征。因此，只要发现任何系统遵循这些普遍关系理论的联系法则，就等于指出和定义了抽象命题的一个应用领域，不论系统元素的本质特征能否被指出，也不论它是否能够直觉性地在空间中呈现。只要物理给我们提供了系统，且这些系统需要多个规定方式来完成全部阐述，那么我们就可以说，可以根据这些流形原先演绎出的定律来判断和处理一个多"维"流形，无论这些规定方式是否允许空间性解释。

几何和实在。 无论如何，结果都是几何概念构建纯理性形式，随着这种构建的逐渐形成，就不会被元几何思考摧毁，而是被其确证。即使有人注意到了这些思考所唤醒的所有疑虑，这些疑虑也从来不会是关于概念的真正根基的，而只能是关于它们经验应用的可能性。经验当前的科学形式给不了任何超越欧几里得空间的机会，关于这一点，即使最为激进的经验主义批判者也明确承认。根据当前的知识，他们还得出结论："应把物理空间明确当成欧几里得空间"这一判断是成立的。但是我们不能排除下面这种可能性，即在遥远的未来，这也会发生变化。如果出现了任何确实的观察资料与我们以前关于自然的理论系统有出入，而且即使改变了这个系统的物理基础也仍然不能调和它们的矛盾，最后发现在这个较小的范围内所做的一切概念性改变都徒劳无功，那么我们也许会问，是否能够通过改变"空间形式"本身来重新建立丢失的统一性。但是即使我们考虑到了这些可能性，

"一旦我们进入了现实规定性的领域，任何断言，无论看起来多么确定无疑，都不能声称有绝对的确定性"，这一命题也只是因此得到了强调而已。数学建立起来的纯粹条件系统才是绝对有效的，而声称这些条件在各个方面都对应有存在的断言，只具有相对的，因此也有争议的含义。普遍几何系统表明，这类问题不影响数学知识本身的逻辑特征。就纯粹概念来说，它准备接受也能接受针对感知的经验特征所构想出的任何变化。普遍的序列形式是一种手段，我们可以凭借它来理解经验事物的每一顺序，并在逻辑上掌握这些顺序。

第四章　自然科学概念

一、　构建性概念和自然概念——传统逻辑和纯描述的科学理想——表面的物理逻辑理想——这是真正的物理理想吗？

构建性概念和自然概念。 纯粹功能概念的逻辑本质在数学系统中表现得最为鲜明、清晰。这里开启了一个自由和普遍活动的领域，思维可以在其中超越一切"给定"条件的限制。我们所思考、想要深入了解其客观本质的客体，在此只有一个理想存在，而我们可以给它赋予的所有特性，都无一例外地来自它的原始构建法则。但是此处，思维的生产力得到了最为纯粹的绽放，它的独特范围似乎也要明朗起来。数学的构建性概念可能在它们的小领域中是有效、不可或缺的，但是它们缺少一个基本的元素——一个能代表逻辑问题所覆盖整个范围的元素，一个能代表一般概念所具有特性的元素。因为，无论逻辑把它自己多么大一部分限制在"形式性"中，它与存在问题之间的联系都从未断裂。概念、逻辑有效的判断和推论都只是关于存在结构的。亚里士多德三段论的概念和基础在所有方面都假定本体论给出了逻辑构建的基本规划。如果情况是这样的，那么数学再也不能作为标杆，因为由于它仍然严格地被限制在自创结构的领域内，原则上说它和存在无关。传统逻辑的"属种概念"和构建性数学概念之间的区别也许会得到直接承认，但是有人可能会想要利用一个事实来解释这个差异，这个事实便是我们不在数学中寻找概念最终的和决定性的功能，所以也不会找到。我们假定其中存在自发的限制，而这个假定是成立的。但是，如果我们想要从我们为自己定义的这个狭小立场出发去解决所有逻辑问题，就会面对方法上的障碍。我们不能通过一种仍然是单方面理想的思考类型来完成有关逻辑方向的判定。真正的标准应是真实的存在概念和关于事物及其特性的断言。我们只能在自然概念中才能最终且确切地提出关于概念的含义及其功能的问题。

传统逻辑和纯描述的科学理想。 然而，如果对问题进行如此理解，那么答案立即就倾向于传统逻辑观念一边。自然概念能够确定的任务只有一个，即复制给定的感知真相，并以简略的形式重现它们的内容。在此，判断的有效性和确定性只取决于观察，思维不具有任何创造性自由和任意性，而概念的特性自一开始就由材料的特性规定。我们越是挣脱了我们自己的构建物和思想中的"偶像"，呈现给我们的外部实在的图像就越是纯粹。它是对客体的被动屈服，在此，客体似乎给概念提供了力量和有效性。如此一来，我们再次完全站在了这个在抽象理论中找到自身逻辑表达的普遍观念下。概念只是给定物的复制品，它只能说明某些出现在感知本身中并被感知所识别的特征。对自然科学的含义和任务的理解也完全与这个视野对应。自然科学中的概念，其全部意义和确定性都相应地取决于一个条件，它包含的所有元素都能在现实世界中找到确切的关联对象。为了充分表示某个现象群，理论可能会假定出并应用某些假设性元素。但是在这种情况下，这些元素还必须至少在一个可能的感知中得到确认。一个假设只代表我们知识中的一个缺口，它意味着某些感觉资料是假定的，我们到目前为止还不能直接从经验中获取这些资料，尽管如此，却还是认为它们的特性与真实感知到的元素的特性是同质的。完美知识会丢掉这个无知的"避难所"，为了它，实在将作为一个整体在真实的感知内容中被清晰、完全地给出。

表面的物理逻辑理想。整个现代物理哲学，乍一看就只是对这个观念进行的积极写实的规划。单单在这个观念中，似乎就给出了把经验和自然思辨哲学分开的可能性，似乎就指出了一个必要条件，这个条件首先定义和完成了物理的科学概念。与形而上学解释自然的理想不同，这里出现的是一个更为保守的任务，即完整、清晰地描述实在。我们不再超越可感觉物的领域去发现不可体验的绝对原因和力量，而这些原因和力量决定了我们感知世界的多样性和变化。物理内容只是由现象构成的，这些现象的形式是我们能直接获取的。颜色和音调、嗅觉和味觉、感官和肌肉感觉、压感和触感是构建物理世界的唯一材料。这个世界额外添加的东西，添加在概念里的星系，如原子或分子、以太或能实际上都不是根本意义上的新元素，都只是感觉资料的特殊伪装。当完全的逻辑分析认出它们是某些印象和复合印象的符号时，就会把这些概念变成它们的含义。物理方法似乎因此首次获得了统一性，因为它不再是由异质元素合成的。在一般感觉概念中固定下来了共同特性，而关于实在的所有断言最终都必须归结到这个特性中。对这种归纳造成阻碍的必然是一个随机引入的因素，必然不会出现在最终的结果中。如果我们把进入物理理论的任何概念都分解为感知内容，然后再用所有的感知内容代替它们，也就是说，如果我们能从知性简写(所有概念都是如此)回溯到丰富具体的经验事实，我们就能够实现物理哲学的目标。有些元素在由可感知事物和过程构成的世界中不存在关联对象，我们如果排除了所有这些元素，那么相应地就会得到物理的逻辑理想。

这是真正的物理理想吗？然而，无论我们如何评价这个理想成立的理由，其意义中都存在一个模棱两可之处，这一点我们必须先不予理会。对物理理论真实状态的描述和对这些理论的一般需要混淆在一起。这两个要素中，哪一个才是原始和起决定作用的那个呢？是只有科学本身的真正方法得到了最简短的表达，还是相反，是这个由普遍的知识和实在理论进行评测的方法自己决定了自己的价值呢？在后一种情况中，无论最终结果如何，思考方法在原则上都不会改变。知识的某个形而上学仍将寻求通向物理的道路。要想找到这个问题的答案，就只能沿着物理探究本身的路线思考概念在其方法中的功能。实证家要求感官知觉事实具有的全面性，更为复杂的知识事实也必须具有。在这里，在判定科学理论包含的、关于实在的观点是否具有价值之前，第一项任务就是理解纯粹科学理论的"真实一面"。这种理论是如过去一样，只是许多观察资料像捻绳子一样缠在一起呢，还是包含了属于另一逻辑类型故而需要另一基础的元素呢？

二、 作为预设的编号和测量——机制和运动的概念——运动的"主体"——"极限概念"及其对自然科学意义（卡尔·皮尔逊）——杜布瓦·雷蒙的极限概念理论——存在的问题——极限点的存在——存在问题上的逻辑理念论——混淆真理和实在的后果——表象的"理念化"——理想事物和实在的关系

作为预设的编号和测量。对给定物进行描述是一种普遍的逻辑需要，当我们从这个需要的立场出发，去思考所有科学理论的第一个最引人注目的特征时，这个特征就涉及一个特殊的困难。物理理论从表达它们的数学形式中获得了自身的确定性。即使是为了产生原始的事实"材料"，编号和测量的功能也是不可缺少的，当然这些材料将在理论中得以重现和统一。从这个功能中抽象，也就意味着要毁掉这些事实本身的确定性和清晰性。无论这个联系看起来多么不言自明、多么琐碎，但若我们回望对数学概念性构建原则的一般评价，它在原则上都是高度矛盾的。越来越明显的是，属于数学概念的所有内容都取决于一个纯粹的构建过程。直觉的给定物只是构成了一个心理起点，只有进行了一个变换后，它才在数学上变为已知。通过这个变换，它变成了另一种我们可以根据理性定律得到和掌握的杂多类型。然而，若我们在理解一个给定物时只关注它的具体个性化结构和特性，那么就明显抛弃了这一变换。为了自然知识的目的，且在这一单词的实证主义意义上来说，数学概念与其说是和实验观察一起使用的工

具，还不如说是一个不变的危险。它难道不会篡改出现在我们感觉中的直接存在，以使这个存在置于我们数学概念的图式下，并因此让存在的经验确定性消失在思维的自由和任性中吗？

然而，这个危险无论被认识得多么清楚明白，它都无法被避免或消解。无论物理学家学习经验哲学家把它描述得多么深刻，他只要一开始科学研究，就会立即再次掉入这个危险。所有精确的时空事实都必然包含对某些数和量度的应用。如果此处的这个困难只是基本的数学概念和结构问题，有人可能会忽略它。尽管开普勒的行星运动第一定律利用了纯粹几何定义，把椭圆当成了一个圆锥截面，第三定律利用了正方形和立方体的算术概念，但一开始在这里并未发现认识困难。对于简单的理解力来说，数字和图形本身都是某种物理特性，它们就像颜色、色泽和硬度一样是固有的属性。这一外观越是在数学概念构建的进程中被毁坏，这个一般问题就越是显眼。因为，正是不具有直接感官认识的复杂数学概念，才是力学和物理学构建所持续用到的概念。在起源和逻辑特性上完全不同于直觉并在原则上超越直觉的观念，则会在直觉本身内产生有效的应用。这个关系在无限分析中得到了最为丰富的表达，当然，这样的表达也不仅仅是在后者中。即使是这么抽象的构造物如复数系统，也是这种联系的一个例子。例如，库默尔认为，存在于系统内部的关系在化学关系中拥有它们具体的基础。"化合作用对应着复数的乘法；元素，或者更准确地说元素的原子质量，对应着素因数；用来分析物质的化学式就是分析数字的方程式。即使是存在于我们理论中的理想数，也可以作为假设的原子团(可能通常也只能以此形式)存在于化学中，这些原子团虽然到目前为止还未被分析过，但就像理想数一样，它们在化合物中拥有其真实性……这里提出的类比不是无意义的，它们自有成立的理由，因为化学和这里所讨论的数论，都以一个根本概念作为它们的合成基础，尽管是在不同的存在范围内。"然而，真正的问题其实是这种结构向具体真实存在领域的转移，这些结构的全部内容都基于纯粹理想构建物的联系。即使在这里，每个科学理论似乎也取决于"真实"和"非真实"元素之间的一种独特交织。起初，我们只是简单地观察孤立的事实，但只要我们在这种观察的基础上向前进一步，只要我们探寻关于实在的联系和法则，我们就超越了实证主义规定的严格界线。就算为了清晰和充分地指出这个联系和法则，我们也必须回到一个系统中，这个系统只产生关于理由和结果的普遍假设性联系，并且在原则上否定了其元素的"真实性"。那种知识形式的任务是描述实在并揭露出其"最细的丝线"，它撇开这种特别的实在，并用数和量的形式来代替它。

机制和运动的概念。自然科学理论的第一阶段就明确表示了这个概念。特定的自然概念扎根于机制思维中，其只能在这种思想的基础上被认识到。这种自然理论在后来的发展中可能会试图把自己从这种图式中解放出来，然后用一个更为宽广、普遍的图式取而代之。尽管如此，运动和运动定律仍然是一个真正的问题，就是在与这个问题的联系下，知识才首先明确了自己和自己的任务。只有把实在还原为一个运动系统，它才能被完全理解。然而，只要思考仍然局限在感知资料的范围内，这种还原就永远不可能完成。运动，在普遍的科学意义上，只是某个时空关系。

然而时空本身就其固有的、心理的和"现象"的特性来说并不是这个关系的项，在严格的数学意义才是。如果我们对空间的理解只是凭借一系列不同的视觉和触觉印象，其中这些印象随着产生它们的具体生理条件不同而有质的不同，那么在精确物理学的意义上，任何"运动"都是不可能的。后者要求以纯粹几何的连续和同质空间作为基础。然而，连续性和均一性从来都不是伴随着感官印象本身而存在的，它只属于那些杂多形式，我们通过某些知性公设把它们构建性地转换成了那些形式。所以从一开始，运动自身也被引入这个纯粹概念性的规定性范围。表面上看，它构成了一个直接的感知事实，但实际上是一个根本事实，这个根本事实由所有的外部观察呈现给我们。也许我们可以以这种方式来理解感觉的变化，也就是逐次排列的表象在量上的差别。但是这方面本身在任何意义上都不足以支撑严格的、力学需要的运动概念。在此，既需要多样性又需要统一性，既需要固定的特征又需要变化。但是这个特征从来都不是简单的观察能够提供的，因为它包含了思维的一种标志性功能。开普勒根据第谷的观测资料，以火星的个别位置为基础形成了自己的理论，但是这些位置本身并不包含火星轨道这一思想；并且，如果起初没有积极的、能够填补真实感知缺口的理想预设，这些具体位置就算堆放在一起也不会产生这个思想。感觉给我们的仍然是天空中的多个亮点，只有纯粹数学的椭圆概念才能把所有离散的个体变为一个连续的系统。关于运动物体唯一运动轨迹的每个断言都首先假定存在有无穷多个可能位置，然而，无限本身明显不能被感知到，它首先产生于知性合成中和一个普遍定律的预期。我们通过这个定律建立了一个包含所有时空点的规定性后，运动才能变成一个科学事实。其中，这些时间点可以以构建的方式生成，并且这个规定性要能够把时间的每个时刻与物体在空间中的唯一位置对应。

所以，从一个新的角度来看，连力学的第一步都取决于超越可能感觉经验的预设。基尔霍夫在其著名定义中，认为力学的任务就是准确明白地描述自然中发生的运动。这一定义在作者所指的意义中可能是完全成立的，但是它产生的哲学后果并不因此也有正当理由。基尔霍夫坚信，他所指的"描述"具有作为预设的、关于运动的精确数学等式，这些等式包含了质点、匀速、变速及匀加速的概念。对于数学物理学家来说，这些概念也许可以名正言顺地充当固定直接的资料。但是对于认知学家，它们就绝不能如此。对于后者来说，存在一个"自然"，在这个自然中，只有对给定物进行彻底的知性变换后，运动才能成为描述对象。物理学家假定已经发生过的这种数学变换，构成了一个真实而原始的问题。如果理解且认识了空间的连续性和均一性，以及速度和加速度的确切概念，那么，在这个逻辑资料的帮助下，所有可能的运动现象就可以在其形式中得以研究和理解。但是，有个问题变得更加迫切，即应如何通过知性方式获得该结果。

运动的"主体"。当我们从运动的过程转到运动的"主体"时，这个理想的依存关系变得最为醒目——似乎这个主体应直接在感知中被指出来。运动作为一个特性，即属于一个物体的，是属于一个由有形可见特质构成的复合体的。然而，即使在这一点上，再敏锐的概念分析也会遇到特别的困难。要作为运动的主体，经验物体必须得到明确规定，必须与所有其他结构相区别。

只要它并不被封闭在固定不变的界线内，其中，这些界线使它与周围分开，使它被认作一个整个个体形式，那么它就不能为变化提供一个不变的参照点。然而，我们感知世界中的物体都不满足这个条件。它们的规定性只属于一个原初的、肤浅的统一体，我们利用这个统一体把空间的部分统一成一个整体。其中，这些部分拥有几乎一样的感官特性。至于这个整体的起点和终点，我们从来都不能精确地规定。一个更为敏锐的感官区别能力可以告诉我们，在两个不同物体似要接触之处，会一直发生部分间的互换，因此也就发生了界面的持续运动。只有给物体赋予一个严格的几何形式，并借此把它从简单的感知变为确定的概念后，它才能获得那个特性，这个特性使它成为运动的"承担者"。说到它外部环境的所有元素，这个物体还需要一个确切的边界，所以在另一方面，它本身需要代表一个严格的整体。只要我们认为它的单个部分可以彼此相对活动，那么参照点的确定性这一最高条件就再次被放弃了。有多少独立运动的部分，这个运动就可以被多少不同的运动代替。所以，必须把一个系统当成一个基础，它与外部相隔开，并且它自身不能分别为和分解成多个独立运动的主体。如果要实现精确的运动理论，纯粹几何的"刚性"物体必须取代可感知的物体和它的无穷多变性。

"极限概念"及其对自然科学意义(卡尔·皮尔逊)。事实上，持"描述论"的学者本身已经知道并强调了对这个问题进行如此变换的必要性。卡尔·皮尔逊在他的作品《科学的语法》中清晰而着重地描述了这个过程。正如他解释的那样，我们从不能把感知内容本身当成纯粹力学判断的基础，以及表达运动定律的作用点；相反，所有这些定律只能在具有理想极限结构的含义时才能被断言，而这些结构被我们用来概念性地替代"感觉—知觉"的经验数据。运动是一个谓语，它不能直接以周围感官世界里的"事物"为主语，而只能以其他类客体为主语，其中，这类客体在数学家的构建活动中用来代替那些事物。运动不是一个感觉事实，而是思维事实，不是关于"感知"的，而是关于"理解"的。对于任何既不是几何点又不是被连续表面围住的物体，思维要想清晰地认识其运动，必然是徒劳无功的，第一次提出这个观点可能会让人惊讶，不过它确实是真实的。思维绝对会抵触"运动的东西"这一观念，而只会思考这些概念性创造物，正如我们所见，后者只是无法在感知领域里实现的极限。感官印象群会变，会失去旧部分，获得新部分，形成新群，但是这些变化绝不是力学的真正对象。"我们只有在思想领域里，才可以恰当地描述物体的运动。在这里，也只能在这里，几何形式可以改变它们在绝对时间中的位置——也就是运动。"只要我们学着不去混淆直觉感官元素和概念元素，只要我们不再把为现象建立科学顺序的知性构建过程当成一个具体的现象性存在，这些矛盾就会消失。我们可以在物理学中完成的事情，就只是构建一个几何形式的世界。我们给这些形式赋予了多样性，而这些多样的形式就精确再现和表达了我们感官经验的复杂阶段。只要我们把这整个思维世界再次读入感觉世界，只要我们把它的逻辑假定直接变换为现实的部分，而这些部分若就此便可以被感觉捕捉，我们就再次陷入矛盾，这些矛盾内在于物理教条主义和形而上学教条主义的每个类型中。皮尔逊的这些阐述令人钦佩，但是至于力学是如何在这些假定上仍旧被认为是纯粹描述的科学，我们不得而知。如果我们用一个不属于感知世界的几何理念系统来代替感知内容，它还可以称为描述感知内容的科学吗？如果真正的"客观"描述任务就是尽可能忠实地去认识给定物，不增加也不抽减任何东西，那么在另一方面，构成物理知性过程特征和价值的，就正是对初始经验的那种变换。我们看到的不是一个简单被动的复制过程，而是一个积极的过程，这个过程把初始给定的东西搬进了一个新的逻辑范围。如果为了描述的目的而只关心赤裸裸的、本身又无论如何都不能"被呈现"的概念，那么这将是一个描述被呈现物的奇怪方式。

杜布瓦•雷蒙的极限概念理论。关于自然科学基本概念的特征问题，在此已经并入了一个更为普遍的问题。我们已经看到，这些科学概念形成的第一步是如何引入某个感官流形的理想极限，而不是它的项。只要自然科学仍然严格地在自己范围内活动，那么至于是否可以如此构建一个极限，就不能通过自然科学进行完美证明，因为这个构建过程依赖的是普遍的几何原则。然而，只要逻辑和认知论本身还没搞清这点，那么从这个问题的解释中，我们就得不到多少有用的信息。尤其是在这里，它们似乎纠缠在一起，无法厘清，要想获得清晰的认识，唯一的方法似乎不在于解决在此出现的矛盾，而是理解和承认这些矛盾的不可解决性。事实上，有一个著名的数学家已经公开表明了这个观点。根据他的看法，对数学极限概念的思考，会把人引回到一个根本的形而上学问题，就如所有的形而上学问题一样。它不能根据严格客观标准解决，只能依赖个体研究者的主观倾向。杜布瓦•雷蒙的"普遍的功能理论"就从多个方面解释了这个两重性，但是从未试图解决它。当我们提问，对于一个确定的表象序列(如十进制小数序列)，是否存在一个确切的极限，使得这个极限就像序列中的项一样拥有存在是，我们就不能只通过逻辑思考和数学思考给出一个清晰的答案。这个简单的数学问题会把我们引入两种普遍世界观的冲突，这两个世界观一直僵持不下、难分难解。我们必须在它们两个中选择一个，如果选择了经验论，我们就必须假定，只有在真实表象中以一个个体呈现的东西才是存在的；如果选择了理念论，我们就必须承认构成某些表象序列知性结果的结构是存在的，虽然这些结构本身不能被直接呈现。数学家并不是裁判，无法判定这两个根本观念的正确与否，他们能做且必须做的，是为了澄清这些分析基础而去追溯它们的终极知性根基。这个问题的答案就是，它是且仍然会是一个问题。"就算再研究我们的思维过程和它与感知的关系，也不过是表明有两套完全不同的理论，它们各自有一半权利去充当精确科学的根基，因为它们都不会产生悖谬的结果，至少在纯粹数学方面不会……然而，就算清除掉了所有会遮盖真相的东西，就在有人将一睹其真容时，它却又以双重形式出现在我们面前，这实在是个匪夷所思的现象。现在，经过了最为仔细和热情的思考后，我不得不在读者面前揭示我们科学基础的两套理论，想必，最早通过透明水晶看到一个物体有两个影像的那个人，他在给朋友演示这个现象时也不可能比我现在更激动。"

存在的问题。事实上，我们应该找出这个特殊结果的源头，因为此处，我们正站在一切知识批判的一个决定性的转折点上。

在这里，我们再次遇到那个以典型和原始的形式存在的，关于概念和存在、观念和实在关系的旧问题。事实上，这里必然会浮现一个疑问，即"经验论"和"理念论"之间的对立是否反映了一个完全的分裂，其中是否包含了所有可能的思考方式。也只有在这种情况下，矛盾是无解的。在这里，该矛盾是一个起点，但是如果有些问题和这个矛盾完全无关，并且也正因如此，它们的逻辑结构和有效性也和该矛盾的答案无关。那么，在这种情况下，这个矛盾也就无所谓了。事实上，即使是在杜布瓦·雷蒙进行的第一轮论证中，提出观点的人似乎也不是数学家，而是哲学家和心理学家。"研究我们的思维过程和它与感知的关系"，对于解决任何具体的数学问题又有什么作用呢？纯粹数学的标志性特征在于，它完全从思维过程及其主观条件研究中抽象，并且只关注思维对象本身及它们之间客观的逻辑联系。存在概念在数学中出现的方式，也印证了这个独特的兴趣方向。研究代数的学生提到数 e 和 π 的存在时，绝不是想要指什么外部的物理实在，而是指出现于任何思考主体脑海中的某些表象内容，这些内容的出现将因此被确证。如果这就是该断言的含义，那么数学理论就缺少测量和验证它的工具，因为就个体物质生活中的真实事件做出裁断时，只有实验和普遍归纳才能给我们提供保证。数字 e 的存在不过是指，在理想数字系统内，序列必然会为它规定也只规定一个确切的、客观必然的位置，而这一点也被我们应用在序列的定义中。我们假定一个普遍法则 $1+1/1+1/12+1/123+\cdots$（无限），那么通过它我们就可把有理数系统严格分成两类，一类包含所有能够被该序列通过不断延伸而超过的元素，一类包含所有不能被超过的元素。如此一来，该序列就完全分割了有理数系统。而通过这种分割，它与该系统的各个项之间就形成了某个确定的关系，因为它不是在它们"前"就是在它们"后"，不是比它们"小"就是比它们"大"。仅凭这些关系的有效性，我们就可以说一个"数"e，且这种有效性构成了该数全部的、自含的"存在"。以这种方式产生的规定性，尽管是完全理想的，在原则上仍然不过是整数和分数的一种：因为 e 的值只是明显区别于任何其他值，无论这些值多么接近 e，它们与 e 的区别就像 1 和 1000 的区别一样。在此，我们绝非诉诸意识中区分表象和具体类似感知内容的能力，我们在两个方面都只关心纯粹概念。至于这些概念，通过它们的定义所包含的逻辑条件就可以把它们区别开。

极限点的存在。事实上，当我们从极限的代数含义转向它的几何含义时，似乎产生了其他的情况。点的存在似乎是可证明的。实际上，只通过一个步骤——一个允许我们以直觉指出它并把它与其他位置区分开的步骤——就可完成证明。然而，根据心理学区分门槛原则，我们在这里已经感觉到了某些向更远处延伸的极限。如果我们仍然滞留在"经验论"的立场，坚持认为我们只能假定某个具体的"事物"，这个事物的具体表象任由我们掌控，那么我们就会看到，根据这个假定，永远都不能通过思考某个收敛的点序列本身来证明其存在一个极限点。例如，假设用横坐标上的点来表示一个收敛序列中的各个项，那么随着这个序列的延伸，所有这些点将靠得越来越近，以至于到最后我们无法凭直觉把它们区分开。超过某个项后，接下来的所有项都将变得难以区分，交汇在一起。相应的，我们也无法最终确定，代数序列极限对应的那个点是否以某个具体的几何元素存在，以及那些位置是否只具有由序列本身的项所表达的真实性。"如果我们要求一个从给定点中抽象出的点序列去规定一个不属于这些给定点的点，"杜布瓦·雷蒙说，"那么我们实际上就是在要求一件办不到的事。我认为这是不可想象的，所以我得说，任何人再怎么绞尽脑汁也不可能证明这个极限点的存在，即使同时具有牛顿的预测天赋、欧拉的敏锐思维和高斯的高超智力，也都是无用的。"

存在问题上的逻辑理念论。所有这些能力都不能完成我们想要的证明，这是完全正确的，因为在这个问题上，我们已经脱离了纯粹数学的领域。任何人，只要他清清楚楚地以批判方式驳斥了这个本体论论证，就绝不会在我们此处认为的存在意义上去"证明"点的存在。产生这些误解和矛盾的更深层原因也在于人们对存在概念的理解具有不确定性和模糊性。几何点的"存在"在原则上和纯粹数字的存在一样，都属于同一个逻辑范围。我们已经看到，构建几何流形遵循的法则和构建数字系统的法则完全类似。这里与那里一样，都以一个理想的统一性公设开始，且知性进程也都是把所有元素引入这个系统。其中，这些元素通过一种模糊的概念性关系或一系列这种关系彼此联系。我们已经看到，虚点和无限远点的矛盾是如何从这个角度解决的：这些点本身虽然在空间里不具有什么神秘的"实在"，但它们表达了有效的空间关系。它们的存在全部在于它们的几何含义和必然性。真正的"理念论"所能要求的也只是这些纯粹数学结构的必然性。另一方面，杜布瓦·雷蒙意义上的理念论者，的要求却不止于此。

"理念论体系的根本观念，"我们在这里看到，"不只是被表征物的存在，还是来自表象内容的直觉的存在……理念论者相信，对于思维过程产生的表象序列，它们不可表征的、文字性的结尾也是某种存在。"我们很容易看到，提出这类观点的"唯心主义者"若只认为存在的才是真实的，如前面阐述，那么他们的思想就会被其对手也就是"经验主义者"颠覆。只要我们不再混淆真理和实在，而这也是这两个派别的拥护者都会犯的错误，那么一般功能理论中出现的全部矛盾就会消失。

混淆真理和实在的后果。这种混淆的后果，在自然科学根本概念的解释中要比在纯粹的数学讨论中更加突出。在前一种情况中，这些概念也搅进了同样的冲突，也仍然超越了给定条件，但是，这个不可避免的过程没有了正当的理由。我们不能抛弃绝对刚性物体的概念、原子的概念或一定距离处的力的概念，尽管在另一方面，我们必须放弃这种观点，不再试图在外部感知世界找到它们的直接证据。我们越来越认识到，我们的知识是有边界的，这是它的本质使然。我们不断发现自己接触到了不可表征的元素，它们位于已知的、可触及的感官世界下面，当我们试图去理解和分析它们时，又似乎得不到任何可理解的含义。"我们的思维似乎瘫痪了，寸步难行。"我们没有也仍然不会有能捕捉到实在的器官，"我们被困在感知的盒子里，对于它之外的东西，我们天生目盲。我们不能够拥有一丝光亮，因为一丝光亮也已经是光。但是在真实世界中，什么又对应着此处的光呢？"这种激进的怀疑主义，正是解释精确知识的基础时产生的一贯且重要的结果。事实上，根据这个观点，我们没有捕捉实在的"器官"。

因为，帮助我们在逻辑上理解感官杂多的必然概念，已经被变换成了现象背后的神秘实在。

表象的"理念化"。然而，一旦理解了这种变换，围绕科学实在的图像的迷雾也就散开了。事实上，这个图像最早产生于一个理念化过程，在这个过程中，不确定的感觉资料被它们严格的概念边界取代。但是断言说这个过程具有客观有效性，和断言一类新客体是不一样的。"我们的思维领域"，杜布瓦·雷蒙"理念论"称，"不仅包含了可感知物的马赛克拼图，以及通过思维过程也就是变换和合成而演绎出的图像和概念，而且有一个坚不可摧的信念……即认为存在某些外在于表象系统的东西。"这个命题无疑是正确的，只不过这里的"表象系统"指的是由给定感知构成的集合，而不是颜色和音调系统、味道和气味系统或压感和触觉系统。但是，我们不能只通过把"可感觉的"事物加入这个原初的经验实在，来完成这个"可感知物的马赛克拼图"。因为这样虽然会使这个"马赛克拼图"的各部分靠得更近、排列得更紧密，但并不会使它产生新的联系形式和更深的关系。感官事物的集合必须要和一个必然的概念和法则系统相联系，并且在这个关系中变得统一起来。然而，这个思维过程不只是需要结合和变换各部分表象，它还预设了一个独立的构建性活动，这一点在极限结构的创建中得到了最清楚地表明。经验论者也必须接受这种形式的"理想化"，因为如果没有它，感知世界就不会是一个马赛克图像，而是一团真正的混沌。如果有人认为不存在绝对的直线和平面，而是存在多少有些直的、多少有些精准的平面，那么这就只是一个误解了。因为这种在精确度上的分别，暗含了和精确理念的比较，其中，精确理念的根本功能也在此得到了全面确认。然而，该理念的"存在"只在于这个功能，它不需要任何别的支持和证据。同样，自然科学的理想概念并未就一个孤立绝对的客体新领域肯定什么，它们只是建立了必然的"逻辑方向线"，而单凭这些线就可以在杂多的现象中获得完全的定位。为了更加深刻地捕捉到给定物的系统结构关系，它们只能超越给定物。只要经验主义者像杜布瓦•雷蒙那样，认为理想化是彻底合理的，并且解释说他只否认理想事物本身，那么原则上，一切冲突都就此消失了。理想事物的存在，可以单独通过批判确认，它也只意味着理想化的客观逻辑必然性。客体的概念越是深入地分解成它的条件，我们就能越清楚地看到一点，即我们在这里并不关心这样的一个必然性，不关心随机的幻想游戏。在概念标准的基础上，我们赋予了某些序列理想边界，但要把这些边界理解为是没有真实或逻辑意义的文字性结论，就是毫无意义的。"完美的事物总是不能被理解为一个画面性的表象。尽管如此，只要它进入了思维，并在那里发现了用武之地……同时，因为我们的思维在于表象的逐次连续，所以，它必然是某种表象，也就是一种文字性表述。因此，精确事物客观表象的序列就用文字来做结论，用以表述那些不可被表征的东西。"然而，这种唯名论无法解释极限的概念，就像它不能解释纯数字一样。因为在这里，被明显否定的恰恰是极限概念的标志性含义和真实功能。在序列的极限和项之间，存在某些固定的、不可随意更改的数学关系。"数"e与从所定义序列中抽取部分项作和得到的数字，有着某种数字性关系。它和它们存在于一个序列中，其中，每个元素的位置，无论在它之前还是在它之后，都是不可更改的。对于一个序列或一些大小元素，若其中一代表一个真实的、具有心理学意义的图像，但与它相比较的元素代表的只是一个声响，那么如果断言说，在这个序列中存在着上述顺序关系，这种断言有意义吗？数学关系只能在观念和观念之间有效，而不是在观念和词语间。

理想事物和实在的关系。 从与数学逻辑的这个联系中，我们可以更好地理解和解释，为什么每一次尝试把自然科学的概念解释成感知事实的简单总和，结果都注定是失败地。所有科学理论都不是直接关于这些事实的，而是关于被我们通过知性方式来替换它们的理想极限的。在研究物体碰撞时，我们会把两个相撞物体当成有完美弹性的或毫无弹性的；在确定压力在液体中的传播规律时，我们会假设其中的液体具有完美的流动性；研究气体的压强、温度和体积时，我们会先从一种"理想"气体开始，然后再比较假设的模型和直接的感觉信息。"这种外推法，"一个像奥斯特·瓦尔德般坚定的"实证主义者"说，"是科学经常用到方法。绝大部分的自然定律，尤其是表达两个可测量值间关系的量化定律，也只在理想情形下才能完全成立。所以，我们面对一个事实：最为重要的自然定律的成立条件，一般都不存在于现实中。"这个问题涉及的范围要比此处所见的更大。如果自然科学的方法只在于用理想的极限来代替直接可观察的现象，那么我们就可以通过简单地扩展实证主义图式来支持这个方法。因为，虽然自然理论考察的对象不在经验感知的真实领域内，但是它们也与该领域内的成员处于同一条线上。我们所断言的这些定律，与其说表示了一个变换，还不如说只是对某些可感知关系的扩展。

然而事实上，我们可以以这种简单的方式来描述物理基本的理论性元素和真实性元素之间的关系。存在于真实科学结构中的是一个更为复杂的关系，是这两种元素的独特交织和互相渗透，它需要更为清晰地以逻辑方式来表达原理和事实之间的关系。

三、 物理方法问题及其历史——知识的问题(柏拉图)——知识怀疑论(普罗泰戈拉)——本质和目的的概念——数学和目的论(柏拉图、亚里士多德和开普勒)——假设的概念(开普勒和牛顿)——逻辑的和本体论的"假设"

物理方法问题及其历史。在对自然科学基础的认识论讨论中，我们常常会听到这样一个观点，即纯事实描述的理想是现代才取得的一项成就。该观点认为，物理学在这里第一次获得了清晰的目标和知性工具，然而在这之前，虽然成果众多，但得到这些成果的方法模糊不明；认为现代哲学的关键成果是区分开了"物理学"和"形而上学"，在原则上排除了无法通过经验确认的一切因素。然而该观点说明，有的人误解了物理取得当前形式所经过的过程。自物理踏上其科学道路以来，方法问题就一直至关重要，而且，正是通过与这个问题的纠缠，物理学才实现了对事实领域的驾驭。这里从未区别过思考和富有成效的科学工作，它们二者一直都是互助互明的。另外，越是往后追溯这种思考，其中存在的根本观念上的矛盾就越明显。在现代理论中，这种矛盾仍未减弱，但是当我们追溯到它普遍的系统和历史来源时，它就变得更为清晰和确定。

知识的问题(柏拉图)。之前有一种偏见，认为古希腊人不知道实验的科学用途，但随着现代研究的深入，这个偏见也越加站不住脚了，与此同时，我们也可以承认古代哲学中存在有对经验知识原理的理论性争论。在这里开始的争论，影响了整个思维视野。柏拉图的洞穴理论，通过一个无与伦比和令人难忘的画面表达了这个争论。对于感觉世界所发生的现象，人类大脑有两种思考和判断类型，一种只满足于捕捉影子序列，也就是确定哪个影子在哪个影子前面或后面，哪个影子比哪个影子早或晚。常规和惯例渐渐使我们能够在一系列现象中识别出某些一致性，并且把它们之间存在的某些联系当作会均匀再现的，虽然我们并不理解这些联系的深层理由。建立在这种类型上的共识和世界观不需要这些理由，因为它们如果能通过自己形成的经验程序，从一个现象预测出另一个现象，并且把这一预测出的现象拉入实际计算的范围，那么这个类型就是充分的。然而，哲学认识的第一步就是放弃这种思考方式，它预先规定，要让头脑转到另一种知识理想中。知识的独特对象，不是单纯的现象序列，而是这些现象来自的永恒不变的理想基础。柏拉图认为，去理解这些基础时，思维实际上并没有进入现象本身中的这个话语领域。在数学中，无论谁把握了必然事物的认知本质，就都不得不掉头去思考另一个领域，这个领域由于其对象的流动性和不确定性特征，永远都得不到如数学领域的严格联系。在这个意义上，现象序列的经验知识并不是完成了的、纯粹的理念知识，而只是充当一个黑暗的背景，在这个背景下，纯粹概念研究和知识才显得更加醒目。

知识怀疑论(普罗泰戈拉)。此外，非常有可能的是，这个矛盾并未说明什么(柏拉图的)知性构建,而只是生硬地表达了一个具体的、历史悠久的矛盾,这个矛盾在柏拉图的时代就已然形成。无论如何,古代后期的科学研究都受到这种柏拉图区分的支配。在古希腊医学界,"经验的"和"理性的"医师之间的分歧也处处体现着这个区分。但是,越是去研究单个事实的发现和形成,知识的价值和秩序就越会发生变动。科学经验主义在知识的怀疑论中表达自身,并把那个被柏拉图认为是所有经验知识的缺陷的特征当成它的积极意义和特点。实际上,它并不是给知识的,并不是让知识利用它去从一个不变理性原则去理解事物本质的。我们只能观察现象的常规序列,它允许我们把一种现象当作另一种现象的标记。科学的任务就是筛选这些标记,每个这样的标记都会激起我们的某个记忆,并因此把我们对未来的预期引入固定的套路。我们仍然不知道现象出现的真正原因,但是我们也不需要知道,因为所有理论的真正目标和最终目标都在于我们的行动在实际中的结果。无论我们是以逻辑方式去理解这些事件是如何相继产生的,还是只接受某个经验并存或逐次顺序这个事实并且利用这个事实,这些结果在本质上仍是一样的。

本质和目的的概念(柏拉图)。 然而我们可以看出,柏拉图给理性知识和经验知识划分的界线,并未就此把整个知识领域完全分开。只满足于"影子"序列的经验知识自是能被人一眼认出,但是其对手也就是理想知识的特征仍然模糊。这一事实不断出现在该问题的历史发展中,所以也就变得越来越重要。只要一方有精确的定义,而另一方有两种不同的、存在分歧的含义,这个问题的真正平衡和分割就是暧昧不明的。起初,柏拉图把现象单纯的逐次性与对其目的论联系的认识对立了起来。对于自然过程，只要我们只是看着它们在我们眼前发生，就好像我们是一个默然的旁观者，那么我们就没有关于它们的真正知识。只有我们把这个过程当成一个按照某种目的组织起来的整体去研究它的整个运动时，我们才算拥有了关于它们的真正知识。我们必须明白一个元素是如何需要另一个元素的，需要明白这些丝线是如何互相交织成一个网才最终形成了自然现象的唯一顺序。苏格拉底的伦理唯心主义采取的就是这种自然观。在解释苏格拉底羁留监狱一事时，如果只描述他的肌肉和绳索的位置和关系，而不考虑使他决定遵守法律的道德原因，那么，我们就没有理解此事。同理，对于一个单独的事件，如果我们不能清晰地看出它在整个现实框架中的地位，那么我们就也没有真正理解地它。例如，如果我们想要解释地球自由地围绕宇宙中心旋转这一事实，那么，没有任何感官联系、物体的机械涡流或其他同类理由可以满足我们，但是"善而对"单独就可以作为这个事实的最终和决定性的基础。感官存在必须可以溯回它的理想原因，理念世界的终点就是善的理念，最终，所有的概念都要汇聚于这一理念里。然而，在柏拉图的理论中则存在另一种视角，它与这种从目的中演绎自然现象的视角不同。这个视角根植于柏拉图对数学的理解，对于他，数学是理念和感官事物的"媒介"。如果没有这个中间项，经验联系向理想联系的变换就不可能发生。这一变换过程需要的第一步就是，把感官上不确定的、不能封闭在固定界线内的东西，变换成具有确定量的、可以通过量和数字而理解的东西。柏拉图后期的对话录如《斐莱布篇》就着重阐释了这个公设。在把混乱的感官知觉作为知识的对象之前，应该通过纯粹的数量概念把它限制在严格的范围内。我们不能依靠模糊的"多""少""强""弱"等这些我们认为能通过感觉判定出的关系，我们必须寻求对存在和过程的更精确量度。在这种量度中，存在可以被理解和解释。所以，我们可以站在一个新的知识理想前，柏拉图自己认为这个理想和他的目的论直接一致且二者结合成了一个统一的视角。对于存在，只要它的结构是以严格的数学定律为特征的，那么它就是一个宇宙，一个按照目的而组织起来的整体。数学顺序是实在得以存在的条件和基础，且正是这种关于宇宙的数学规定性，构成了它的内部自我存续。

数学和目的论(柏拉图、亚里士多德和开普勒)。这两种在柏拉图理论中还是紧密联系的思维方式，到了亚里士多德那里就已然分开了。数学动因退隐进背景，如此一来，只有目的论这个追究终极原因的理论仍然充当物理学的概念基础。外部过程和遵循法则的量化秩序只是反映了绝对物质维持和发展自身的动态过程。物体的"经验—物理"关系从根本上来说源自它们的本质，源自它们的本质赋予了它们的固有目的，这个目的也是它们不断前进的目标。所以，元素根据相似度而在宇宙中排列，那些在量上一致的元素便彼此靠近，故而，每个物体都保留了一种倾向，即回复到其属性规定给它的"自然位置"的倾向，哪怕它已经被迫离开了这个位置。这里就揭示出了每个物理联系的真实内在原因。同时数学思考模式并没有触及原因，只是触及了存在的量，并被限制在"偶然事件"和它们的范围内。所以，一个新的矛盾就此登上了历史的舞台。在柏拉图的自然体系中，思考的目的方法和数学方法仍然是统一的，但这种统一性现在已经湮灭了，取而代之的是一种上位和下位关系。分界线移到了别处，现在被排除在关于最高原因的最理想知识之外的，除了对有条件的、经验上的统一性所做的感官观察，还有对纯粹量概念中的过程所做的精确表示。这里首次明确定义了经验自然观和理论自然观的对立。在现代，数学物理学从亚里士多德哲学返回柏拉图哲学，想要借此证明它的主张和独立。这个回归的标志性人物就是开普勒。他激烈而明确地驳斥了一种认识，即把数学家降格为一个计算者，把他们排除在哲学家的行列之外，并且剥夺他们对总体宇宙结构做出判断的权利。只要数学家只是执行自己的任务，不去理会外来的问题，那么他们就不会知道绝对物质和它们的内在力量。但是，他从这个问题中进行抽象，却绝不能说明他仍然在使用这个普通的经验方法，后者所满足的只是收集单个事实。数学假设在这些事实之间建立了一种理想的联系，它创造了一个有待用思维检验和验证的新整体，但这个整体不能通过感觉直接给定。所以，这个真正的假设把数学物理学限制在两个不同的方向。通过填补直接观察留下的缺口，通过用知性结果间的连续联系代替孤立的感觉资料，它把直接经验扩展成了理论。另一方面，它只允许自己把这个结果系统表示为一个量的系统和关系式。同时，这个假设的数学表达，也就是它的"代数——几何"形式，是它的全部意义。在为假设的正当性辩护时，开普勒认为它的典型功能在于别处，这与自然的普通思辨哲学所认为的不同。他关心的不是从具有数学特征的现象过渡到它的绝对原因，而是从起初的感知事实过渡(在以概念方式检查它们前)到对实在的定量"理解"。物理学家可以不去理会终极"力"的问题，其中，这些力塑造了存在，但是他们必须从简单地收集观察资料前进到一个普遍的"宇宙静力学"，从而全面把握这个宇宙的普适的和谐秩序。这个秩序不能通过感官直接抓住和理解，只能通过数学思考。根据这个看法，概念的合理功能不在于揭露一种新的、非感官的实在，而是在于帮助理解数学经验的实在，并且给这种实在以确定的形式。

假设的概念(开普勒和牛顿)。然而，物理对这个问题的理解并非是一帆风顺的，而是经过了摇摆和困难的。现代自然科学发展所依靠的具体历史条件，使这项工作的消极部分而非积极部分成了思考的中心。首先，该理论必须避开形而上学主张，而这种回避只能通过阐明精确科学的经验基础来完成。另一方面，只要哲学力量集中在保护纯粹经验免于形而上学的入侵，那么逻辑因素就仍然留在背景中。在此，人们可以理解开普勒和牛顿在观念上的不同。开普勒虽然强烈捍卫经验研究的主张，反对物质形式的形而上学，但他最后在对世界的理解上，还是返回到了柏拉图的数学目的论。数学理念是永恒的类型和"原型"，上帝正是通过它们组织宇宙的。所以，我们越是深入研究精确结构和精确的物理预设，经验和推断之间的严格区分线就越会有消失的危险，牛顿的《推理的法则》尤其要面对这个危险。归纳无疑是物理物质确定性的来源。观察和科学研究告诉我们，所有物体共有的、不增不减的特性，一起构成了物体的本质。因此，这个表达也只是说明了对某些感知事实的经验概括。只有在这个意义上，我们把重量当成物质的"基础"属性，也就是说，只要我们没有在实验中看到可以让我们怀疑其普遍经验存在的理由，我们就可以如此理解它。关于天体互相吸引的原因，真正的物理学家并不会去思考这个问题，也不会因此去做出推断性假设，因为引力对他们来说只是某个数值，它说明了某个物体在其运动路径的某个点上的加速度大小。这种数值随着点的变化而变化，这种变化所遵循的定律可以回答关于重量"本质"的一切问题，只要这些问题可以科学地提出来。牛顿的第一批门徒概括了这些解释，并把它们扩展到自然科学的整个领域。他们首先明确要求一个"不含假设的物理学"，并且第一次提出了"现象的描述"。现在，试图在逻辑定义的模型上形成物理解释这一做法，被认为是方法上的基本失败，如果我们不以观察和收集个别情况为起点，而是从概念和种类的层级结构出发，那么我们就是在犯这个错误。定义声称自身能发现任何自然过程的基础和本质，但物理学要把它们排除在外，因为它们不是知识的工具，相反，它们会阻碍我们对现象的无偏见理解，而物理作为一门科学的所有价值都取决于这些现象。

逻辑的和本体论的"假设"。然而，即使是牛顿学派内的进一步发展也清楚表明了，在这个明显是最终的方法论结论中，什么才是有问题的。如果禁止物理在任何一种意义上使用假设，那么我们就得排除掉所有在感知领域没有直接对应物的元素。但是，要实现这个要求，就无异于要摧毁牛顿力学和它的系统性思想。牛顿的方法论只允许使用逻辑标准，但当用这些标准来评价绝对时间和绝对空间这些被牛顿拿来作为演绎起点的概念时，这些概念就失去了一切合理含义。而正是这些概念，才使得区分真正的运动和表面的运动成为可能，才决定了物理实在概念本身。在牛顿体系的范围内，这个矛盾是无解的，因为该体系未能清楚地解释假设这一概念。无论是亚里士多德关于根本原因的形而上学，还是笛卡儿率先提出的不甚完美的以力学方式完全解释世界的规划，都在这里受到同样的谴责。根本的理论观念被认为是定义和限制物理问题及物理经验领域的基础，但要区分这种观念和事物具有某种"隐晦特性"的假定还缺少确定性。在现代论述中，这种模糊性在某种程度上依然存在。描述概念本身就最大程度地说明了这种模糊性。因为"描述"一词是用来团结研究者的，这些研究者的唯一共识就是反对推断性形而上学，但到了去积极解释物理学的逻辑结构时，他们就会众说纷纭、互不认同。例如，杜亥姆就强烈而清楚地提出了一个观念，认为每个物理事实的简单确证都包含了某个理论性预设，所以在此，物理假设系统就直接站在了"经验主义"一方，而经验主义则建立在对这个基本双重关系的误解的基础上。所以历史上的那个困难仍然在物理学中屹立不倒。对本体论的必要和正当反抗，导致简单的逻辑事实变得模糊不清。这两个根本不同的问题在历史中长期密不可分，而哲学批判需要把它们严格分离开。著名的科学研究者仍然会描述物理学和逻辑学的关系，好像我们还站在牛顿和沃尔夫理论冲突的迷雾中，其中，这场理论冲突也是 18 世纪哲学的一个标志。尽管这场论战可能被人认为已经尘埃落定，因为换上新批判形式的逻辑学已经放弃了形而上学主张。然而从这个新的立场可以清楚看到，牛顿"现象论"和古代怀疑论者提出和拥护的那个现象论不在一个知性平面上。这两套观念都主张把物理学限制在"现象"的领域中，而现在的问题是要弄清它们之间的根本区别。现象这一概念本身就是变动的，应用于不确定的感觉直觉对象时是一个意思，应用于数学物理学的理论构建对象时则是另一种意思。正是这种理解的条件，才使那个认知论问题重新出现。

四、 罗伯特·迈尔的自然科学方法论——假设和自然定律——物理"量度"的预设——物理"事实"和物理"理论"——测量单位——物理假设的验证——序列性构建的动因——序列的物理概念

罗伯特·迈尔的自然科学方法论。现代自然科学根本定律的发现者在他的方法论观念上，与文艺复兴以来的那些伟大研究者完全一致。罗伯特·迈尔把物理问题的理论定义作为自己研究的起点，这一定义存在于伽利略和牛顿的理论中，尽管这二人应用该定义的地方有天壤之别。对于以能量原理出发对物理学进行的一切重大重构，其中的逻辑连续性似乎仍然没有断裂。"指导真正自然研究的最重要（并非唯一的）法则是：仍然坚信我们的使命是学着去知道现象，然后才是去解释它们或探寻其发生的更深层原因。知道了一个事实的方方面面，就等于解释了它，科学工作也就此完成。出于各种各样的原因，这个断言可能会被某些人认为是微不足道的，也会被另一些人抵触。然而，有一点是确定的，即直到最近，这个法则都一直被人忽略，但即便是最聪明的智者，所做的一切超越事实而非拥有事实的努力，到目前为止还都没有结出果实。"这正是开普勒抨击他同代的炼金术士和神秘主义者时所用的言辞，也是伽利略对战逍遥派时所用的。罗伯特·迈尔拒绝回答热是如何从减弱的运动中产生的，又是如何复

归于运动的，正如伽利略回避重量是怎样产生的这一问题一样。"我不知道热、电等东西的内在本质，就像我也不知道一种物质实体或任何东西的内在本质一样。但是我知道，我比以往任何人都更为清楚地看到了很多现象之间的联系，并且，我可以给一个清晰的、站得住脚的力的概念。"然而，这也是我们能给一项经验研究所提的全部要求。"对人类研究的自然界线进行确切定义，这一任务对于科学来说具有实践价值，同时，想要通过假设来洞穿'世界－秩序'的深度，则是内行人的任务。"根据这个观点，只有数字、存在和过程的定量规定性才是研究的稳固领地。度量一个事实时，这个事实才能被理解："单单一个数字要比许多费尽心机的假设放在一起更有真正的和永恒的价值"

假设和自然定律。在拒绝回答伪问题的同时，这里指出了一个具有永恒意义的新问题。对于一个问题，如果我们完全了解了它的所有方面，就等于解释了它。这个定义必须无条件地被承认，但是它后面又出现了一个问题，即一个现象在什么条件下才能当作在物理意义上被理解了。精确科学所产生的关于一个现象的"知识"，显然并不是对一个孤立事实的简单感官认知。对于一个过程，当它被添加进总体的物理知识并与之并行不悖时，当它与同源现象群的关系以及最后和全部的一般经验事实的关系得以清楚确立时，它才算是被理解了。一个实在的肯定断言，都同时是一个关于某些法则的关系的断言，这也说明了普遍联系法则的有效性。这个现象被引入一个固定的数字表达式时，这个逻辑相对性就变得最为显著。我们用来描述一个物理对象或一个物理事件的常数值，只是说明了这个对象或事件进入了一种普遍的序列关系。单个的常数本身并没有什么含义，其意义是通过与其他数值比较和区别建立的。所以，作为所有物理列举和量度基础的某些逻辑预设就被拿来做参考，结果，这些预设构成了真正的"假设"，它们再也不能被科学现象论质疑。"真正的假设"不过是一个度量原则和手段。不是等现象成了已知的和有序的量后才引入它，以补充一个对这些现象发生的绝对原因的猜测，相反，是它才使得这个秩序成为可能。它并不会为了到达一个超越的远方而越过真实事物的领域，但它指出了一条道路，凭借这个道路，我们可以从感觉的感官杂多出发，然后到达量和数字的知性杂多。

物理"量度"的预设。奥斯特瓦尔德在抨击假设的使用时，强调了作为公式的假设和作为图像的假设之间的不同。公式只包含代数表达式，它们只是表达了量之间的关系，这些关系可以直接测量出，因此也可以通过观察直接验证相反，当假设作为物理图像时就不存在这种验证方式。事实上，这些图像本身经常披着数学阐释的外衣，所以乍一看，给定的区分标准是不充分的。但是无论如何都有一个简单的逻辑方法，它总是可以产生一个清晰的区分。"当公式中每个量本身都是可测量的，那么在我们面前的就是一个长久有效的公式或一个自然定律……如果相反，这些量是不可测量的，那么我们面对的就是一个以数学形式存在的假设，是一个果实中的虫子。"）虽然这个可测量性公设是成立的，但把测量本身当成一个可以通过简单感知及感知方式而开展的纯粹经验方法就是错误的。此处给出的答案只是重复了那个真正的问题，因为经过计数和测量的现象不是一个自明的、直接确定和给定的起点，而是某些概念操作的结果。其中，这些操作必须经过详细追查。事实上，单纯的测量只是意味着公设不能在"感觉——印象"的领域中实现。我们从不测量感觉本身，而只测量与它们相关的客体。尽管我们在心理学方面承认感觉的可测量性，但上述这个认识仍然不变，因为即使承认了这个可测量性的假定，我们也知道，物理学家从来只把震动当成感官经验和感官内容，而非颜色或音调，他们不关心温觉和触觉，只关心温度和压力。然而，我们不能把这些概念理解为对感知事实的简单复制。如果我们去考察测量运动时涉及的因素，那么就已经存在一个普遍答案。因为很明显，如果不用数学家"纯概念性的"连续扩张来代替感官性的延展，那么对运动的物理定义就无法建立。在我们可以在严格意义上阐述运动及其精确量度前，我们必须从感知内容出发，然后到达它们的概念性边界。对于一个不均匀运动的物体，无论它在运动路径上的哪一点，我们都给它一个确切的速度，这个做法其实只是一个纯粹的概念构建过程，这种构建过程所依赖的前提，正是无穷分析的整个逻辑理论。但是，即使看起来我们与直接感觉靠得更近，即使我们唯一的兴趣似乎只是把表象中的感觉差异安排进一个固定的范围，即使在这里，理论性元素也是必须的，并且明显出现了。从直接的热觉到精确的温度概念，其间的距离并不短。印象或强或弱，很不确定，所以这种不确定性不足以提供一个获得固定数值的立足点。为了建立度量的图式，我们应该从主观感知过渡到热和扩张之间的一种客观功能关联。如果我们给某个体积的汞赋予 0 度的值，给另一体积的汞赋予 100 度的值，那么为了把这两点之间的部分再做进一步的分割，我们必须假定，温度的差异和汞量是直接成比例的。起初，这个假定只是一个由经验观察暗示给我们的假设，但它绝不是经验观察单独强加给我们的。如果把固体换成液体，把汞温度计换成水温度计，那么为了测量，这个简单的比例公式必须替换为一个更为复杂的公式，根据这个公式，我们确定了温度值和体积值之间的关系。在这个例子中我们看到了，一个物理事实的简单定量规定性是如何把这个事实引入一个理论预设网络的，离开了这个系统，关于这个过程是否可测量的问题就不能被提出。

物理"事实"和物理"理论"。物理研究者通过他们自己的哲学工作，已经使这个认识论观念变得越来越清晰。最初，杜亥姆用最为简洁清晰的表达，指出了物理事实和物理理论之间的相互关系。他生动有力地描绘了原始的感官观察和科学指导控制下的实验之间的不同，其中，原始的感官观察仍然只停留在具体感知事实的领域。让我们在思维中追溯一个实验性研究的路线，例如，想象我们在一个实验室中，其中雷诺要开展他的著名实验，也就是验证马略特定律的实验，那么事实上，我们起先看到的是一些直接的观测资料，我们也可以重复这些观测。但是，对这些资料的列举，无论如何也构成不了雷诺实验结果的核心和基本含义。物理研究者在客观上看到的是测量仪器所处的某些条件和发生的某些变化。但是他做出的判断不是关于仪器的，而是关于被仪器测量的对象的；实验报告的不是某个汞柱的高度，而是测出的"温度"值；要记录的不是气压计发生的变化，而是被观察气体发生的压强变动。我们从单个元素中感知到的东西，就这样转变成了另一种形式，也就是这个元素最终在物理报告中的形式，而科学概念的独特功能就存在于这个转变中。一种气体的体积值、压力值和温度，都是不能与颜色和音调相对应的具体对象和特性，它们只是"抽象的符号"，只是把物理理论与真实的观察事实再次联系起来的符号。气体体积得以建立的工具，不仅预设了算术原则和几何原则，还预设了一般力学和天体力学原则。要全面理解压强的精确定义，我们需要深入了解最为深刻难懂的流体静力学理论和电理论等。在实验过程中实际观察到的现象和最终的实验结果之间，存在着复杂的智力劳动。正是通过这种劳动，一个关于过程实例的报告才变成了一个关于自然定律的判断。每项实际的测量都依赖于某些根本的、被认为普遍有效的假定，而当我们想到，每个研究的真实结果都不是直接显现出来的，而只能通过一个批判的、旨在排除"观测错误"的论述加以确认。这时，这个假定就变得更为清晰了。实际上，没有哪个物理学家是用横在眼前的具体仪器做实验和测量的，相反，他是用思维中的一个理想仪器代替了它，而这个仪器可以排除属于具体仪器的所有偶然误差。例如，用一个正切罗盘测量电流强度时，我们用具体仪器测量得到的观察资料，在具有物理可用性之前，必然要与某个普遍的几何模型相关，并要被引入这个模型。我们用一个没有宽度的理想几何来代替具有某种强度的铜线；用一个无穷小的、水平的磁轴来代替一个具有某种大小和形式的磁针，其中这个磁轴可以绕垂直轴无摩擦旋转。正是所有这些变换，才使得我们可以把观察到的磁针桡屈引入电流强度的一般理论公式，进而确定后者的值。我们所必须做的借助每个物理仪器的校正，本身就是数学理论的成果，排除了后者，就等于剥夺了观察本身的含义和价值。

测量单位。当我们意识到，每种具体的测量都需要建立某些单位，并且假定这些单位是恒定不变的，就可以从一个新的角度看待这个联系。但这种恒常性从来都不是属于可感知事物本身的特性，而是在知性公设和定义的基础上授予它们的特性。这种公设的必要性尤其见于物理的基本测量问题，也就是时间的测量问题。从一开始，对时间的测量就必须放弃所有的感官帮助，而这类帮助在测量空间时是随便可用的。我们不能把一段时间移到另一段时间的位置上，然后通过直觉直接比较它们，因为时间的标志性要素是，它的两个部分绝不能同时被给出。所以，如果要诉诸运动现象，只有一种可能的概念性安排。对于抽象力学，据说一个不受任何外力影响的质点跨越几段相等距离时所用的时间也是相等的。在这里，我们再次发现了质点的概念，也就是一个纯粹理想的极限概念，并且要使测量单位成为可能，仍需要假设出一个普遍的原则。惯性定律作为一个概念性要素，参与了对时间单位的阐释。我们可能会试着从理性力学进入它的实际应，并在具体现象的领域建立一个严格均一的运动，借此来消除这个依存关系。地球每日的转动，正如它看起来那样，就显示了这种完美的均一性，可以为了测量目的而被纳入考虑。在此，我们可以直接用恒星两个紧邻中天的时间间隔作为单位。然而仔细思考，就会更加清楚地看到理想的时间量度和经验性的时间量度之间的不同。在理论思考的基础上，我们更需要恒星日是不等的，而这种不等也得到了经验理由的确证。潮汐的不断起落对地球产生了一种阻力，在它的影响下，地球自转的速度会逐渐减小，因而会使一个恒星日变长。于是，我们又一次与想要的精确测量失之交臂，所以，我们不得不使用更为渺远的知性假定。所有这些都通过与一些物理定律的关系获得了自身的意义，其中，这些定律也是我们默认已有的。所以，目前就有人提议用镭辐射失去其辐射性的时间作为一个精确的测量单位。在这个情况中，衰减效应所遵循的指数定律就充当一个基础。与此类似，为了把某些光束的波长作为测量距离的基础，人们预先提出了光学原理和理论。如此一来，在选择单位时，我们总会试着去把某些法则确证为普遍的法则，借此来指导选择。我们假定，经验上完全"相等"的恒星日是不等的，以此来维持能量保存原理的有效性。有人已经明确地提出，从根本上看，真正的常量不是具体的测量标尺，也不是测量单位，而是这些与它们相关的定律，正是根据这些定律的模型，标尺和单位才得以构成。

物理假设的验证。 原始的观念认为，量就像感官属性那样是物理事物和过程的内在属性，故而只需要从其中读出即可。但随着理论物理的进步，这个观念越来越为其他观念取代。定律和事实的关系也因此被修改了。因为，那个认为我们是通过比较和度量单个的事实而得到定律的理论，已经被证明是一个逻辑循环。定律只可以从量中产生，因为我们已经假定定律在量本身中以一种假设的形式存在。这个相互关系可能看起来矛盾，但它确切表达了物理的中心逻辑问题。定律的知性预期并不是一个矛盾的表述，因为这种预期并不以教条性的断言形式存在，而是作为一个初始的知性假定出现，因为它不包含一个最终答案，而只包含一个问题。在这个假定的基础上，把全部经验连接成一个连续的整体时，这个假定的价值和准确性才能第一次被展示出来。另一方面，如果要确认这个假定的准确性，我们实际上不能通过直接在个别经验和具体的感官印象中验证每个假设和理论构建过程来实现。物理概念的有效性不在于可以直接指出的真实存在的要素内容，而是取决于联系的严格性，正是这种联系才使得物理概念成为可能。所以，单个概念不能单独通过经验测量和确认，它只能在作为一个理论上的复合体的项时，才能得到这种确证。它的"真实性"显示在它所导致的结果中，显示于解释理论的联系和系统完整性中，正是这些解释理论才使它成为可能。在这里，每个元素都需要另一个元素来支持和确认，所有元素都不可以离开这个总组织，也不可以单独地被表示和证明。我们没有纯粹孤立的物理概念和物理事实，所以不能从前一个范围中挑选一个项，再考察它是否在后一个范围内有一个复制品，我们只能通过全部概念来拥有"事实"；而另一方面，我们也只能参考全部可能的经验才能理解概念。培根经验主义的根本错误在于它没有抓住这种关联，在于它把"事实"理解为自在的孤立实体。对于它们，我们的思维应该尽可能地去"依葫芦画瓢"。在这里，概念的功能只延伸到对经验材料的包含和表示，而不是检验和证明这种材料。尽管这种思想顽固地保留在自然科学认识论中，但有很多迹象表明，现代形式的物理学本身已经克服了它。那些强烈认为全部经验一起构成了一切物理理论的至高和终极权威的思想家，也驳斥了培根的"决定性实验"这一幼稚思想。在收集归纳孤立观察资料这一意义上，"纯粹"经验不能给物理提供根本的"脚手架"，因为它无法给出数学形式。知性的理解工作，把单纯的事实与总体现象系统地联系了起来，这一工作开始于一个事实用一个数学符号表示和代替时。

序列性构建的动因。如果我们以这种方式来考虑物理理论的分析结果，那么就仍然存在一个矛盾。如果我们最终承认，研究及其方法的一切困难只是把我们越来越远地推离开具体的、具有感官直接性的直觉事实，那么物理的一切知性研究又有什么价值呢？当最终的结果是且只能是事实向符号的变换，那么使用这种科学工具是否值得呢？现代物理在开始的时候就批评学院派用对名称的思考代替对事实的思考，现在这一批评则有针对于物理自身的趋势。我们似乎只是得到了一个名称系统，通过它，我们与感觉的真实实在变得越来越陌生。事实上，偶尔这种结果也会被指出：物理理论具有的必然性已经与证据和真相截然分开，而后两者都是在个别事实的经验中进入了意识。然而，这种分离建立在一个错误的抽象上，以及把两个环节彼此分开的企图上，而概念的形成已经预设了这两个环节是密不可分的。已经证明，与传统逻辑教条不同，数学概念构建是通过序列构建这一过程定义的。我们想要的不是从多个相似印象中挑出共同要素，而是找到它们出现多样性所遵循的原则。概念的统一性不是在某个固定的特征群中发现的，而是在法则中发现的，这个法则作为一个元素序列且有规律地表示这种多样性。对根本物理概念的思考已经确证和拓展了这个认识。所有这些概念似乎是许多把"给定事物"挑选进序列的手段，并且在这些序列中为它赋予一个固定位置。科学研究确切地完成了这最后一步，但是为了使之成为可能，元素比较和排列所遵循的序列原理本身就必须以理论方式建立起来。对于物理学家，单个事物只是一个物理常量系统，在这些常量之外，他们没有任何手段和可能去描述一个物体的特质。为了把一个物体和其他物体区分开，并且把它包含在一个固定的概念类中，我们必须给它一个确切的体积、一个确切的质量、一个确切的热容和一个确切的电流等。为此必然需要的量，就预设了这个比较方面已经具有了概念有效性和精确度。从来都不是在原始印象中给出的，而是必须在理论中完成，然后才能应用于感知杂多。对物体进行物理分析，把它分解成一个由其数字性常量构成的总体，这就无异于把一个感官事物分解成它的感官特性群，但是为了进行这个分析，必须引入新的、专门的判断种类。在这种判断中，具体印象先变成物理上确定的物体。一个事物的感官特点一旦变成了一个序列的规定性，就成了一个物理对象。现在，"事物"从一组特性变成了一个数值系统，这个系统是参考一些比较尺度形成的。每一个不同的物理概念都定义了这样一个尺度，从而使给定事物各要素之间的联系和排列变得更加紧密。混乱的印象成了一个数字系统，但是这些数字则是从概念系统中首先获得它们的名称并进而获得专门意义的，这个概念系统在理论上作为普遍的量度标准而形成。在这种逻辑联系中，我们首先在从印象向数学"符号"的变换中看到了"客观的"价值。实际上，在这种符号命名中，感官印象的具体特性丢失了，但是那些能说明它是"一系统的一个项"的特性都被保留并被带了出来。根据定律，单个项之间存在联系，而这个符号则在这种联系中而非在任何感知构成部分中拥有充分的关联对象。然而，正是这个联系逐渐证明自己是经验"实在"这一观念的真正核心。

序列的物理概念。这个关系在这里是种根本关系，我们可以从另一个角度，通过把它和普通心理学的概念理论联系起来而阐释它。在这个理论的语言中，概念问题变成了"统觉联系"问题。新出现的印象首先会被当作一个个体，然后通过统觉解释和安排，而首次获得了概念性含义。如果不参考总体经验来处理这个个体，然后通过统觉解释和安排获得概念含义，如果不参加总体经验来处理个体，"意识的统一"本身就会瓦解，如此一来，印象也不再属于我们的实在世界。在这种意义上，我们可以把科学理论提出的各种物理量度概念描述为全部一般经验知识的、真正和必然的统觉概念。实际上，如果没有它们，就不能够把真实事物安排在序列中，如此一来，也就不能在它的个体项间形成全面的、相互的规定性，我们也就只能把事实当成一个个别的主语，而不能给它添加谓语来更详细地规定它。只有当我们把给定事物带到某些量度标准下，它才能获得固定的形状和形式，并且具有清晰的物理"特性"。即使在它的单个值已经在每个可能的比照序列中经验性地确立之前，它也必然属于某个这样的序列，并且随之形成了一个能够更为清晰地规定它的预期图式。预备性的演绎工作可以探查可能的精确关联类型，经验则确定哪个可能的联系类型要应用于手头上的具体情况。科学实验总能发现理论为它准备几条路，而它必须要在其中选择一条。所以，任何经验内容都不能以绝对陌生的形式出现，因为，就在使它成为我们的思考内容时，在给它与其他内容设置空间和时间关系时，我们就已经给它添加了普遍联系概念的印记。感知材料不只是被熔铸成了一些概念形式，而关于该形式的思想也构成了必然预设。该预设可以确认该物质本身的任何特征，也就是说，可以断称它有什么具体规定性和谓词。现在我们也不再觉得奇怪，为什么科学物理在深入探索其对象的"存在"时，最后似乎只是找到了一些新的数层而已。它没有发现任何绝对的形而上学特征，但是它想要通过把新的"参数"纳入它所研究的物体或过程，来表达这个物体或过程的特征。这个参数可以是质量或能量，我们赋予物体质量这一参数，是为了理性地理解它的全部可能变化和它与外部运动动力的全部关系。至于能量这一参数，我们把它用来描述一个给定物理系统的瞬时状态。同样，一切不同的量也是如此，物理和化学用这些量来逐渐规定真实世界的物体。我们越是深入这个过程，就越是看清了科学的事物概念的特征，以及它与形而上学物质概念的不同。自然科学在发展的过程中，到处使用后一种形式，然而随着它的进步，它已经给这个形式注入了新的内容，并把它提升到了一个新的证实水平。

五、 爱奥尼亚自然哲学中的物质概念——感官特征的实体化(阿那克萨哥拉)——感官特征的实体化(亚里士多德)——原子论和数——原子的撞击——连续性公设和博斯科维奇与费希纳的"简单"原子——原子概念和微分方程的应用——原子概念的变化——以太的概念——物理对象的概念的逻辑形式——物理对象概念中的"真实"和"非真实"元素——非存在的概念——物质和观念和伽利略的惯性概念

爱奥尼亚自然哲学中的物质概念。总体上，实体的逻辑概念高居于科学世界观的塔尖，是实体概念在历史上区分了调查研究和神话。哲学也源自这个成就。想要从单个终极实体中演绎出多样的感官实在这一尝试，就包含了一个普遍预设，无论这个预设起初站立得如何颤颤巍巍，它都标志了一种新的思维模式和一个新问题。因为它，存在第一次被理解为一个有序的整体，这个整体不受外在无常的控制，而是在其自身内包含了存在的原理。然而起初，这种新理解只在感官事物范围中寻求确认，因为这些事物似乎单独构成了固定积极的实在内容。未考虑或开始概念性的、关键的研究工作时，感知提供了唯一固定的界线来区分实在和神话的、诗化的幻想。所以，构成"实体"含义的是一些经验给定的事物，是一些具体的材料。但是，即便在爱奥尼亚的自然哲学中，也有超越这种思想的倾向。安纳西曼德的无限原则已经具有了超越直接可感知实在范围的逻辑自由。它包含了这样一个观念，即感官存在来源的特性和它的特性不同。它不能以任何具体的物质特征为外衣，因为所有具体的特征都必然来自于它。如此一来，它就成了一种没有确切感官区分特性的存在，在它的同质结构中，冷和热、干和湿这些对立的范畴仍然未区别开。一般的物质领域还未被丢弃，而在安纳西曼德的无限和不确定的物质中，正是实体本身的纯粹抽象首先获得了清晰表达。

感官特征的实体化(阿那克萨戈拉)。然而，具体特征和属性的问题，并未在这个首先被尝试的答案中得到回答，而是首先在其中被提了出来。虽然对立范畴可以从根本的同质原理中分出来，但是在一开始，它们区别的方式和理由还是完全模糊的。其中涉及的问题促进了推断性自然哲学的进一步发展。安纳西曼德在他的无限原则中所假定的统一性，只表示了一个缺乏精确基础的逻辑预期。为了阐明这点，思维显然必须选择相反的路线。终极实体的真正无限性与其说存在于它同质的、无差别的结构中，还不如说存在于定量差异的无限充实性和多样性中，这些差异隐蔽地存在于它内部。是阿那克萨戈拉的宇宙学终结了这个倾向。阿那克萨戈拉首先发现了一个普遍的运动原理，此外，他对具体特性的解释也进入了一个新阶段。如果"具体"不以某种形式提前存在于"普遍"中，那么要想从普遍中推出具体就是痴人说梦。感官告诉了我们物体的存在和差异，这些物体的多种明显特征则回头指向了永恒绝对的物质特性，并把它们作为自己的真正来源。干湿、明暗、冷热和厚薄都是事物的根本特性，这些特性的混合方式和量化比例则决定了复合感官物质之间的差别，如空气和水、以太和土等。所有的根本特性全部进入了每一个复合物，无论解析得多么彻底，我们总是可以认为，即使是最小的物质部分，也包含所有这些特性。具体物质之所以获得了它们与众不同的形式，不是因为它们包含了所有这些孤立的量化要素，而是因为其中有一个要素支配着这个复合物，所以在一般思考中，我们可以不必考虑其他因素，虽然这些其他因素实际上也存在。在这个意义上"一切皆在一切中"，无论多么小的一个颗粒，即使是每个物理点，都表示了无限多的特性，这些特性渗透于其中。详细地解释这个理论，只是出于一种历史兴趣，此外它还包含了一个具有典型意义的要素，这个要素在物理之前就显示了出来。而阿那克萨戈拉分析的目的就是，从首先出现在直觉中的具体感官对象返回到它的概念原理。但是他在定义这些原理的内容时，所用的表述完全取自感官知觉。感觉的特性和对立面被直接变换成了实在原因，这些原因在和其他同类原因的联系中自在自为。感觉特性的各种多样性就如此保留了下来，事实上，在我们的意识中它已经升至无穷。这些特性在表面上来来去去，其中每一个特性的出现或消失，实际上都对应一个不变的和本质的存在。因为，任何感官特性在一个主体中的重新出现或消失都只是一个假象，当我们肤浅地考虑事物时，就会被这个假象误导。相反，在某种程度上，一个特性都仍在，它只是暂时被其他的、似乎要取代其位置的特性遮盖住了。事实上，我们在这里是尝试应思维的要求去理解永恒存在，同时不跨越"给定"的范围。不像爱奥尼亚的自然哲学，具体的经验物质如水或空气再也不能表示事物的永恒存在，这个功能被转移给了特性总体，这个总体产生了每个物体并且可以在它们中通过感知被发现。这些特性的实体化并未改变它们的本质，虽然它们确实因此获得了一个变化了的形而上学意义，但是从原则上说，它们并未超越感官事物的个性。

感官特征的实体化（亚里士多德）。亚里士多德物理学在这方面也未表达出任何本质的变化。根本特征在这里又被缩减为少数几个，没有了无数的事物"萌芽"，而只有冷热、干湿的特性，这几个特性可以结合成四种元素：水、土、空气和火。这些元素的本质决定了它们所发生运动的特质，故而也决定了宇宙的整个图景和秩序。所以，这种物理学的结构建立在同样的过程上，即把感觉的相对特性转化成事物的绝对属性。在此基础上，这个观念的历史影响就有了特别的力度和清晰性。整个自然科学，尤其是中世纪的整个化学和炼金术，在参考亚里士多德系统的逻辑预设时，起先还是可以理解的。在此，主导的观念是把特征提升为单独的本质，这些本质不同于物体的存在，并因此，它们在原则上可以从一个物体转移到另一个物体。特征是一类事物共有的，并因此为某个类属概念的构建提供了基础，它们被拿出来作为物理部分，并被提升至独立存在的高度。某个绝对的和可分割的属性，把固体和液体与气体区分开了，这个属性内在于固体。要从一种聚集状态变为另一种聚集状态，就意味着要丢掉这个属性，并具有一个新的基本本质。所以，汞可以变为金，如果我们依次去掉决定了它的流动性和挥发性两个"元素"，并用其他特性取而代之。为了把一个物体变为另一个物体，一般来说我们只需要控制不同的"本质"，所谓的控制，就是可以把它们依次"烙印"在物质上。金属之间的相互转化就是根据这个根本观念想出和表现的。我们从具体的物体中提出它的具体特性，这些特性被认为是它含有的不同独立实体。例如，为了使锡接近银，我们可以从锡中分离出它的嘎吱声、易熔性和柔软性，因为最初正是这些特性把它们区分开了。这种自然观所依赖的整个观念，在培根的物理学中变得更加清晰。培根的形式理论返回了一个公理，即一群物体的一般共同要素必须作为一个可分割的部分存在于这些物体中。热形式作为一种独特的事物存在，它出现在一切温暖的事物中，并通过它的出现在它们中引起某些效果。在把复杂的感官事物还原为为一串抽象和简单的特征，并通过这些特征解释这个事物时，物理学的任务就完成了。热物质的假设，就像特殊电液体或磁液体的假定一样，表明了这种思想是如何在现代科学中被取代的。尤其在化学概念中，它以各种各样的形式再现。在过去的化学中，每个元素都直接是某个醒目特征的承担者和类型。所以，硫代表物体的可燃性，盐代表它们的可溶解性，汞代表了所有的金属性质，总是要为某些符合定律的反应假定一种基本底物。我们似乎能从许多物体中通过感官而感知到可燃性特征，然后通过燃素的假定而把这个特征变换为一个与物体相混合的特定实体。必然的，这个假定产生了拉瓦锡的整个化学结构。

原子论和数。除了我们在这里追溯的这个一般进展，关于物理存在和过程还存在另一种根本认识。古代科学就在原子论体系中完美表述了这一认识。通过埃利亚系统的调解，原子论的预设返回到了毕达哥拉斯学派的根本概念中。虚无空间的概念是德谟克利特的起点，这个概念直接取自毕达哥拉斯学派的"空"。在这里，我们面对的是思考方向的变化。我们不能直接再在感官可感的知特性中去寻找存在，也不能在与它们对应的绝对关联对象和对应部分中寻找，在这里，存在已经被分解成了纯粹的数概念。数决定了事物的所有联系和内在和谐，正是此，数被当作事物的本质，因为它给了它们一个确切可知的个性。这一思想起初的神秘夸张，随着古希腊科学的进步而逐渐停止，直至最后屈服于一个纯粹的方法论和理性理论。原子学说完成了这个改变，毕达哥拉斯的抽象公设在这里化身为一个具体的力学构建过程。事物的感官特性被驱逐出了宇宙的科学图像，因为所谓的甘苦、有色或无色、冷暖，都只是"意见"和未经检验的"主观"观念的产物。相反，在表示客观实在时，所有这些特性都要被扔掉，因为它们都不能完成精确的量化规定，故而不能形成一个真正清晰的定义。所以，只有那些可以在纯数学意义上规定的事物特性，才是"真正的"特性。现在，毕达哥拉斯抽象的"数－图式"加入了一个新的元素，该元素使这个图式发挥了其最完整的效果。为了能从数过渡到数学物理存在，我们需要以空间概念作为媒介。然而在这里，空间是在一种要把它变为纯粹数字图像的意义上使用的。它代表所有的特性，满足数的所有条件。相应的，它的标志性特征是它各部分间的绝对同一性，所有内在的差异都只是变成了位置差异。直接感知空间中存在的差异全部被剔除了，所以每个具体的点只是一个表示几何关系和几何构建过程的等价起点。现在，如果真实事物从这个观点中得到规定，那么它所剩下的就只是使它成为一个数学秩序和一个量化总体的东西。正是在这里，根植着原子概念的含义和正当理由。对于原子世界，只要它其中只剩下量的纯粹规定性，那么它就只是对物理实在的抽象表示。伽利略在现代物理学开始时，正是在这个意义上理解和建立了原子论。他解释说，在物质概念中，没有什么是根本的，除了这种形式或那种形式、这个地方或那个地方、大或小、动或静的思想。另一方面，我们可以从所有其他特性中抽象，同时不会因此毁掉物质这一思想本身。没有任何逻辑必然性逼迫我们把物质理解为红色或白色的、是甜的或苦的、是好闻的还是难闻的：所有这些特征化都只是名称（因为它们不能化简为精确的数值），而这些名称不对应任何固定的、客观的关联对象。物理物体的实体存在于特性总体中，算术和几何以及纯粹的运动理论（它也会返回到算术和几何）可以在其中发现并确证这些特性。

原子的撞击。然而，接受了原子论只相当于提出了这个问题，而非解决了这个问题。因为原子不指任何固定的物理事实，而只指一个逻辑公设，所以，不变的不是它自己，而是一个变量表达式。有趣的是去追溯，在原子概念随着时间而发生的变换中，作为其来源的知性动因，是如何持续地、更清晰地发挥作用的。在德谟克利特的原子论中，感官规定性并没完全消解。如果我们把亚里士多德的著名报告当成权威，那么根据德谟克利特的理论，原子间的区别不仅在于它们在空间中的位置，还在于它们的大小和形式，它们拥有不同的大小和不同的形式，尽管他没有说明为什么有这种差异。然而，只要原子的动态相互作用成为一个真正的问题，首先就会出现一个逻辑需要，即赋予每个原子一个绝对的硬度。借这个硬度，该原子就把所有其他原子都排除在它自己的空间位置之外。硬和软的对立，就像轻和重一样，就再次被直接纳入对自然的客观思考中，物体可感知特性的残渣被保留下来并被置放在了一个水平上，这个水平具有数学思想可识别的规定性。这个二元论的结果随着这个学说的发展而很快变得明朗。当我们考虑存在的物理概念和过程的物理定律间的关系时，它们集中在一起变成一个真正的悖论。如果我们只考虑这个定律在力学中的应用，那么它就要求，运动从一个物体传到另一个物体时，能量和保持不变。但是，如果我们把这个观点应用到原子的撞击上，就会产生一个特有的困难。如果我们把原子当成完全刚性的物体，那么规定它们的特性和动作模式时，就需要根据我们在经验中从非弹性物体上观察到的关系。然而完全无弹性或部分无弹性的物体在每次碰撞时，都似乎会损失一定的能量。为了去除与能量守恒定律的这个矛盾，该理论必须假定，一部分能量已经从物体转移到了其部分中，假定"摩尔"能量变成了"分子"能量。但是这个解释明显不能用于原子本身，因为根据定义，它们只是运动的主体，不可能被进一步分解成部分和子部分。

连续性公设和博斯科维奇与费希纳的"简单"原子。 运动原子论通过各种方式想要去除其根本矛盾，但从来没有完全成功过。但当我们比较原子力学和过程连续性公设提出的要求时，又会发现第二个同样困难的问题。两个绝对硬的物体在碰撞瞬间发生的速度变化，只是一个突然的转变——从一个等级跳跃到了另一个等级，这两个等级间隔着一个固定的、有限的数量。如果一个运动慢的物体和一个运动快的物体突然发生了碰撞，然后二者以相同的速度前进，该速度由它们的运动代数和守恒定律确定。那么在表达这个结果时，我们只能给一个物体一个大的减速度，给另一个物体一个大的增速度。然而，这个假定使我们发现，不能为两个碰撞中的物体确定确切的速度值，并且在用数学方式规定整个过程时，仍存在一个鸿沟。在回答这类质疑时，延展原子的拥护者有时会说，对这个力学所依赖的假设结构，使用的标准是一个伪标准。这个矛盾只起源于一个事实，即原子本来只是理性的思维构建物，它们拥有某些特性，但这些特性只是通过与感知世界中感官物体的类比演绎出来的。然而，从知识理论的角度来说，我们应该放弃这种类比。指导原子内容形成的规范，不是我们环境中的经验实体的行为，而是普遍的力学定律和原则。所以，我们不能拿这个规范去与直接可观察的现象做模糊比较，而要在概念性公设的基础上，确定运动的"真正客体"能满足的条件。所以，我们不需要问，撞击中的绝对刚性物体是否可能满足能量守恒定律；相反，我们应该把这个定律看作和公理一般有效，而公理是我们在理论中构建原子和运动时所必须遵循的。我们唯一的指导法则是这个构建过程与其他理性力学假定的相容性，而不是原子运动与其他已知物理实在过程的相似性。原则上，这个回答是完全令人满意的，然而，当我们全面思考它的时候，我们发现自己也不得不从逻辑方面转到原子概念的变换上。在博斯科维奇之后，自然科学完成了这个变换。之前具有大小而不可分割的颗粒，现在替换成了绝对简单的力点。感官特性的化简已成为德谟克利特理论的标志，而现在我们看到了这种化简是如何前进了一步。原子的大小和形式已经消失了，区别它们的只是位置。在动态的作用和反作用系统中，它们互相规定对方的位置。否认了感官特性，也否认了尺寸，因此也就否认了大体内容的一切规定性，而正是靠这些规定性，一个经验"事物"才能与另一个相区分。现在，一切独立自存的属性被完全抹去了，剩下的只是在力点相吸和相斥定律中的动态共存关系。博斯科维奇和他之后的费希纳都强烈主张，力本身，就如此处理解的一样，变成了定律的概念，它只用来表达量之间的函数性关系。原子的源头可以追溯到纯粹的数概念，在这里，在各种变换都发生后，它返回到了它的源头，而它也只是一般系统杂多中的一个项。可以赋予给它的内容都是一些关系，而它则是这些关系的知性中心。

原子概念和微分方程的应用。原子概念在最近的现代物理中所取得的进步，全面确证了这一认识。在原子论和能量论的冲突中，博斯科维奇试图从理论自然科学的根本方法中，以及从应用微分方程的过程中，演绎出原子假设的必要性。他解释道，如果我们正确理解了微分方程的含义，那么我们就不能怀疑与之一起假定的世界图式在本质和结构上都是原子论的。"进一步检查后，我们发现微分方程只是表达了一个事实，即我们首先不得不去想一个有限的数字，这是第一个条件，然后这个数字要一直增大，直至增大到再增加也不会有什么影响。在解释微分方程时我们需要构想出许多个别元素，而该方程所表示的值就由这个需要定义。而我们要问的是，去压制这个需要有什么作用呢？"他相信自己可以通过微分方程摆脱原子论，如此一来，他就"只见森林不见树木"。从知识批判的角度说，这种解释类型是非常有趣的，因为在这里，原子的必然性要从精确物理方法条件中推导出，而不是从经验性的自然思考事实中推导出。然而，如果情况确实如此，那么我们实际上就看清楚了，以这种方式给原子"担保"的存在，大体上只属于纯粹的数学概念。如此一来，博斯科维奇就必须防范一个假定，该假定认为他的演绎将用于证明原子的绝对存在。在理解和应用原子时，只能把它们当作精确表示现象的图像。然而，正是在这个假定中，出现了把众多微粒变为简单质点的必要性，因为只有如此转变，这个"图像"才能获得最大的清晰性和精确度。博斯科维奇所诉诸的微积分过程本身，就促进了这个转变。如果我们以某些有限量的表象为起点，然后让这些量逐渐消失，以获得微分方程的一个作用点，那么就只有让这些量向一个极限值零收敛，才能使这个过程得到它的数学结论。然而根据原子论，一个常量值总是给定的，超越了这个值，这个理想过程就必然与现象的真实性发生矛盾。只要我们仍然停留在某些量上，我们就不能够得到确切的逻辑规定性，无论我们选择的这些量多么小。无论我们假定了什么样的物理可分性，这个物体总是可以在知性上进行更细的分解，可以在知性上给许多不同的亚群分配不同的速度。只有使用质点，才能消除这种不确定性，才能获得一个固定的运动主体。

原子概念的变化。能量论对战博斯科维奇学说时说，力学假定的质点概念是从物体概念中发展出来的，但这个发展不是通过实际地或完全地从尺寸中抽象，而是通过从旋转运动中抽象。"如果我们必须考虑非纯粹向前的运动，就得把物体分解成部分，分解成具有体积的元素，其中这些部分……绝对和原子无关，而通过这些元素，我们可以在某种近似程度上接近只向前运动的质点。"这里指出了一个重要的逻辑环节，我们为了运动的简洁性而假定了点的简洁性。假定出简单的、不可进一步分割的物体只是一个方法论上的手段，目的是抽象出简单的运动。在这个意义上，根据其原子的基本物理含义，原子并非被定义和假设为物质的一部分，而是被当作可能变化的主体。我们只能把它当作可能关系的知性作用点。我们把复杂的运动分解为基本的过程，接着为了这些过程而把原子当作假设性基层而引入。所以，我们的主要目的不是分出事物的根本元素，而是建立某些简单的、根本的过程，然后从这些过程中推导出各种各样的过程。所以，我们理解了原子是如何在它的现代物理应用中越来越失去其物质性方面，理解了它是如何变为以太中的涡流运动，然而这些运动的特征满足不可毁灭性和物理上的不可分割性这两个条件。特性的公设是不可避免的，但在此满足它的不是某种物质基层，而是永恒的运动形式。看起来，对于任何一种到目前为止还被认为是简单的物理过程，当我们从一个新的观点重新来看它时，它就是多个条件的结果，而且我们拿来作为基础的这个基层也立即被分隔开了。所以，当惯性不再是物体的绝对属性，而是从电动力学定律演绎出该属性的方式，那么迄今为止还是物质的原子就毁灭了，变成了一个由电子构成的系统。但是我们只能把以这种方式形成的新整体当成相对的，当成在原则上是可变的。对物理关系的进一步分析，总能使我们在这些关系的主体内看到新的规定性和差异。所以我们可以说，原子概念的内容可以被当作可变的，但是属于它的一个功能仍然不变，也就是在任何给定时间定义知识的条件，并把这个条件带进它最为丰富的知性表达中的功能。只有作用点变了，但是规定这个整体的过程仍然没变。原子的"简单性"根本就是一个纯粹的逻辑谓词，对它的规定参照了我们的感官区分能力或者"技术—物理"的分析手段。每一个分析，每个把一个大范围带入一种新联系的过程（在"放射性—活动现象"的基础上，这尤其可能出现在现代物理学中），都改变了我们对物质"构成"的认识，以及对构成物质的元素的认识。我们所定义的新整体，经常只是表达了相对最高和最综合的判断观，通过这个观念，我们理解了全部的物理事物和过程。

以太的概念。当我们从物质概念转移到自然科学的第二个基本概念，也就是以太的概念时，就看到了一个类似的发展。这里最先出现的困难都源于一个事实，即为了给概念一个确切的内容，我们必须利用某些特性，而这些特性起初都是通过与感官知觉对象的比较中得到的。相应地，以太作为一种完美的流体出现，同时具有绝对弹性物体的某些特征。起初，这两个方面的结合并没有产生任何统一的画面。极限情况本身，也根据我们的接近它的方向不同，根据我们以逐渐理想化的方式接近它时所采用的经验起点不同，而呈现不同的外观。只有当我们决定放弃以太的一切直接感官表象时，决定只把它当作某个物理关系的概念符号时，这里产生的冲突才能在原则上得以解决。当我们发现了一个物理现象，如光在某个空间点上的某个效应，我们就要把它的"原因"定位在不同于它的另一个空间点上。为了在这两个点间建立一个持续的联系，我们就会设想，在它们之间的空间中连续布满了某种可以用纯数值表达的属性，借此来为它们规定一个媒介。所有这种数值规定性，一起构成了我们在以太这一思想中所表达的根本认识。单一的和严格同质的空间，通过被我们赋予一个数字网络而被逐渐细分。通过为个别位置进行分级，并把它们安排进不同的"数学—物理"序列，我们就给了它们一个新的内容。只是表示一个安排原理的"空的"空间，现在则在某个意义上充满了许多其他规定性。而把这些特性纠集在一起的，则是一个事实：它们之间存在某种函数关系。物理学关于以太"存在"的所有知识，其实在根本上来说就是对这种联系的判断。根据电磁理论，光以太和传播电磁效应的以太是相同的。这是因为，我们研究光振动时所借助的方程在形式上与产生电介质极化的方程式是一样的；另外，常数值尤其是传播速度常数是互相一致的。对于光学和电子常数之间的联系具有同一基层的这个假定，在这里也只是数学关系全面类比的另一种表达。物理学越是包容地和有意识地利用以太概念，我们就越能清楚看到，如此指明的对象不能被当作孤立的单个感知事物，而应当作客观有效的、可测量的关系的统一和集中。

物理对象概念的逻辑形式。科学的实体概念从开始到现在发生了一些变化，如果我们再次研究这些变化，它追求的单一目标就清晰地显现了出来。当客体的一切存在性特征都被剥去时，我们确实看到了实在的真正贫瘠。物体不仅失去了颜色、味道和气味，还失去了它的形式和大小，最终缩成一个"点"。①笛卡儿以"蜡"为基础做出了他著名的物体概念分析，其中蜡从一个固定的、温暖的、明亮的、散发着气味的物体变成了具有某些轮廓和维度的几何形状。知性过程并没有停留在这样的简化上，而是继续深入，直至尺寸本身在外观上变成了力的简单不可分割的中心。如果我们认为自然科学的目标是照着外部真实这个葫芦画出最完美的瓢，那么这种逐次变换肯定就是荒谬的。科学引入的每个新的理论，都会使它离自己的目标更远。由于这个独特的方法，本该原样保留和确证的经验存在，就面临着逐渐消失的风

①吕西·庞加莱在描述"电子"，也就是在描述"物质"的基本元素时说："我们只能把电子当作一个简单的、不含物质的电荷。我们起初的研究让我们给氢原子一个质量，但很少让我们给电子一个质量，现在的研究则表明，所谓的电子质量是子虚乌有的。运动电子或变速的电子会产生电磁现象，这个现象在某种程度上就像惯性，它使我们误入了歧途。所以，电子只是在某一以太点上的特定小体积，它拥有特殊的性质，而在这个点上有一个小于光速的速度。"

险。事实上，我们不可能在这里折中，因为要获得科学联系的精确度和完美的、理性的清晰度，我们就必然失去直接的事物般的实在。然而，实在和科学概念的这种相互关系给这个问题提供了答案。只有科学不再尝试以直接感官的方式复制实在，科学才能把这个实在表示为原因和结果间的必然关系。只有超越给定的范围，科学才能建立一种知性手段，进而根据定律表示给定的事物。元素是符合定律的感知秩序的基础，但它们从来都不是这些感知的构成部分。如果自然科学的意义只是复制在具体感觉中给出的实在，那么它注定会徒劳无功，因为无论多完美的复制品，都不可能在精确度和确定性上媲美原件。复制会让感知的逻辑形式一成不变，而知识不需要这种复制。它并未在感知世界后面想象一个从感觉材料中跳脱出来的新存在，而是选择了追溯普遍的知性框架。正是在这个框架中，感知关系和联系才能被完美地表示。原子和以太、质量和力都只是这个框架的例子，它们越是出色地完成了它们的目的，其所包含的直接知觉内容就会越少。

物理对象概念中的"真实"和"非真实"元素。 如此一来，关于此概念我们就有了两个不同的领域，在某种程度上说是两个不同的方面，它们分别对应表示存在的概念和只表示一种可能联系形式的概念。然而，这里并没有什么形而上学二元论，因为尽管两个领域的项之间并没有什么直接相似性，它们却可互相指称。数学物理的秩序概念只是对经验存在关系的全面知性研究，此外，它们没有其他意义和功能。如果与经验存在的这一联系毁掉了，一个双重矛盾就会出现。在我们经验世界的后面出现了一个绝对物质的领域，这些物质本身就是一种事物，然而我不能用理解经验事物那样的知性方式去理解它们。物理"真正的真实"，隔着一段距离而作用的力和原子所构成的系统，大体上仍然是不可理解的。我们不可避免地会想，在外部存在一些不可表征的东西，由于我们不能进入这种"外现象世界"，也就永远不能得到它们。所以，直接经验世界就黯淡成了一个影子；而另一方面，我们用它交换来的东西则作为一个永远不可理解的谜，仍然留在我们面前。"绝对事物的多种形式不是表象系统中的窗户，所以不能提供一个观察外现象世界的角度。它们只能说明，我们的内现象监狱的墙壁有多么坚固。"物理本身，随着它的持续和必然的进步，开始走向一个永远不可研究的领域：一个"*terra nunc et in aeternum incognita*"。 而在这个问题的另一方面，我们仍然无法理解，当我们的物理概念通过超越"表象系统"形成时，我们又怎样能准确返回这个系统，或者，我们又怎样能在概念的基础上把握它，这些概念明显与它的真实内容相矛盾。然而，只要我们不再为物理概念本身而考虑它们，而是在某种程度上在它们的自然族系中参照数学概念来思考它们，那么所有这些疑虑都会消除。事实上，物理概念只能推进一个在数学概念中开始的过程，而这个过程也在此得到了完全的阐明。只要我们在给定事物中去为数学概念寻找某种表象性的关联对象，那么就不能理解数学概念的含义。只有当我们把概念当成对一个纯粹关系的表达，而这个关系决定了一个杂多各项间的统一和连续联系时，我们才能理解这个含义。物理概念的功能也在这种阐释里才首先变得明显。它越是放弃每个独立的感知内容和一切描述性的东西，它的逻辑和系统功能就越清楚。一般世界观的"事物"在特性中丢失的一切东西，又在关系中重获了。因为这个事物不再是孤立的而是通过逻辑绳索与总体经验密不可分地联系在了一起。每个具体的概念，在某种程度上都是这样的一条绳索，上面绑缚着真实经验，然后把它们与未来可能的经验连接在一起。一旦我们把物理对象包括物质和力、原子和以太当作思维产生的工具，只是为了帮助我们把混乱的现象理解成一个有序和可测量的整体，那么它们就不能再被误解为有待研究的许多新实在，或者其内在本质有待被洞察的实在。所以，我们只收到一个可以以不同方式进入意识的实在，我们曾一度通过它的感官直觉特征而思考它，但是把它当作在感官上是孤立的。然而从科学的观点来看，我们只是保留了其中的那些元素，这些元素构成了它的知性联系和"和谐"的基础。

非存在的概念。在物理的历史上，我们可以看到伟大的经验主义研究者是如何越来越有意识地把知性对感官性的独特渗透当作一个逻辑见解。德谟克利特首先创造了科学自然观的普遍图式，也抓住了内在于其中的哲学问题。要表示运动，我们需要"空"，然而，虚空本身并不是感官给定的，不是事物那样的实在。所以，我不可能像埃利亚理念论曾尝试过的那样，只把科学思想与存在联系起来，非存在是一个同样必需且不可避免的概念。没有这个概念，就不能在知性上驾驭经验实在。埃利亚学派否定了非存在，这不仅剥夺了思维的一个根本工具，还毁掉了现象本身，因为他们放弃了在它们的多样性和易变性中理解它们的可能。所以，非存在这一思想并非一个辩证构建物，而是相反，当推断性理念论过于极端时，它是保护物理免受伤害的唯一工具。就算事实本身被当作一切知性认识的最高标准，就算概念的唯一目的只是使运动事实以及自然事实变得可理解，我们也必须承认，这个事实中包含了一个直接直觉没有的环节。虚空是现象所必需的，尽管它和具体现象没有相同的感官性存在形式。在"真"的概念中，这种感官性的"无"与"有"有同样的位置和同样不可违背的有效性。相比具体的事物，存在属于科学原则，它在这里首次得到了清晰定义。物理概念是通过两个对立来定义的：一方面，与形而上学推断对立另一方，面与无章法的感官感知对立。几何空间在这里是一个纯粹关系概念的例子和类型。因为它把原子连接在一个整体中，并且使它们之间的运动和相互作用成为可能，它大体上可以作为这些原则的一个符号，这些原则决定了真实的、给定的事物，但它们本身不是这个直觉实在的组成部分。感觉混搅在冷热、苦甜的"常规"和主观对立中，它们并没有穷举客观全部。因为这个整体只能在数学函数关系中完成，而这种关系是感官所不能把握的，因为感官只局限于个别中。

物质和观念和伽利略的惯性概念。 现代物理学原封不动地保留了这些原则，所以，伽利略作为一个实验研究者时支持阿基米德的理论，但在哲学观上，他便倒向了德谟克利特。和后者一样。他通过理解必然性而去理解自然。只有"固定不变的、真实和必然的事物"才是科学研究的对象。然而对他来说，真理的概念不同于实在的概念。阿基米德关于螺旋的命题仍然是成立的，尽管有时在自然中并不存在一个做螺旋运动的物体，所以同样地，在创立动力学时，我们可以预设一个向某个确定点前进的匀加速运动，然后概念性地推导出所有结果。如果经验观察与这些结果一致，也就是说，在真实物体的运动中也发现了理论从假设性假定中所得的那些关系，我们就可以放心地把这些原本是纯粹知性的条件当成在自然中得到了满足。但是就算这些条件没有在自然中得到满足，我们的假定依然也是有效的，因为它们并未自在自为地包含关于存在的断言，而只是把某些理想结果与某些理想假设联系在了一起。这个一般思想在伽利略的理论中得到了重大应用，并且维护了他的最高动态原则。对于他来说，惯性定律完全具有一个数学原理的特性，尽管它的结果可用于外部实在的关系中，它们也绝不是对一个经验给定事实的直接复制。它所说的条件实际上从来未被满足过，而只是通过"解决方法"得到的。所以，在"两个世界体系的对话中"的一点上，当辛普利西奥准备承认，一个不受任何外力的物体，只要它本身是永恒材料做成的，那么它就将在一个水平面上保持一恒速永远运动下去，此时萨尔维亚蒂—伽利略指出，这个假定对于惯性原理的真实含义不具有任何意义。具体物体的物质构成只是一个偶然性的外部条件，它绝不能用在演绎和证明原理时。对于伽利略，惯性——就像德谟克利特虚空一样——是一个公设，我们要对现象做出科学解释时必要用到它，但是它本身不是外部实在的一个具体可感知的过程。它指的是一个观念，是为了组织现象而构想出的观念，它和这些现象在方法论上并不在同一平面上。因此，这个运动不需要任何真实的下层，而只需要一个虚构的下层。精确表达这一原理的真正主体是力学的"质点"，不是我们感知世界中的经验物体。我们看到了，现代科学在这里是如何把德谟克利特的根本思想保留了下来，而目的只是在某种意义上超越它。因为"空"概念中的东西在此被运输到了物质概念中，运输到了 $\pi\alpha\mu\pi\lambda\eta\rho\varepsilon\zeta$ 中。在纯粹物理的意义上，物质不是感知的对象，而是构建的对象。我们给它的固定轮廓和几何确定性之所以是可能的，是因为我们超越了感知领域，到达了它们的理想边界。物质只是精确科学的对象，它从不作为"感知"而只能作为"思想"存在。"当我们认为空间是客观的，物质是占据它的东西时，"一个有着严格"经验主义"倾向的现代物理学家说，"我们其实主要是在几何符号的基础上建立了一个结构。我们把思想中的形式和体积投射进感知。我们对这个结构中的概念元素如此熟悉，以至于把它和感知实在本身混为一谈。占据空间的是概念性的体积或形式，我们认为运动的东西是这个形式而不是感官印象。"所以，物质的概念所遵循的法则，也在普遍意义上描述了科学原理的逻辑形成过程。感官特性不再是其意义的任何基本构成部分。即使是"重量"这一元素，起初看起来是它不可分割的一部分，现在也在物质概念向纯粹物质概念的过渡中开始从属于它，开始被排除在它的组成部分外。从质量出发，我们到达了质点，后者可以用某个数值、某个系数进行区别。物质本身变成了观念，逐渐被限制在数学产生和确认的理想概念中。

六、 时间和空间的概念——牛顿的绝对空间和绝对时间的概念——纯粹力学的参照系——用恒星代替绝对空间——"知性实验"和惯性定律——施特莱恩茨的"基本物体"概念——诺依曼的理论：第一物体——作为

数学理想的空间和时间——赫兹的力学系统——构建和约定

时间和空间的概念。纯粹力学的结构可以根据作为起点的根本概念有什么种类和多少数目，通过不同的方式逻辑地获得。经典力学首先出现在牛顿的《自然哲学的数学原理》中，其基础是空间和时间、质量和力的概念，但在现代理论中，能量概念代替了力的概念。海因里希·赫兹的《力学原理》最终阐释一个新的观念，其基础只是三个独立概念：时间、空间和物质。他想通过引入无形物质和感官感知物质，而从这三个概念中演绎出全部的运动现象，把它们当成遵循某些法则的一个可理解整体。即使可能有多个起点，我们也能清楚地看到，我们形成的关于自然实在的"图像"不仅依赖感官知觉资料，还依赖我们引入知觉的观念和公设。其中，时间和空间在不同的系统中都均匀出现，所以对于每个物理理论的建立，它都构成了一个固定不变的部分、一个真正的常量。正是由于时空的不变性，两个概念乍一看都具有感官内容，因为感觉从来不出现在这些形式之外，另一方面还因为这些形式从来都离不开感觉，所以这两个环节的心理性统一和彼此渗透就立即使它们得到了自己的逻辑身份。理论物理以牛顿为开端，而这个开端毁掉了这个表面上的统一性。此处强调，我们按照直接感觉的方式和数学概念的方式分别去理解时空时，所得到的理解是不同的。只有在后一种解释中，它们的真实性才能得到肯定。绝对的、静止的空间和绝对的、均匀流逝的时间是真正的实在，而内外部观察提供给我们的相对空间和相对时间只是感官上的，因此也就是经验运动的不精确量度。这种感官量度在服务实际目的时是令人满意的，但物理研究的任务则是从这些感官量度出发，进入到它们所表示的实在。如果存在客观的自然知识，那么它就必须把宇宙的时空秩序表示出来，不仅要表示出一个有知觉个体在他的相对角度所看到的秩序，还要表示出这个秩序的绝对普遍形式。这个纯粹概念单独就可以给出这种普遍性和必要性，因为它是从所有的差异中抽象出来的，而这些差异则建立在个别主体的心理学特征和特定位置上。

牛顿的绝对空间和绝对时间的概念。 从认识论的角度来看，"一般客观性"这一问题的首个科学规定性存在于对时间和空间的定义中，存在于这两个概念的感官含义和数学含义的对立中。我们还不能对这个问题进行全面思考，但是可以对它进行关键的、预备性的思考。我们可以清楚地看到，根本的物理思想中所存在的哲学对立在这个问题中表现得最为明显。为了解决物理基础上的这一普遍问题，围绕原理引起的争论经常会回到牛顿的空间和时间理论。如果绝对空间和绝对时间的概念在经验中没有对应的例子，那么这两个概念又有什么含义呢？如果我们不能把一个概念确切地应用到我们可得到的实在中，那么它还可以具有什么物理意义吗？只要我们没有一个靠得住的标志可以供我们确定一个真实运动的绝对或相对特点，那么在纯粹力学中确立绝对运动的定律这种行为看起来就只是一个空洞的知性游戏。如果不能知道一个抽象法则的具体应用条件，那么该法则本身就没有任何含义，因为我们正是凭借这些条件，才能把经验例子规整在它的下面。然而，在牛顿的理论中，这里仍然存在一个矛盾。自然科学的定律尤其会被认为是从给定事实中归纳出来的，它们在根本上是和客体相关的，而这些客体(如绝对空间和绝对时间)是属于一个不同于经验世界的世界，它们被当作无限神圣实体的永恒属性。随着自然科学的进一步发展，这个形而上学规定性也就退隐到了背景中，但是它所依赖的逻辑对立并未因此消除。在力学基础中，我们所假定的概念是否只能从经验物体和它们的感知关系中借来，或者要想把存在定律当作一个完美的封闭整体，我们是否必须在某个方向上超越经验存在范围。

纯粹力学的参照系。 所以，真正的困难就集中在这个问题上，力学概念的认识论理论已经不能足够清晰地指出这个困难。随着历史的发展，它已经取代了"绝对"和"相对"的对立，成为思考的中心。但是这个来自本体论领域的对立，并没有充分表达出这个急待解答的方法论问题。当然，很容易看到，"绝对"空间和"绝对"时间，如果牛顿的理论被当作数学概念，那么它们就没有排除任何一种关系。实际上，这正是一切数学构建物的基本特点，也就是说，它们本身没有任何含义，但是每个个体都只能在它与所有其他个体的全面联系中才能被理解。所以，想要理解一个"地方"，却又不把它和另一个与它不同的地方联系起来，或者说，想要确定一个时刻，却不把它当作一个有序杂多中的一个点，这些做法无疑是荒谬的。"这里"要想获得意义，必须参照一个"那里"。"现在"要想获得意义，必须参考一个比它或早或晚的时间点。在我们的时间和空间的概念中，没有哪个物理规定性可以违反这种根本的逻辑特征。它们中的每个特定构建物都只是一个位置，这个位置必须通过它与序列各项的联系来获得全部意义，从这个意义上说，它们仍然是关系系统。此外，绝对运动的概念只是在表面上与这个公设相矛盾。所有物理思想家在阐释这个概念时，都没有完全排除对参考系的考虑。出现争论的地方在于选择何种参考系是否这个参考系重要，以及它是经验给定的还是只是一个理想构建物。绝对运动这一公设并没有排除任何关联对象，而是假定了这种关联对象的本质，也就是说，把这一关联对象规定成不同于一切物质内容的"纯粹"空间。因此，这个问题就失去了它模糊的辩证形式，而获得了一个确定的物理含义。"相对性"和一般科学构建物密不可分，我们可以完全不考虑它，因为它构成了普遍的、自明的预设，这种预设对于解决特定问题都没有任何助益——但是现在我们要解决的，正是这种问题。首先，我们要确定，物理意义上的时间和空间是否只是感官印象的总和，是不是独立的知性"形式"；牛顿力学的基本公式所参考的系统是否可以被当作一个经验物体指出，抑或这个系统是否拥有一个知性存在。只要我们认可后一种观念，就会产生另一个问题，也就是如何调停物理的理想开端和它的真正结果。一开始，感官元素和知性元素处于一种抽象的对立中，我们需要把它们统一在一个普遍观点下，从而确定它们在单一的客观性概念中的角色。

用恒星代替绝对空间。乍一看，这些问题的答案似乎并不需要任何复杂的逻辑术语作为媒介。经验主义把这些问题解释为谬误，如此一来就避开了所有困难。在理解惯性原理时，如果我们不参考一些坐标系，不通过它们来指出直线匀速运动，这个原理实际上就是无意义的。但是我们不需要劳神费思地去通过概念演绎来建立这个不可缺少的基层，因为经验本身已经把它扔给了我们。恒星已经给我们提供了一个参考系，通过这个参考系，符合惯性的运动现象才能被论证，且论证精度具有经验判断所能到达的水准。这已经足够，我们不能再要求更多。如果我们不去参考恒星，而是用另一个系统代替，那么对于惯性定律会有哪些形式这一问题，我们是不会得到任何解答的。如果不存在恒星，那什么样的运动定律又会成立呢？如果我们不能把观察定位在它们上面，就不可能进行判断，因为我们在此面对的是一个无法在真实经验中实现的例子。世界不能被给我们两次：一次在实在中，一次在思维中。我们必须把它当作在感官知觉中给出的，而不去问它是如何在其他被我们以逻辑方式想出的条件下出现在我们面前。在马赫就此问题提出的这个答案中，这个经验观念的结果极为有力。根据这个观念，每个科学有效的判断都只能作为一个断言而获得其意义，并且这个断言应是关于一个具体的、真实的当下存在。感觉把存在揭示给我们看，而思维只能跟随感觉的指示，它绝不能超越这些指示，不能把仅仅是可能的、到目前为止还未给定的情况考虑进来。但是从各方面来看，尽管从假定的预设中必然产生这个推论，但该推论与科学过程这一已知事实本身相矛盾。根本的物理理论性定律，自始至终都是在描述那些不在经验中存在也不能在经验中给出的情况。因为在定律的公式中，感知的真正对象已经被它的理想极限所取代。通过它们而得到的认识，从来都不是来源于单单对真实事物的思考，而是来源于可能的条件和情形。它同时包含"真实的"和"虚拟的"过程。这一点在虚拟速度原理中有非常清楚的表达。自拉格朗日以来，虚拟速度原理就组成了解析力学的真正基础。一个物质系统的运动，不需要能真实地实现。它们的"可能性"只是指，我们可以知性地阐述它们，同时不会让它与这个系统的条件发生冲突。随着物理原理的进一步发展，这一方法论方面也变得更加清楚。在现代热动力学的发展过程中，虚拟变化原理已经突破了它原先的限制，不再局限于力学过程，而是转换为一个普遍原理，该原理同等包含了所有的物理领域。现在，我们不再把一个系统的虚拟变化只当成是它个别部分的无穷小空间位移，而是也把它理解为温度的无穷小增减，是一个导体表面电量分布的无穷小变化。总之，只要它和系统必须满足的一般条件一致，我们就把它理解为是一个可变量的基本增减，其中，这种可变量必须可以用于描述系统的整个状态。至于涉及的变换是否可以物理地实现，在此并不重要，因为我们的知性操作直接实现的可能性和我们的理论演绎的有效性完全无关。"如果在演绎的过程中，"杜海姆说，"该理论所参考的量需要进行某些代数变换，那么我们不需要问这些计算是否有一个物理含义，不需要问具体的度量方法是否可以直接转换为具体直觉的语言，并在这种转换中与真实或可能事实对应。提出任何此种问题，就等于完全错解了一个物理理论的本质。"惯性原理的发现和提出就完全印证了这个认识。伽利略至少完全相信，他所使用的这个原理不是起源于对某一具体种类的经验性真实运动的思考。有人反对说，惯性定律的有效性预设了恒星的永恒存在，对于这一异议，他会像回答辛普利西奥那样说：恒星的实在，就像运动物体本身的实在一样，是属于研究活动的"偶然和外部"条件，这些条件决定了该研究活动的真正理论性判定。伽利略的理论从"思维构想"切入，而恒星的存在并未进入这个思维构想。匀速直线运动的概念纯粹是在抽象的运动论意义上引入的，它与任何物质性物体无关，而只和几何与算术所提供的理想框架有关。我们从这种理想概念中演绎出的定律是否适用于感知世界，这一点必须最终由实验确定。假设性定律的逻辑与数学含义，与在真实给定事物中的验证形式无关。

"知性实验"和惯性定律。 这一演绎其实是伽利略做出的，为了在逻辑上为该演绎辩护，我们最终还是需要诉诸马赫自己。马赫阐述了一般物理方法，其中"知性实验"便占据了重要的一席。他强调，所有确真有效的物理研究都把知性实验当成它们的必要条件。我们必须预期（至少在一般特征上）实验的某种特定安排所产生的结果，为了给观察本身指出一个确定的方向，我们必须比较可能地决定因子并知性地改变它们。正是这种知性改变某个特定结果的决定因子的方法，首次使我们对事实领域进行了一场完全清晰的审视。在此，每一个环节的含义都首次变得清楚了，感知首次被解析成了一个有序的复合体。而在这个复合体中，我们理解了每个部分在整体结构中的意义。基本特征决定了它会根据法则做何行动，这些特征不同于那些偶然的特征，后者可以随意变化，而其在变化的同时又不会影响真正的物理演绎。我们只需要把这些思考都应用到对惯性原理的发现和表达上，可以认识到，这个原理的真正有效性并不受任何确定的物质参考系制约。即使我们发现这个定律是在恒星的情况下首先得到验证的，也没有什么东西能妨碍我们摆脱这个条件的束缚，因为我们知道，我们可以允许原始基层随机变动，而该定律本身的意义和内容并不受该变动的影响。马赫起初的异议所依赖的假定，也就是思维绝不能超越给定事实这一假定，现在已经被抛弃了。"知性实验"这一方法包含了一个独特的思维活动，凭借这个活动，我们可以从真实情形过渡到可能情形，并且可以着手去规定它们。在经验的过程中，我们会出于某些原因，而给恒星本身赋予某些运动，尽管如此，惯性定律的逻辑含义也很明显，仍会保持不变。纯粹力学原理不会因为这些原因而失去它们的有效性，而会完全保留在新的定位系统中，而此时我们将不得不找到一个系统。如果这些原理只是指出了运动物体相对于某个经验参考系的关系，那么这个转移就算是在思维中也是不可能的。根据马赫自己的假定，他没有把恒星当成一个要素——一个参与了惯性定律概念表达的要素，而是把它们当成一个决定着惯性定律的因果性因子。[①]在一个只表达了特定物理对象间关系和互相作用的公式中，如果两个因子中的其中一个被另一个因子代替了，那么这个关系本身必然获得一个全新的形式。如果惯性定律的有效性像那些特定物理个体一样取决于恒星，那么在逻辑上就会很难被理解——为什么我们要扔掉这个联系，跨入另一个参考系。在这情况中，惯性原理与其说是运动现象的普遍原理，还不如说是一个断言，该断言针对的是一个给定的、经验性的物体系统的特定特

---

① "对一个自由物体施加一对瞬时力，如果这个物体的中心是固定的，那么它的中心椭圆就会旋转，并且不会在与这对力所在平面平行的切面上滑动。这种运动是惯性的结果，这个物体在参考天体的情况下做出了非常奇怪的旋转。没有这些天体，我们就无法描述这个运动。现在我们是否认为这些天体不会影响运动呢？在描述一个现象时，一个人必须明确的或默默指明的东西是否属于基本的条件，是否属于这些条件的因果关联呢？在我们的例子中，远方的天体不影响加速度，但是影响速度。"

性和"反应"。那么，我们又怎么能期望，在具体个别事物中发现的物理特性可以与它们真正的"主体"相区别，并转移到另一个事物中呢？无论如何，在这个例子中，我们看到经验主义和经验方法（*Empirie*）是不同的。根据经验假定，惯性定律的唯一含义绝对和它起初在力学中所确真实现的含义和功能无关。在这里，力学的逻辑原理并未被理解和解释，而是被放弃了。

施特莱恩茨的"基本物体"概念。 只要我们想要通过指出以某种方式存在于真实事物中的参考系来给惯性定律一个固定的基础，那么原则上就有人可以提出这个异议。施特莱恩茨尝试把任何以随机的和经验的方式给定的物体当成这样的参考系，只要这个物体满足两个条件：不旋转，不受外力影响。我们可以通过某种度量工具来确定它是否旋转，施特莱恩茨把这种工具叫"回转式罗盘"。一个物体的每个"绝对"旋转运动都会产生一些物理效应，这些效应可以直接观察和测量。关于第二个方面，也就是是否有外力，想要做出一个同样直接和积极的判定就不可能了。在这个方面上，我们必须满足于一个事实：如果一个点相对于一个物体在同一方向上运动，那么只要观察到它的直线运动或匀速运动发生了变化，我们就可以指出一些外部物体是这个变化的起因，指出是它们通过与运动点本身或假定参考系的相对位置而引起了这个变化。如果现在我们把上述两个条件所定义的物体，也就是既无旋转运动又完全独立于周围物质的物体，当作基本物体（FK），那么我们就在这个物体中拥有了一个合适的系统。通过参考这个系统，作为物理学基础的动态微分方程就可以得到满足。这些方程的一般形成方式使它们具有逻辑不确定性，但在这里，它们获得了一个固定且确切的含义。尤其是惯性原理，对它我们现在可以如此表述：每个不受外力的点都相对于这个基本物体做直线匀速运动。

然而很容易可以看到，此处着手的演绎，建立在真正的逻辑和历史关系的转换上。如果施特莱恩茨的理论是正确的，那么力学原理不过就是归纳，我们在具有确定物理特性的具体物体中验证这些归纳，并且认为它们对于所有同类物体都可能是成立的。这些原理还声称拥有严格的普遍性，真是荒谬我们不清楚是通过什么权力，把它们当成与观测事实相对立的公设，让它们来预先确定我们的解释方向，而不是在这些原理(实际上只能通过确切的观察得到这些原理)与新的经验有出入时去变换它们。即使我们从这一点中抽象，起决定作用的也是这样一个思考：如果基本物体和基本坐标系的含义先前未在理想构建中确立，那么它们就都不是经验事实。施特莱恩茨把这些表面上纯粹的归纳当作他的理论基础，如今，这些归纳已经被解析力学的基本概念所指导和支配。只有在这些概念的假定上，我们才能理解上述两个方面的含义：不做旋转运动和不受任何外力，都是经验标准，通过它们我们可以确定一个确切给定的物体是否满足我们先前独立确立的理论预设。特性是我们确定个别情况是否可以被包含在一个确切法则下时所依赖的标准，它在逻辑上与那些决定该法则有效性的条件严格分离。惯性这一理念不是来自对具体物体的观察，虽然在某种程度上，我们可以从这些观察中感官地读出这些物体在不受外部影响时的特性。相反，要解释这一理念，我们必须承认一个思想，即我们寻找这类物体，然后在我们的经验实在结构中给了它们一个特殊的位置。所以，只要施特莱恩茨想要建立力学的真正基础，他的努力就包含一个循环。因为他的理论基础是实验和经验命题，而这两者已经默认了将被推出的原则。历史已经表明，解析力学出现时并没有这些实验，相反，这些实验的概念却只能以力学为基础。

诺依曼的理论：第一物体。所以，如果我们仍然要求惯性定律与一些物质参考系联系，并且要解释力学的理性结构，那么我们就只有一条路可走，也就是假定一个不是在经验中给出的未知物体，并参考它来解释基本的动力学方程。诺依曼在研究伽利略—牛顿理论的原理时，最先阐释了这一思想。他不仅解释了基本的物理问题，而且清晰的表述了方法论问题。诺依曼认为，伽利略理论的原理只能在它的概念意义中通过假定一个确定的存在背景来理解。如果有一个世界，在其中的某个未知空间点上存在一个绝对刚性的物体，且该物体的形式和量在任何时间都不发生变化，那么在这个世界中，也只有在这个世界中，我们的力学命题才变得可以理解。"伽利略说，一个不受外力的质点将做直线运动，这似乎是一个没有内容的命题，是一个悬在空中的命题，要想理解它，我们就需要一个确定的背景。宇宙中有一些特殊物体必须作为一个判断基础、一个参考物体而被给出，通过参考这种物体，我们才能评价一切运动。只有在这时，我们才能够把一个确切的内容和该理论联系起来。我们可以给予什么样的物体这个地位呢？遗憾的是，伽利略和牛顿都没有给出这个问题的答案。但是当我们仔细检查他们所建立的、持续发展到今天的理论结构时，我们就发现了这个结构的基础。我们可以很容易认出，出现在宇宙中的或可以构想的运动，都和这同一个物体有关。在哪里才能找到这个物体呢？什么理由能使我们给予这个物体如此重要的地位呢？无论何时，我们都无法回答这个问题。"我们不应该期望能在物理学中证明这个独特物体的存在，这个物体被诺依曼称为"第一物体。"因为实际上，这个证据在本质上是纯粹本体论的。"单一的逻辑参考点"这一公设，变成了"经验未知的存在"的断言。虽然这个存在的本质是物质的，但我们赋予了它本体论论证所使用的一切谓词：它不变、永恒和不可毁灭。一方面，我们从纯粹思想中演绎出了一个具有绝对特性的存在，另一方面，其中出现了一个相反的特征，也就是说，我们理想概念的可构想性取决于存在的确切特性。如果我们假设第一物体可以被自然力毁灭，那么力学命题不仅会变得不可用，甚至会变得不可理解。数学提供给我们的方向的严格不变性这一概念，以某一速度匀速运动的概念，都将立即失去一切意义。所以，不仅是确定的物理结果，就连最为重要的逻辑结果也会与外部世界的一个过程相联系。如此一来，我们的基本数学假设本身是否有意义，就取决于一个真实空间事物的存在或不存在。但是，如果这些普遍的数学谓词的含义还未确立，我们又怎么能够对一个物理实在做出一个理性判断呢？对于这些问题，第一物体的拥护者最终只能给出一个答案。他们能回答的不是第一问题的存在，而是对这个存在的假定，正是这个假定决定了我们数学概念的有效性。这个假定不能从我们这里获得，因为它是我们科学思想的一个纯粹公设，只遵循自己的规范和法则。然而，这个答案把这个问题放在了一个全新的基础上。如果我们有能力处理理想假定，那么我们就不会理解这个方法为什么会被限制在对物理事物的假定中。与其假定第一物体，不如假定（在逻辑上以唯一无异议的和可理解的方式）纯粹空间本身，并且赋予它确切的特性和关系。在这里，我们也进入了一个循环。思维的内在必然性已经带领我们返回起点，而这正是我们开始怀疑力学原理形成过程的地方。

作为数学理想的空间和时间。当我们决定一开始就完全阐明我们的知性公设，而不是让它们不明不白地进入演绎过程，我们就首次避开了这个窘境。力学的绝对时间和绝对空间不涉及存在问题，就像纯粹的数学数字或几何直线一样。在这些概念的稳妥持续发展中，产生了绝对空间和绝对时间。伽利略着重强调，一般的运动理论不是应用数学而是纯粹数学的一个分支。匀速运动和匀加速运动的运动论概念并不原始地包含物质性物体的感官特性，而只是定义了空间量和时间量之间的某个关系，这些量是根据一个理想的构建原理而产生并彼此联系的。所以，在表达惯性原理时，我们可以首先依赖一个概念性的参考系统，并赋予这个系统所有需要的规定性。通过概念性定义，我们就创建了一个空间"惯性系统"和一个"惯性时间尺度"，并把它们都当作进一步思考运动现象和它们互相关系的基础。所以，我们并没有把绝对空间和绝对时间实体化为超越性事物，它们仍然是纯粹的功能，通过它们我们才有可能获得关于经验实在的精确知识。我们必须认为原始和单一的参考系具有固定性，而这种固定性不是一个感官特性，而是一个逻辑特性。也就是说，为了使它经过一切计算变换后仍能保持同一和不变，我们已经把它当成概念予以确认。我们指望的理想轴系统就满足这个基本公设，这个公设需要和一切外在于"基本坐标系"的力保持独立，毕竟，力怎么能影响线、影响纯粹的几何图形呢？当我们在知性抽象中把这些线当作绝对常量时，我们就从它们中发展出了一个普遍的图式，这个图式涵盖了一切可能的空间变化。只有经验能够最终决定这个图式是否适用于真实的物理事物和过程。在此，我们永远不可能把基本假设孤立起来，不能认为它们在具体感知中单个地有效。我们只能间接地在总体联系系统中证明它们是有效的，而这个联系系统是它们在现象中产生的。我们阐明了"惯性系统"的规定性，解释了与它纯粹在理论中相联系的数学结果。只要任何经验给定的物体符合这些规定性，我们就认为它具有"绝对的"静止和"绝对的"固定性。也就是说，我们确认，一个不受外力的质点必然相对于那个物体做匀速直线运动。但是同时，我们知道这个公设从未在经验中精确实现过，而总是在某种程度上近似地实现。就像不存在真实的直线，也就是能满足纯粹几何概念的一切特性的直线一样，这世界上也不存真实的、在各方面都符合惯性系统力学定义的物体。所以，我们还不确定是否可以通过一个新的参考点，在观察系统和演绎系统间建立一个更接近和更精确的对应。实际上，这种相对性是必然的，因为它处于经验对象这一非常概念中。它表达了一种必然差异，这个差异仍然存在于我们制定的精确概念性定律和它们的经验实现之间。任何给定的物体系统(如恒星系统)都是静止的，这一认识并不是指一个可以通过感知或度量来直接确证的事实，而是指，我们可以在物体世界中发现一个表示某些纯粹力学原理的范例，这个范例可以明显地证明和表示这些原理。恒星和真实世界中的运动物体处于联系之中，这些联系完全遵循这些命题，并且可以在其中得到充分表达。单个的连接质点，也就是我们在其上连接了运动方程的质点，可能会发生变化，然而，它与一个确定的力学和物理学定律系统的基本关系是恒定的。类似地，通过依靠能量守恒定律和引力定律，我们用一个更为精确的时间尺度来代替恒星日提供的不完全精确的尺度。时间的单位被当作"绝对"精确的，它的应用使我们一方面可以避免能量原理在理论要求上的矛盾；另一方面可以避免实际观察到的月球正加速远离地球这一现象和牛顿定律所计算出的结果之间的矛盾。所以，这仍然和绝对时空的物理概念有关。这些概念的含义不在于它们剥离掉了任何关系，而在于它们把必然假定的参考点从物质世界搬进了理想世界。那个我们想要在其中寻找知性定位的系统，不是个别的感知物体，而是一个理论性的和经验性的法则系统，我们认为正是这个系统决定了所有的具体现象。

赫兹的力学系统。莱布尼茨确证了绝对空间和绝对时间概念的这种含义，指出了它的一般特征。对他来说，这两个概念都只是用另一种方式表达了空间和时间的全面规定性，这个规定性也是我们给所有存在和过程提出的要求。就算宇宙中不存在任何严格均匀的真实自然过程，或任何固定或不动的物体，我们还是要求这个规定性。理论上说，我们总能得到它，因为我们总是可以把我们知道规律的变速运动与某种假设的匀速运动联系起来，并且在这个过程的基础上提前计算出不同运动联系的结果。这里所假定的理论和经验间的关系，在海因里希·赫兹的现代力学系统中得到了最明晰的表达。赫兹只是把空间和时间当成提供给"内部直觉"的东西。对它们所做的断言是"康德意义上的先验判断"，这些断言从不会诉诸感官感知物体。在第二卷中，我们从几何和运动学转到了物质系统力学，也只有在这里，时间、空间和质量才被当作外部经验客体的符号。然而，这些经验对象的特性不能与前述那些特性相矛盾，在前面，我们把那些特性当成属于这些量的内部直觉形式或通过定义而把它们当作这些量的特性。"所以，我们就时间、空间和质量的关系所做的断言，就不应该只满足我们的思维要求，而应同时响应一切可能的尤其是未来的经验。如此一来，这些断言就不仅依赖我们的直觉和思维规律，还依赖原先的经验。"把固定的度量单位当作一个基础，尤其是在这个领域内，并且相互比较其对应的经验性空间、时间和质量，如此就会得到一个普遍的配位原理。通过这个原理，我们可以让某些数学符号与具体感觉和知觉确切对应起来，借此把给定的印象转换成我们内部知性画面的符号性语言。这些最终的度量单位必然具有不确定性，但这种不确定不是指图像，也不是指变换和关联法则，而是指每个被复制的外部经验。"我们不是说，感官确定的时间不如用最好的计时器所测量的准确，感官确定的位置不如用最遥远的恒星坐标系精准，感官确定的质量不如最好的称所称量的精确。"我们可以用从直觉和思维规律中建立的结构获得一切元素的完美确定性，然而在经验现象的领域，这种确定性只是一个假设。我们用抽象的动力学概念和原理的"有效性"来衡量经验的"真实性"。我们预设了恒星的静止性，然后在这个预设上解释世界的秩序，只要在参考系下真实观察到的运动都极为接近这些公设，也就是力学用来描述"绝对运动"概念的公设，这个秩序对于我们来说是事物的真正秩序。即使这个条件不能被满足（我们必须在计算和假定中把这当成一个可能情况），构建活动所遵循的公理、理想，也不会在含义上完全受到影响，只不过它的经验实现会被转移到另一个地方。

所以，绝对空间——如果我们不是指力学的抽象空间，而是指物体世界的确定秩序，从来都不是给定的，而是需要寻找的。但是在这里，我们知识的客观含义并未减少，因为，正如一个更为鲜明的分析所示，在教条的"实证主义"意义上，相对空间也不是给定的事实。当我们把物质放在它们的相互位置和相对距离中考虑时，就已经超越了感官印象的范围。当我们说"距离"时，严格地说，我们指的不是感官物体间的关系，因为我们可以从它们身上取这个点或那个点作为测量起点，而随着所选点的不同，我们也会得到不同的距离。为了获得一个精确的几何含义，我们必须通过把物体的所有质量都集中到一个重心上，进而用点之间的关系来代替物体间的关系转换直接的经验性直觉。实证主义对力学的"纯粹"空间和"纯粹"时间的质疑，最终什么也没证明，因为它们证明得过多了。对它们进行仔细的逻辑思考后，我们发现它们必定禁止在一个几何系统中表示物理给定的物体，这样的几何系统中包含了固定的位置和距离。物体的物理空间不是孤立的本质，它只能通过线和距离的几何空间才能成为可能。莱布尼茨在一个惊人而意味深长的说法中表述了这个关系。正如他的解释，在物体概念中安置的东西确实要多于在空间概念中安置的，但这并不意味着我们在物体中看到的大小在某些特征上不同于理想的几何大小。数字也是不同于全体被计数的事物，但是复数本身有同样的含义，无论我们是用纯粹概念性的术语定义它还是在一些具体例子中表示它。"在同样的意义上，我们也可以说，我们不必假设两种大小，即空间的抽象大小和物体的具体大小，因为具体只能从抽象中获得它的特征。"我们把经验资料印在我们构建的图式中，从而获得了一幅物理实在的画面，但是这个画面仍然只是一个示意图，而不是一个复制体，所以它总可以发生变化，虽然它的主要特征在几何和运动学概念中仍然保持不变。

构建和约定。实际上，当我们如此把实在断言建立在原先的构建物的基础上，似乎就把一个随机元素引入了我们的科学思考。当我们只把"惯性系统"和"惯性时间尺度"当成约定时，这些约定在经验事实中没有直接的客观性关联对象，而只是用来方便我们研究事实。这时候，我们实际上就引入了一个随机元素。庞加莱在研究时间量度的条件时，就非常果断地推导出了这个一般结果。当我们把任何自然现象当成绝对均一的，并且通过它来衡量别的现象，我们在从外部选项间做选择时就不会十分坚决。没有哪个时间尺度要比另一个更有效，我们所能为一个尺度所证明的，就只是它更方便。只要是关于我们原先的研究，这里所提的问题就没有最终答案，因为它已经超越了科学领域，转而进入到了一个陌生的方法论领域。科学的标准并不比真理的标准高，科学可以得到的也只是系统性经验构建的统一性和完整性。客体的任何其他概念都在科学的领域之外，甚至，当科学想去构思另一种客观性问题时，它也必须"超越"自己才能做到。存在的"绝对"有效性和科学知识的"相对"有效性之间的区别，从概念角度所认为的必然和从事实本质角度认为的必然本身之间的区别，都是指一个形而上学假定。在这个假定作为一个标准使用之前，我们要检测它的正当性和有效性。把理想的概念性创造物描述为"约定"，如此一来，这一描述就获得了一个可理解的含义，因为它承认了思维在它们中不只是被动地和模仿性地前进，而是具有了一种独特原始的自发性。然而这种自发性不是没有限制的，因为它虽然和个别感知无关，但是与感知系统的顺序和联系有关。确实，这个顺序永远都不会建立在排除任何选择的单个概念系统中，它总是会为不同的可能解释留下空间。只要我们的知性构建发生了扩展，把新的元素引入了自身，那么它的行进就不会是任意的，而是遵守一定的前进规律的。这个定律是最终的"客观性"标准，因为它告诉我们，物理的世界体系越来越容不下一切判断失误，而这些判断失误是个别观察者不可避免的，并且这个体系还在这些失误的地方发现了一个必然性，这个必然性被普遍当作客体概念的核心。

七、 能量的概念——能量和感官特征——能量和数的概念——功量度的概念——能量论的形式预设——兰金的能量学演绎——对物理"抽象"方法的批判——现代逻辑学的抽象问题——作为关系概念的能量——能量学和力学——作为性质科学的物理学

能量的概念。尽管空间和时间是构建经验实在所必需的，但它们毕竟只是表达这个必然性的形式。它们是基本秩序，是真实事物的排列秩序，但是它们并不规定真实事物概念本身。要为空

虚的形式填补具体内容，我们需要一个新的原理。从德谟克利特的、与虚空相对立的物质概念到现代力学概念中的最终逻辑定义，这个原理已经被人们使用不同的方式思考过。在现代定义中，我们似乎是第一次把实在固定在了我们脚下。我们有了一个可以满足真实独立实存所有条件的存在，因为它是不可毁灭的、是永恒的。能量论和所有物理理论一样，声称具有一个认识论优势。原子和物质是以前自然哲学客观实在的真实类型，通过进一步分析我们知识的资料和条件，现在它们被简化成了抽象概念。它们是概念性极限，上面连接着我们的印象，但是它们的真实含义并不能与直接感觉本身相比。在能量中，我们理解了"真实"，因为它是"有效"的。在这里，我们和物理事物之间不只是符号，我们不再羁留在单纯思维的领域，而是可以进入存在的领域。为了理解这个终极存在，我们不需要穿越复杂数学假设的迂回路径，因为它直接可以在感知本身中显现。我们感觉到的不是本身完全模糊的物质，把这种物质当成感官特性的"承担者"。我们感觉到的其实是具体效果，是外部事物在我们身上作用的效果。"我们看到的只是辐射的能量，这些能量使我们的视网膜发生了化学变化，而我们把这种变化感觉为光。当我们触摸一个固体时，感觉到的是指尖受压和挤压被触摸物体时涉及的力学作用。气味和味道取决于鼻子和嘴巴这些器官中发生的化学活动。无论在哪里，都是能量和活动告诉我们，外部世界是如何排列的，以及它有什么性质。从这一点上看，自然总体在我们看来就是在时空上可变的能在时间和空间中的分割，但是，只有这些能量进入我们的身体，尤其是进入我们用来接收确切能量的感觉器官时，我们才能获得关于它的知识。"我们现在已经不把"事物"

当作一个被动中立的特性基础。客体是它看起来的样子，是所有真实可能作用方式的总和。在这种理论中，纯粹哲学思考的规定性进入了科学思维的基础，但是思考的功能也因此受到了限制并被穷尽。因此，所有纯粹的推断性观点可以被严格地排除在外，而思考便成了对经验事实的复制。在这个任务取得的成就中，不含抽象或概念外壳的原始实在本身变得越来越清晰了。

能量和感官特征。关于这个概念，我们必然有一个疑虑。能的概念相比物质和原子的概念无论有什么物理优势，它们在逻辑上都站在同一平面上，并且同属一个思考领域。它们与感官给定物间的区别相似，也从相反方面说明了这一点。认为"能量"可以被看到或听到的观点，明显和认为理论物理的"物质"可以直接触摸和抓在手中的观点一样幼稚。感觉的量化差异才是给定的，也就是冷热、明暗、苦甜的差异，而不是功的数值差异。当我们用这种量和它们的相互关系来指感觉时，我们就等于把感觉翻译成了其他语言，能量论在机械世界观中就批评了这种翻译。测量一个感知就是把它变成另一个存在形式，用确定的理论性判断假定来处理它。能量论优于机械论的地方，绝不在于它可以脱离这些预设，而是在于它更理解这些预设的逻辑特征。教条的唯物主义不会完全排除假设，而是把它们变成事物的绝对特性。

能量和数的概念。如果以这种方式考虑这个问题，我们就可以看到，能量论从一开始就包含了一个动因，这个动因相比其他物理观点，更能使它免于直接实体化抽象原理的危险。从认知论的角度来看，大体上，它的基本思想不是回溯到空间的概念，而是回到了数的概念。理论和实验研究都同样指向了数值和数值性关系，因为后者构成了基本定律的真正核心。然而数不能被理解为物质，除非我们倒退回毕达哥拉斯派的神秘论。数只是表达了一个普遍的观念，我们在思想中通过它使感官杂多变得统一和均一起来。能量概念的演化给我们提供了一个理解一般知识过程的具体例子。我们看到，要把给定物进行数学客体化，第一步就是在某些序列性概念下去思考它。只有在一个根据某个观点而排序和分级的杂多中为给定物指定一个确切的位置，给定物才能在这个意义上"被确证"，进而才能成为知识的对象。但是自然知识的真正任务并未因此完成，其实在原则上它还没有开始。把感官杂多安插进纯粹数学结构的序列中时，只要这些序列还是彼此分离的，这种安插就仍然没有完成任务。只要是这种情况，流行的经验"事物"就不能在它的逻辑含义中被完全理解。对我们来说，用一个纯粹的数值表达单个的物理和化学特性，并把客体当成这种"参数"的总和是不够的。因为客体不只是特性的单纯总和，它还意味着这些特性的统一，因此也是它们的相互关系。起初，我们把给定物的内容安排进了序列，但如果上述假设要在科学中得到充分表达，我们就必须找到一个原理，一个能让我们按照一个统一定律把不同序列联系在一起的原理。热、运动、点、化学引力等起初都只是某些抽象类型，我们把它们与全部感知相联系。为了从这些类型过渡到对真正过程的表达，我们需要一个全面的媒介，借助这个媒介让所有这些不同的领域再次成为一个包容系统中的项。

功量度的概念。从这一点，我们可以探查能量论思想的一般含义。当我们根据一个精确的数值尺度来排列单个序列的诸项时，当我们找到一个恒定的、支配着序列间转换的数值关系时，数学物理的结构便在原则上变得完整了。无论是什么序列，只有完成了这个工作，其任意两项之间的关系才能被确定并被固定的演绎法则规定。此时我们才能清楚，现象的这一数学系统的各个部分是如何完成了全面联系，并使得所有元素都处于联系之中的。在运动和热的等价中，这个关系首次经验性地得到确立，但是发现它时，它已经超越了其起点。这个思想很快就成了一个普遍的公设，扩展到了所有可能的物理杂多。能量定律指导我们把一个杂多的诸项逐一和另一个杂多的唯一一项对应，从而使得每一量子的运动都对应每一量子的热、每一量子的电、每一量子的化学引力等。在功的概念中，所有这些量的规定性都与一个共同的特性有关。一旦确立了一个这样的联系，我们在每一个序列内发现的每个数值差异，都可以完全用其他序列中的特定值进行表示和复制。我们拿来作为基础的比较单位可以随意变化，但不会影响结果。如果等量的功在任何物理性质序列中对应任何领域的两个元素，那么这种相等性必然保持下来，即使为了比较它们的数值而进入其他序列。在这个假设中，观察原理的基本内容已经被穷举了，因为没有"出处"的任何数量的功，都违反了各序列互相逐项对应这一原理。如果我们要以图解方式来表示这个系统，那么我们就可以以序列 A、B 和 C 为例，它们的项 $a_1a_2a_3$ ……a_n 和 $b_1b_2b_3$……b_n 和 $c_1c_2c_3$……c_n 处于一种确切的物理性可交换关系中，也就是说序列 A 中的任一项都可以被序列 B 或序列 C 的某一特定项替换，且这个替换所在的物理系统的功容量并不因此改变。要简单地表示这个替换关系，我们不一定要把每一单个项与众多相应的等价物对应，我们还可以一劳永逸地给它某个能量值，这个值可以把所有这些对应项引入一个丰富的表达。我们不直接比较不同的系统，而是为了这个目的创建一个共同序列，其中这个序列与所有这些系统同等相关。传统上，我们选择机械功作为这个共同序列，这主要是出于技术条件考虑，因为不同的"能量类型"都可以比较容易地变换为这种形式，尔且这个变换是可确切测量的。然而，就其本身来说，任何随机序列都可以作为一个基础来表示所有的可能关系。在任何情况下，以这种演绎形式存在的能都不是一个新事物，而是一个统一的参考系，是我们的量度基础。我们可以在科学基础上阐述的关于它的一切全都存在于量的等价关系中，这些关系存在于不同的物理领域间。能并不是一个类似于已知物理内容如光、热、电和磁的新客观内容，它指的只是一个符合法则的客观联系，所有这些内容都处于这种联系中。它的真正含义和功能都在于它允许我们在不同的过程群间建立的方程式。这个原理需要总体现象的明确量化联系以一个具体事物的形式存在，甚至以这种事物，以包含一切的物质的形式存在。如果我们遮住了这个原理本身，就会创造出武断的混乱，而这也是能量论指责唯物主义的地方。科学对这种向物质的变换一无所知，所以也无法理解它。科学寻求的身份，与混乱的个别现象相联系的身份总是具有最高数学定律的形式，而不是一个包含一切的、无特征的、不确定的客体的形式。作为一个具体事物的能，可以是运动和热、磁和电，但也同时不是它们中的任何东西。作为一个原理，它只是一个知性观点，在它下面，所有的现象都是可量度的，因此，不管它们有怎样的感官差异，都可以被我们引入同一个系统。

能量论的形式预设。在这一点上，在当代自然哲学争议问题的迷雾中，我们做出了一个一般的逻辑评论。它看起来也许存在矛盾，但在思考似乎全部被事实占据的地方，一般逻辑理论的作用是明显的。我们把能量构想成一种物质还是一个因果关系表达式，最终取决于我们对一般概念的科学构建本质的一般认识。无论物理研究者多么想要直面自然本身，也不能证明在构建能量论时来自于特定"形式性"信念的动因起了作用。在这一点上，我们重新看到了"形式"问题对"物质"问题的渗透有多深，它们的影响有多持久。在概念问题中，两个不同的观念彼此对立。其中一个仍然支配着传统逻辑，它把概念建立在抽象过程的基础上，也就是说，建立在把一个同等或相似部分分离出多个相似感知的过程上。严格地说，如此获得的内容与被抽象客体具有同样的特性和本质，它表达了一个基本上是孤立的，但总是可以作为这些客体的一个构成部分被指出的特性，因此，它也就拥有了一个具体存在。相应地，概念就成了"对共同点的表现"，它是这些单个特征的统一，而这些特征都属于特定的客体种类。相比于这个观念，另一个观念则首先建立在对数学概念的分析上。在这种认识里，我们并不准备通过比较把给定物分成类(这些类的单个成员在某些特性上一致)，而是想要从一个统一性公设中，根据法则并通过一个过程来构建给定物。在这里，它与其说是孤立给定物的具体部分，不如说是给定物的结构所依靠的联系和关系，这些联系和关系可以在它们的独特联系结构中被研究。在一个新的角度下，我们看到了这个在概念观上的对立。在对如何提出能量原理的现代讨论中，这个对立非常引人注意。兰金首次提出了一般的"能量学"这个名称和概念，在确立这个新概念的论文中，他以方法论为起点。正如他的解释，物理特别不同于纯粹抽象的科学(如几何)，因为抽象科学的基本定义不需要对应任何存在的事物，从这些定义中推导出来的公理也不必是支配真实过程和真实现象的法则，然而，真正的科学概念只是名称，指称的是一类真实客体的共有特性。一般，我们可以用一个双面方式来区分这样的特性。我们可以通过一个纯粹的"抽象性"方法，从给定事物或现象群中分离出规定性群，这些规定性是群成员共有的，也直接出现在它们的感官外观中。我们还可以走到现象的后面，诉诸某些假设，去解释我们要研究的物理事实领域。只有第一个方法符合科学和哲学批判的要求。因为只有在这个方法中，我们才可以确定自己没有通过随意解释而篡改观察资料；只有在这里，我们还仍然纯粹地留在事实领域中，因为就算我们把事实分成了确定的类，也没有给它们添加任何陌生的特征。能量学这一新科学从一开始就只使用这个抽象方法，从原则上看，这是该科学的一个优势。它不用分子运动来指代热现象，不用任何假设流体来指代磁现象，而只是在它们被呈现给感知时所在的简单形式中理解它们。"我们不再把不同的物理过程种类，以一些模糊的方式，从运动和力中合成出来，相反，我们只会简单地分出这些种类所共有的特性，并且以这种方式定义更包容的种类，并用合适的名称来表示它们。通过这个方法，我们最终得到了一个原理群，它可以适用于所有的一般物理现象。因为这些原理都是单纯地从事实本身中归纳出来的，所以它们就没有力学假设经常具有的那种不确定性，虽然这些假设所产生的结果已经完全被经验确证。"

兰金的能量学演绎。从这种研究模式中得到的第一个结果就是一般的能量概念。这个概念只是指产生变化的能力，这个能力是最为普遍的规定性，我们可以在感知世界的物体中识别它，如果没有它，这些物体对我们来说就不再是现象。如果我们发现了关于这个特性的特定普遍规律，那么只要具体条件允许，它们必然可应用于每个物理分支，并且必然可表示一个法则系统，其中每个自然过程本身必须遵守这个系统中的法则。兰金提出和证明这些法则的方式，只与物理学的历史发展有关。但是他为自己的思想所选择的逻辑形式具有最为普遍的哲学兴趣。我们看到，能定律的普遍性取决于一个条件：事物的特性，也就是我们所说的能，贯穿于整个物质宇宙，并且以某种方式依附于每个物体本身。实在的所有部分都必须遵守这些定律，因为每个部分只能通过这个区别特性才能被当作真实的。这种演绎形式已经规定了这个一般的知性范畴，能就是在这个范畴下被构想的。原则上，它与可感知事物位于同一平面，并且它也构成了后者的基本存在。在某种程度上，能是具体的实体性本身，也就是那个不可毁灭的永恒存在。

对物理"抽象"方法的批判。从认识论的角度来看，要指出的这个差距，更多的是存在于兰金的方法理论中，而不是他的物理学中。兰金认为，用来区分物理实在客体的最普遍特性是其产生变化和接受变化的能力。当我们把事物当成真实或可能因果关系的项时，事物才首次获得了它们的真正客观性特征。兰金把中立的、"抽象的"分析当成真正科学的理想，该分析明确说明，因果性这一特性不可以作为感知的固有部分被指出。理性主义批判和经验主义批判至少在一个结论上有共识，这个共识便是，直接的印象不能够对应因果概念。所以，如果这里所说的抽象只是对感知材料的分割和分组，那么很明显，能概念所依赖的那个方面必然逃离这种抽象。即使我们承认"产生变化的能力"是内在于物体的一个特性，就像其他感官特性如颜色或气味一样，问题也仍然未被真正解决。在解释能量论时，我们不关心是否可以证明"产生变化的能力"的存在，而是关心一个事实，即这种能力是可精确测量的。但是，只要我们去询问如何才能用数值表示这种规定性，我们就必然诉诸一个知性概念和条件系统，这个系统在纯粹的抽象过程中没有充分的基础，这一点已经在各个方面得到证明。能量学的数学基础已经包含了所有那些"构建序列"的方法，这些方法从来不能从普通的抽象观点予以充分解释。

现代逻辑学的抽象问题。无论如何，现代逻辑学已经用一个新的抽象原则代替了旧的抽象原则，我们可以在这里引入这个新原则。在这个新的抽象原则中，这个过程不是来自事物和它们的共同特性，而是来自概念间的关系。如果我们为许多项 a、b、c …定义一个对称的变换关系 R（其中，从 aRb 和 bRc 关系中，可以产生 bRa、cRb 和 aRc 关系），那么通过这种方式产生的联系就也可以通过引入一个新的单位元 x 表示，这个单位元与原始序列的各项都有一特定关系 R'。与其去直接比较各项之间的可能关系，我们可以通过确立每一项与这个 x 的关系来表示序列各项之间的可能关系，从而形成 $aR'x$、$bR'x$ 和 $c'Rx$ 这些关系。关系

R'在此是一个不对称的、多对一关系，所以项a、b、c可以只与x形成上述关系，另一方面，x与多个项形成了相应关系R'。我们可以用序列间的关系来例证这个过程，我们称这个关系为它们的"相似性"。对于两个序列s和s'，只要它们之间存在一个确定的相互关系，也就是s的每一项都与s'的一项对应（反之也一样），并且如果序列s中的一项x在另一项y的前面，那么x在s'中的关联项x'就在y的关联项y'的前面。在此，我们就得到了一个对称的转换关系，通过这个关系，多个序列s、s'、$s''\cdots s^{(n)}$就联系在了一起。在这种关系的基础上，我们可以通过抽象原则，生成一个新的概念，我们称它是所有这些序列的"顺序类型"。对于以这种方式绑定在一起的所有序列，我们就说它们有同一个概念特性。我们用同一特性这个假定替代了配位系统，这个同一特性同样属于所有序列。然而很明显，我们不能说我们已经发现了一个新的自存事物；我们只能说，我们就此创造了一个共同的理想参考点，通过这个点，就可以对那些更为丰富的给定序列的关系做出断言，并把这些断言变成一个单一集中的判断。如果我们现在把这个结果应用到概念的物理构建上，就能清楚地揭示现代能量概念的一个基本特征。在这里，我们可以首先在经验物理序列之间建立某些关系。我们发现，那些起初泾渭分明、彼此独立的杂多，现在通过一种"等价"关系联系在了一起，通过这个关系，一个序列中的一个值，在另一个序列中就对应且只对应一个值。我们通过把越来越多的物理过程领域考虑进来，从而扩展这个联系，直到最后在观察和一般演绎理由的基础上得出了结论：无论给出了什么随机的物理现象群，它们之间都必然存在特定的等价关系。这里给出的是物理内容间的一个全面的变换和对称关系。[①]正是这个普适关系的有效性，使得我们通过把某个功值，把一定量的能与被比较序列中的每一项对应，从而引入了一个新的存在。然而，如果我们想要把这个存在与产生它的整个判断系统分离开，那么该存在就失去了它的所有意义。在其中假定的这个存在，不是一个孤立的、可直接感知到的感官特性，而是某种联系规律的"存在"。在这一点上，我们再次看到了在逻辑图式的差异下隐藏着什么深刻确真的对立。如果我们依从传统的抽象理论，那么我们几乎是被迫对能进行物质性解释，就如兰金证明的那样。然而，概念的功能理论则在最高物理"实在"的功能规定性中发现了它的自然关联对象。在一种情形中，我们思考的最终结果是假定出了一个所有物体共有的特性；在另一个情形中，可作为关系概念的能量。能量学的一些代表已经做出了后一个逻辑解释。在这里，我们必须要提及罗伯特•迈尔，他引入了这个新概念，并且规定了这个概念的一般理论位置。正如他强调的那样，力变为运动或运动变为热，对于他来说都只是确证了一个事实：两个不同的现象群间存在某种定量关系。"热是如何来自消失的运动，用我的话说，就是运动是如何转化成了热，对于这个问题，人脑是给不了答案的。消失的 O 和 H 是如何变成了水，它们为什么不产生其他特性的物质等这种问题，绝不会使化学家

---

①如果我们用 A 指代等价关系，那么我们显然能从 aAb 中得到 bAa。另一方面，aAb 是有效的，bAa 就也是有效的。如此一来，对称和可传递性这两个条件就得到了满足。

烦心。但是，他在认识到消失的水量可以从消失的氧和氢量中精确确定时，是否比他没有意识到有这种联系时更接近他的对象即那些材料所服从的规律呢？这才是无可置疑的化学问题。"赫尔姆恰当地评论说，"能量学，对它的奠基人来说，只是一个纯粹的'关系系统'，它要的不是在世界中建立一个新的绝对事物。如果发生了变化，那么这个特定的数学关系这个关系就是能量学公式——就存在于这些变化之间——当然，这也是所有自然真理的唯一公式。""研究精神只要一栖息于绝对事物这个懒床上，它就会萎缩。我们可能会舒舒服服地幻想着，我们的问题会在原子中找到答案，但这只是幻想。如果我们在能量中看到一个绝对事物，而不是在自然现象间量化关系的瞬时充分表达中看到，那么这同样是一个幻想。"所以能量就像原子一样，件随着定义矛盾，因为一种物质的数量必然是一个正量，然而一个系统着知识的进步，越来越失去了一切感官含义。这一变化在势能概念中表现得最明显，这一概念的名称就指出了一个独特的逻辑问题。正如海因里希·赫兹强调的，我们假定说所谓的物质性能量以多种形式存在，例如，以运动的形式和潜在的形式存在时，这个假定就存在一个特别的困难。在普通意义上，势能与所有描述它有物质特性中的势能之和在某些情况下用一个负值表示。实际上，根据高斯的负数理论，要解释这种关系，其中被计数的东西必须有一个对立物，也就是"被计数的不是物质(可因其本身而被思考的客体)，而是两个客体间的关系"。

能量学和力学。尽管能量是作为一个单一的和不可毁灭的客体首次被引入的，就如罗伯特·梅耶所做的那样，但这个特别的客体范畴逐渐具有了一个新的含义。这个含义的目的是照顾有两种存在形式的新内容。"1千克上升5米,"罗伯特·梅耶说,"和这1千克以10米/秒的速度运动,是同一客体。这样的运动可以再次变换为这个1千克的上升,不过这时它自然就不是运动了,同样当这个上升变换为了运动,它也就不再是上升了。"如果上升到某个水平(所以也只是一个状态)与下降某个距离(因此也就是一个时间性过程)是一样的,那么很明显,对于二者而言都不可以使用直接的物质性标准,并且它们不是根据任何真实特性的相似性而只是作为抽象的测量值来相互比较的。它们两个是"一样的",不是因为它们具有同样的客观特性,而是因为它们可以成为同一因果方程的项,因此可以在纯粹量的角度彼此替换。我们发现了一个精确的数值关系,然后以此为起点,假设我们可以把能这个新"客体"当成对这个关系的表达。在此,我们的思维产生跳跃,进入了一个与原子论根本不同的轨道。能量论真正优于"力学"假设的地方,正如其拥护者一般理解的那样,是它更贴近感知事实,当然前提是,它能让我们把两个不同的自然现象领域量化地联系起来,同时不必先把它们化简为运动过程以免剥夺掉它们的个性。在它们的个性中,这些过程保持不变,同时我们的所有断言都只是指向了它们的因果联系。但是另一方面,正是对这个数字性关系法则的排他性使用,才包含了一个知性环节。原子的纯粹概念性含义虽然逐渐变得明朗,但是它只是以模拟的形式出现,在某种程度上,它仍然只是经验感官物体的简化模型,但是在它的起源上属于另一个领域。能量可以在总体现象中建立一个秩序,因为它本身与所有这些现象都不在一个平面上。因为，缺少具体存在的能只能表达一个纯粹的互相依存关系。

能量论主张在物理过程群的具体特征上来理解这些过程群（而不是把它们变换为力学过程，因而消除了它们的个性），但现在在认识论的角度来看，这个主张是有限的，虽然在一定范围内它是成立的。实际上，要把我们的自然塑造成一个系统，同时不必像机械论那样把这个系统表示成一个统一的直觉性画面，这在逻辑上是有可能的。但是，如果认为这个"量化的"物理倾向中包含了向亚里士多德世界观的一种回归，那就是在犯错。现代一个著名的能量论捍卫者说："我们不得不把除了几何学家研究的纯粹量化元素之外的其他特征带入物理学，并且承认物质具有性质。我们必然面临一个危险，也就是被人控诉说我们回头诉诸学院派的玄妙能力，或是说我们把决定物体暖、亮、有电或磁的性质当成物体不可进一步化简的特性。换句话说，我们必须放弃笛卡儿以来的所有尝试，也就是不能再尝试把我们的理论与逍遥派物理学的基本概念联系起来。"但这一思想的进一步发展，则摧毁了一个更深联系的外观。亚里士多德物理学的特质完全不同于现代物理学的特质，前者只意味着被实体化的感官特性，后者则已经跨越了整个数学概念系统，并且已经得到了一个新的逻辑形式和特征。相比前者，能量论只是不再"阐释"某些力学运动的具体特质，但它仍然用一个确切的数字完全表示和代替我们所思考的特征。只要更冷和更热这种不确切的感知被一个精确的温度概念代替并被它具体化，那么热是否是运动这个问题就仍然停留在背景中。这里保留的特质不再是感官特性，而只是其数学序列形式的特质。前面引用了杜亥姆就能量论和逍遥派物理学间的联系所做的评价，他还说，我们可以创立一个热理论，可以定义"热量"，但此时我们不用从具体的冷热感知中借用什么东西。在理论物理的图式中，我们所研究的特定经验系统被一个数值系统取代，后者表达了前者的各种定量元素。能量论表明，如果不把事物和过程分解成它们的终极直觉部分，并从这些部分中把它们再合成出来，那么这种数字顺序形式就不一定能被联系起来。如果一个整体不需要从其部分中再具体合成出来，数学规定性的一般问题就不能得到解答。

作为性质科学的物理学。然而在这个概念中，物理学只是完善和应用了我们在数学原理一般理论中发现的一个思想。只要存在关于性质的数学，我们就可以有一个"性质物理学"。莱布尼茨首先在一个关于一般演绎性联系的可能形式的学说中指出了数学的本质，并因此要求通过一个性质科学来完善普通代数（数量科学），自他之后该思想不断发展，直到现代的射影几何和群论。在这个完整的进程中，我们可以清楚地看到，有一些宽泛和有效的领域可以极好地使用数学规定性，而它们的对象也不必是大范围的量，其中大范围的量是通过重复假定同一单位而产生的。距离的射影理论表明了，不使用普通的距离测量概念，我们就可以在一个空间流形的元素与固定数值之间建立精确的关联，并且通过这个关联给它们设定了一个特定顺序。普遍能量学可以把这个思想应用到所有的物理杂多中。如果有一个可以比较单个性质的确切尺度，并且这些不同尺度内的值可通过一个客观定律相互对应，那么我们就可以用数值来充分表达这些过程。然而，这个联系的确立与保留和特定现象群的力学解释无关。经常有人质疑，说能量论摧毁了过程的同质性，因为在能量论中，自然破碎成了不同的现象类，但这个质疑不是无可辩驳的。如果我们把数学一般概念当成起点和判断标准，那么，不仅具有某些相同的直觉特性的内容是相似的，所有可通过一个固定的概念法则演绎出的结构也是"相似的"。然而这里满足了一个标准。不同序列间的等价关系所产生的概念联系，在逻辑上并不比总结得到的共同力学模型模糊。同质性这一知性公设在能量学中和在自然过程的机械论中一样有效，不同之处只是，在一种情况中，该公设的实现纯粹建立在数概念的基础上，而在另一种情况中，它还需要空间概念。这两种理解的冲突最终可以通过物理学自身的历史而在根本上予以解决。因为历史可以指出，这两个观念中哪个才最能完成具体的任务和问题。然而，只要我们想要确定一种条件下限，也就是在什么条件下我们仍然可以说一般想象的"可测量性"，那么从中抽象的能量论无论如何都具有重大的认识论重要性。[①]真

①对于逻辑学为自己设置的这个目标，偶尔会有人质疑它的可能性，他们说，对事物的每个度量都预先假定了该事物是由同质部分合成的，假定了这些事物可用累加单位来表示。如此一来，每个量度都是一个关于大小的规定性。参照某个单位时，都会把性质上的差异变换为大小差异，并把它们变为一个空间和力学简图。然而，"量度"概念在这里是被狭隘理解了。如果我们认为对一个杂多的量度只是测量其一般数学规定性，也就是说测量其元素与特定数列项的关系，那么数学本身就可以证明，就算其研究对象不是由空间性部分合成的，这个关系也是可能的。

正普适的原理和法则，决定了一切具体过程的数值规定性和这些过程与任何其他过程的数值比较。然而，这个比较本身并不预设我们已经发现了的任何"本质"的统一性——如热和运动之间的统一。相反，数学物理一开始就确立了一个精确的数值关系，在这个关系的基础上，它也维持了一些过程的均一性，其中这些过程不能被感官地化约为彼此。能量的不同形式本身在本质上是运动的，这个命题是知识理论不可捍卫的，因为后者只是指向了知识的基本方面，而不是绝对存在的基本方面。要满足知识理论的要求，我们必须知道如何把每个物理过程和机械功数值联系起来，从而产生一个配对复合体。在这个复合体中，每个个别的过程都有一个特定的位置。实际上，描述自然过程时，我们不能通过这个方式获得不含假设的描述，因为翻译成抽象数字概念和翻译成空间概念一样，都包含了对经验感知材料的理论变换。把一般预设和具体假定严格分开，把"形而上学"自然知识原则与那些具体的假设分开，都是具有逻辑价值的，其中那些具体假设只在处理一个具体的领域时发生作用。

八、 化学中概念构建问题——感官性质的化学和里克特的定比定律——道尔顿的倍比定律——作为关系性概念的原子——原子概念的"规定性"用途——化合价概念和类型理论——类型概念的逻辑方面——作为关系概念的化学概念——"基"的概念和"复合基"理论——重构化学的系统形式——元素的周期系统——化学和数学——自然科学的概念和"实在"——里克特的科学概念构建理论——对里克特理论的批判——单词含义和数学概念——里克特对"含义"和"表象"的混淆——表达个别关系的概念——自然科学概念问题——量和其他关系形式

化学中概念构建问题。只要精确自然科学的概念构建理论没有考虑到基本的化学概念，那么它在逻辑方面就是不完备的。这些基本概念的认识论意义首先取决于它们所占据的中间位置。化学一开始只是纯粹经验性地描述具体物质及其组成，但是随着它向前发展，它离构建性概念越来越接近。实际上，物理化学已经达到了这个目标。这一学科的领头人能够指出，物理和化学都在经验资料的基础上创建了它们所研究的系统，而这一点也是连接这两门学科的特征。只要化学得到了它的现代形式，它的逻辑基础就只是物理学本身了。它的基本定律，如吉布斯相律（*Phasenregel*）或化学质量定律一样，都是作为理论物理的假定而属于同一纯粹数学类型。然而，我们需要追溯伽利略和牛顿自一开始便在理论物理中实现的理想是如何在化学中被逐渐实现的。纯粹经验知识和理性知识的区别，在化学知识的不停变迁中格外突出。精确理解的中间条件突然变松了。有了更坚硬的化学材料，科学制模的能力会特别惊人。归根结底，物理只是在表面上关心"事物—概念"，因为它的目标和真正范围都是关于纯粹规律概念的。化学果断地把个体事物的问题放在了最前面。在这里，经验实在的具体材料和它们的具体特征都是研究的对象。但是数学和物理学意义上的"概念"和这个新问题无关，因为它只是某种联系形式的符号，逐渐失去了一切物质内容。这种概念只是指一种可能的安排类型，而不是被安排元素的"什么"。我们现在关注的是一个要用属于同一逻辑思维方向的新规定性来填补的缺口呢，还是我们必须在这里认出原则上不同的知识形式呢？

感官性质的化学和里克特的定比定律。 要回答这个问题，我们只能追踪化学理论本身的具体历史发展——不是详细地把握它们的丰富内容，而是揭示出它们前进方向的大逻辑线条。实际上，一些普遍特征自己就立即出现了，而根据这些特征，我们就可以在这种发展的全部多样性中来分割和研究这种发展。较老形式的化学元素学说在拉瓦锡之前一直处于支配地位，它最后的特征性表达出现在燃素理论中，该学说把元素当成一个一般特征，该特征属于一个特定群的所有项并规定了这些项的感知类型。这里，元素只是一些特别明显的感官性质的实体化。所以，硫的存就赋予了物体可燃性的特征，盐赋予了可溶性特征，汞则是金属特征的承担者，这些特征在经验中存在于任何物质中。要在原则上超越这个学说，就必须在把物体根据一般特性分成类的任务上增加其他任务，也就是去获取它们相互关系的精确定量比例。定比定律构成了现代化学理论的一个起点，在这个理论中，不同的元素彼此联系。有趣的是，这个定律刚开始形成时，完全和任何物质构成学说尤其是原子假设无关。在其原始的、仍旧不完备的形式中，也就是里克特首次提出的形式中，它只是指不同物体序列间某些和谐关系的有效性。例如有一个酸序列 $A1A2A3\cdots$ 和一个碱序列 $B1B2B3\cdots$，那么通过观察资料我们可以看到它们之间存在某个关系，要表达这个关系，我们可以给第一个序列中的每一项都匹配一个确切数字 m，故而有 $m1m2m3\cdots$，给第二个序列中的每一项都分别匹配一确切数字 n，故而得到其他常数值 $n1n2n3\cdots$。第一个序列中的一个元素和第二个序列中的一个元素的结合方式，就是由这些数字清晰地确定的。酸 Ap 和碱 Bq 化合时所依据的两个质量，根据相应的数值 mp 和 nq 而联系。里克特想要详细证明，碱的质量序列构成了一个算术序列，酸的质量序列构成了一个几何序列，据此，这里就有了一个法则，这个法则被认为是类似于行星和太阳间距离的法则。这种理解还未在经验中令人满意地证明，尽管如此，它的一般倾向却是独特而重要的。正如我们所见，毕达哥拉斯的宇宙"和谐论"不仅出现在现代化学的摇篮里，也出现在现代物理学的摇篮里。在这个联系中，如果我们不考虑里克特的全部成就而只考虑他的知性倾向，那么他就相当于开普勒，因为他和开普勒一样，认为宇宙存在一种彻底而全面的数字性排列，这种认识在所有具体的现象领域仍然存在。

道尔顿的倍比定律。化合常数定律的科学创立人对该定律的解释就给上述一般观念增添了一个具体特征。这里起初实际上只是提出了一个断言，即认为每个元素都有一个独特的等价数，且两个或多个元素化合时，它们的质量就作为这些数字的整倍数而互相联系。但是道尔顿把这个"倍比"定律与一套特定的解释结合在了一起，所以该定律只是以这个形式而进入了化学学说系统。化合质量的概念变为原子质量的概念。倍比定律意味着，不同简单物体的原子有着不同的质量，然而在同一化学种类中，原子总是不可变化的、永恒不变的质量，这个质量足以描述一个给定简单材料的具体特征。这种断言不是关于经验中个别物体的比数，而是关于它们构成部分的基本特性的。然而，因为我们的知识只关心元素形成化合物时遵循的关系，所以我们不可能得到原子质量绝对值的确切规定性。如果我们把氢的原子质量当成一个比较单位，那么我们可以在不违反已知化合事实的情况下，把氧的原子质量规定为 8 而不是 16。为此，我们还不得不在所有的化学式中，把氧原子的数目增大一倍。我们也可以依次用 $S = 8$、16、32…作为硫的原子质量，只要我们制定的化学式与假定一致，例如我们可以选择把硫化氢表示为 $HS2$、HS 或 $H2S$。所有这些规定性都是在一些标准的基础上确定的，这些标准只能在化学的历史中才能被逐渐认识。阿伏伽德罗定律是最重要的标准之一，根据这个标准，组合方式不同的分子，只要数量相当，就与同压同温下的理想气体占据相同的体积。在此，我们根据蒸汽密度而确定了原子质量，同样，在杜隆•柏蒂定律的基础上，我们从比热容中得到了它们的规定性。另外我们也在同晶形的基础上得到了它们的规定性，同晶形建立在米希尔里希定律的基础上，其含义是，具有不同结合方式的同一晶体形式，都是由同等数目的原子以相同方式结合而成的。这些不同的观念互相确认、彼此纠正，然后经过很多实验后，它们一起给出了一个统一的原子质量表，从而为一个确切的化学式系统奠定了基础。

作为关系性概念的原子。如果我们从所有细节中抽象，那么整个发展过程就提出了一个普遍的逻辑问题。如果我们只去请教推动这一发展的个别研究者，那么对他们所有人来说，它似乎就只拥有一个完全确定清晰的含义。人们预设了不同原子类型的客观存在，所以接下来只需要去弄清它们的特性，给它们一个更精确的定义即可。我们越是往前走，考虑的现象群越多样，所有这些特性就会越清晰。原子的物质性"内在"显露了出来，并具有了对我们来说是固定有形的形式。我们去探究，尤其是在化学构成式中去探究原子的相对位置，以及它们在统一的分子结构中是如何彼此联系的。我们明白了它们是如何通过数目和相对位置的组合形成了一个结构性轮廓，这个轮廓的表达形式包括晶体。然而，如果我们深入研究这些断言的经验基础，画面立即就变了样子。原子并非一个给定的起点，而是我们科学命题的目标，这一点已经很清楚。科研进程中得到的丰富内容并不属于原子，而是与另一种经验"主体"有关。我们研究原子本身的多种规定性，同时把不同的条件群放在一个新的相互关系中。当我们说一定体积的气态物质所包含的原子数目时，我们是要表达一个关系，也就是根据盖－吕萨克定律存在于气体密度数值和分子质量数值之间的关系。我们认为，所有简单物体的原子都具有同样的比热容，并因此表达了一个事实，即如果我们把化学元素的分子质量排成一个序列 aa'、$a''\cdots an$，把它们的热值排成另一个序列 $bb'b''$ $\cdots bn$，那么只要乘积 ab、a'、b' 和 a''、b'' 等具有同一恒定值，那么在这两个序列间就存在一个确定的关系。原子概念的独特逻辑功能在这些例子中就很清晰，我们也许可以从所有关于原子存在的形而上学断言中抽象。原子在这里就相当于一个坐标系的统一中心，而我们就在这个坐标系中对排列的不同化学特性群做出断言。当我们把不同而原始异质的规定性集合与这个共同的中心联系起来，它们就获得了一个固定的联系。具体特性只是表面上和原子相联系，作为它的绝对"承担者"，如此一来，关系系统才能得到完善。实际上，我们关心的不是把不同序列与原子联系起来，而是以原子为概念把这些序列彼此联系起来。这里再次出现了我们先前遇到的那个知性过程，某些系统间的复杂关系不是通过把一个系统与其他所有系统相比较，而是通过把它们所有都与同一项相联系表示的。为了准确确定单个元素的原子质量，我们经常会诉诸新的"化学—物理"现象，把它们当作标准。随着这种规定性的发展，经验关系的范围也相应扩大了。如果我们认为这个发展已经到了尽头，那么所有可能的关系都可以用"绝对的"原子质量表达，其中这些关系是指具体序列间会形成的关系。化学知识真正的、积极的结果就在于对这些关系的系统分析中。原先混乱的真实材料得到了排列，它不再是无关联的，而是绕一个固定的中心点排列在了一起。当我们观察同一主体的蒸汽密度、比热容和同晶形时，它们就因此进入了真正的概念关系中。这种统一立竿见影，立即会产生一个普遍的图式，方便未来观察。如果每进入一个新的事实领域，科学就重新去获取原先已经得到的丰富材料，并把它详细呈现出来，那么科学的进展将是非常缓慢的，它的阐述将是笨拙而乏味的。一方面，原子的概念集中了所有这些特征，保留了它们的基本内容；另一方面它解放了思维，让其可以自由去理解新的经验内容。在某种程度上，全部的经验知识压缩成了一个点，从这个点发出了指向不同方向的线，根据这些线，我们开始了对未知领域的认识。根据法则来发现和定义的那些杂多，就相当于一个固定的逻辑统一体，与它相对的是那些将要被发现的新杂多。正是基本连接点的这个统一体，才使我们可以假定，所有的可能特性最终都能归结到同一个主体上。

原子概念的"规定性"用途。真实经验过程中一般物质概念的含义在这个例子中非常明显。经验知识不能回避实体这一概念，尽管在经验知识的真正哲学进程中，实体都是被当作概念来理解的。当然，直接有用的研究工作从一开始就有另一个立场，也就是从另一个方面，而不是从认识论角度来理解这个问题。研究工作把已知事实当成给定的、无须分析的条件，然后向新的、待知的事实领域进军。在这个意义上，所有的"真实"事物都是固定的，它们给未来观察提供基本模型的永恒基础。无论在什么地方取得的东西，都必须被研究工作当成确定的和给定的，因为只有这样，我们才能从问题领域迁移到另一个点，并把它往前推，这样就不断有新的问题来让我们思考。所以，科学在某些点上形成的"固定性"虽然是被动的，却是一个自身活动的元素。实际上，科学应当也必须把丰富的经验关系压缩进一单个表达式，假定出一个类似于具体事物的"承担者"。然而，思维在做批判性的自我描述时，还必须把这个压缩物再度分解成它的具体因素，并把这个压缩物当成某种知识目的所必需的。之所以要这么做，是因为批判性思维的目标不是获得新的客观经验，而是后退到知识的起源和根基。思维的这两个方向不能被直接统一，科学生产的条件不同于经验思考的条件。我们不能使用构建经验实在的功能，同时不能思考和描述它们。尽管如此，为了在知识的前进动因中，在关于其存在的不变逻辑条件中，把知识当成一个整体来评价，我们需要这两个立场并经常更替它们。知识的具体特征取决于这些立场之间的紧张和对立。就这一点来说，我们可以认为，化学原子概念也表现了一个不同形式，这个形式对应着我们处理此概念的方式。在最初的简单思想中，原子是一个固定的物质核心，从这个核心中，不同的特性可以依次被区分出来。相反，从知识批判的立场来看，正是这些"特性"和它们的相互关系构成了真正的经验数据，这些数据使得原子概念得以创立。给定的真实材料和理论上预期的东西就统一在一个焦点中，在天然的错觉中，我们把这个焦点看成了一个真正的、统一的物体，而不是一个"虚拟的点"。所以化学原子是康德严格意义上的"理念"——只要它拥有"最为可钦的、必不可少的规定性用途，可以给理解力指出某个目标，并且它所有的规则路线都要收敛并入这个目标。这个目标只是一个理念，也就是说只是一个点，由于它完全在可能经验的范围之外，所以思维中的概念并非真的发源于它，但是它仍然赋予了这些经验范围最大的统一性和扩展。"这个功能仍然是原子概念的永恒特性，尽管它的内容可能完全改变，例如物质原子变成了电子。这种变化表明，概念的本质不是任何物质特性，而是一个形式概念，这个概念可以根据我们的经验状态而填充具体多样的内容。

化合价概念和类型理论。理解了原子，并且大体上确立了单个元素的原子质量值后，化学概念构建就迈出了第二步，即根据概念性立场，把不同的、初始分离的规定性联系起来，并把它们聚合到具有确切特征的类中。使得这种相对区分和混合得以在整个系统内发生的经验事实，是在化学代替关系中给出的。如果我们去追溯不同简单物质的原子是如何在化合反应中互为取代的，就会发现一些支配着这种关系形式的基本规则。我们可以便捷地确定这些替换形式，并用某些数值表达它们。这些数值和原子质量值一样，是我们绑定在每个元素身上的。如果我们把氢原子当作单位，那么，在某些化合反应中，一个氯原子能代替一个氢原子，一个氮原子能代替三个氢原子，一个碳原子能代替四个氢原子。所以我们就有了一个新的角度来观察元素间的关系，每种简单物质也都有了一个独特的常数。元素的"化合价"表示了元素的一个确切特性，这个特性与元素间的化学亲和性无关。现在，如果我们根据这个新的原则来排列化合物，它们就分成了不同的类型，其中同一类型中的所有项都有一个共同特点：它们都可以通过逐次替换从同一形式中产生，这些替换根据的就是具体原子的等价规律。

类型概念的逻辑方面。 我们并非要思考"类型"概念对于个别化学问题的意义，而是把它当成某些逻辑关系的范例。实际上，它极为清晰地揭示出了一个标志性特征，这个特征已经通过对精确科学概念的分析确立了起来。化学的类型概念依循的不是属种概念模式，而是序列概念模式。对于同一类型下的不同化合物，我们不根据它们感官特性的外在相似性或它们化学功能的直接一致性来理解它们。单个原子的化合价间存在一个关系，只要这些化合物可以通过这个关系互为转变，且序列中靠后的项是根据生成法则本身确定的，而不是需要进行进一步的类比确定的，那么它们就属于一个类型。在化学的历史中，类型概念与化学类比概念是逐渐分离的。这种分离的第一步存在于替换关系本身，因为在这里，本质和特性完全不同的元素都可以彼此替换。杜马斯提出的替换概念，最先被贝采里乌斯斥为矛盾的。氯在任何化合物中都不能代替氢，因为氯(根据贝采里乌斯的"电－化学"二元论)带负电，而氢则带正电。然而，替换理论越是向前发展，就越是受人认可，也就是说，完全不同的元素可以在某些化合物中互为取代，同时不会改变化合物的本质。当我们不仅个别地对比这些彼此取代的元素，而是考虑这些重复替换所产生的整个物质群，这个观点的意义就越来越突出。这里起初也是需要类比的，直到后来的研究表明，以这种方式产生的序列可以包含在感知特性和基本化学规定性上都完全不同的项。杜马斯的"化学类型"要求所有项都具有类似的基本特性，然而，雷诺的"分子类型"则包含了特性迥异的材料，并把这些材料当成来自于彼此替换的。类型统一所依赖的条件，一直都与那些在数学概念构建领域被满足的条件相对应。在那个领域里存在着几何系统和系统群，它们的元素不是通过任何共同的直觉特征而被联系在一起的，而是通过确定的关系法则，这些法则存在于项与项之间。在此，情况也是如此。具体元素的"化合价"在它们之间建立了一个关系，这个关系通过持续应用，而产生了某些确切的独特序列类型系统。根据这种"参数"定律而发生的变化，就生成和建立了概念的形式，这个形式同样不依赖被联系内容的相似性，而是依赖联系的类型。

作为关系概念的化学概念。化学概念实际上是与数学概念相区别的，因为，数学概念通过纯粹构建方式确立了项之间的关系，而另一方面，等价关系是因作为不同元素间的经验关系而被发现的。然而，如果我们从这种起源差异中抽象就会认识到，一旦获得了可以用来比较的关键特性，这两种概念的构建过程就开始"志同道合"了。在这里，一旦定义了普遍的对应原则，我们要做的就是把这个原则贯彻到我们观察到的整个材料集合中，从而把后者整合成一个系统。在这个系统中，我们可以根据固定的法则来理解具体项间的互动和相互关系。在这一方面，类型理论构成了第一种化学演绎方法，因为它告诉我们应如何从某些起点开始，通过遵从一些普遍原则来构建物体集合，并把它们围绕固定的中心点而分类。当我们给感官上异质的事物安排了某些数值关系，它们就成了同质性的。在这里，数值和关系方面再次成了关键因素，因为它构成了科学的化学概念学说的真正独特特性。如果我们要把"化合价"当成原子的一种基本性质，那么它就必须首先是一种真正的隐秘属性。我们不知道氯原子是因为什么特质才只能与一个氢原子化合的，我们也不知道一个氧原子和两个氢原子结合、一个碳原子和四个氢原子结合依靠的是什么力量。在解释不同的相对化合价时，我们会提到原子的运动状态，并认为这些状态以某种方式彼此协调或对立，从而使得它们之间的结合就只能依据一个特定关系，但是，这样的解释并未回答上述问题。因为在这里，绝对未知的、经验中不可证明的东西被我们唯一知道的替代关系取代了。化合价概念暗含了一种知性放弃，这种放弃把化合价概念与一切学院派特征区分了开来。它并不想确定原子间联系的根本本质，而只想根据普遍的、定量的次序法则来表达这种联系的事实。化学构成式起初就只提供一个直接的、直觉性的画面，指出单个原子在众原子中的次序和位置，而它最终也并未认识到什么终极的、绝对的实在元素，而只是普遍地分析了物体和经验材料。一个化合物的化学式不只是告诉了我们这个化合物的构成，而且把它插入了多种典型序列，如此一来，就代表了全部的这种结构，也就是可从一个给定化合物中通过替换而产生的结构。单个的项就成了它所属群的代表，并可以根据某种基本部分的法则进行变化，进而从群中产生出来。因为构成式代表了这种联系，所以它就真正科学地表达了物体的经验实在，因为它只是指全面彻底的客观联系，而在这种联系中，个别"事物"或具体事件与全部真实的可能经验并排而立。（详见第六章）

"基"的概念和"复合基"理论。当我们不仅把替换学说应用于单个的原子，还推广到原子团上时，这一学说就变得尤为重要。现在出现了"复合基"理论，已经成为了有机化学的真正基础。根据李比希的定义，在一个化合物序列中，只要一个基可以被某元素的单个原子取代，或者在它与某种元素的单个原子构成的化合物中，这个原子可以被其他原子的等价物取代，那么这个基就是这个序列的不变部分。至于基在化合物中"存在"的方式，起初是存在争议的。在劳伦特的"核理论"中，这个关系一开始是在一个完全现实的意义上提出和描述的。核本身存在于多个原子团中，通过这些原子团与其他原子的结合而产生。对于更为复杂的结构，它们是预先存在的。在这个理论的进一步发展中，这个观点逐渐被淘汰。尤其是当格哈特证明，我们可以假设一个化合物中存在两个自由基，这样一来，独立团的真实存在就破灭了。由于化学式只是通过等式来表达某些结构和反应的关系，它不表示原子团本身的含义，而是要表示它们是什么或将是什么，所以现在有人认为，必须同一个原子团建立几个理性方程式，借此来表示它与一个或其他化合物群的联系。关于化学基的本质和绝对特性的争议，就此得到了解决。因为现在基不再是某些理想分析的结果，当我们做出这些分析时，以不同的比较立场作为基础，就会得到不同的结果。现在，化学基并未拥有任何独立的实在，而只是用来表达格哈特说的"元素或原子团彼此取代所遵循的关系"。如此一来，我们就开启了一种新的认识，我们不再问元素是否持续存在于它们所形成的化合物中，以及如何持续存在的，相反我们会根据普遍法则，去发现和表达存在于一个化学变换过程初始条件和其最终条件之间的可测量关系。然而，只要到达了这个阶段，化学就可以在能量学的领域中获取一席之地，并且从一门经验描述科学变为一门数学科学。

重构化学的系统形式。 然而，化学在从属于一个更普遍的科学问题前，它内部就出现了一些立场和倾向，它们要求重建系统形式。规定物质杂多的第一步就是用原子质量描述每个元素。所以，每个原子就得到了莱布尼茨所说的特定"特征数"，我们默认这个数字在理论上充分表达了原子丰富的经验特征。用数字集合来表示物质集合的方式已经提出了一个新的问题。因为数字领域的真正方法论优势在于，每一项都是根据统一在一起的法则，从一个初始结构中演绎和建设性地产生出来的。因此，这个要求延伸到了一切物质和化学规定性中，而我们知道这些规定性依赖某些数值。我们不能再把它理解成一个无规律的集合，而是要通过一个精确的法则表示出它们的顺序和逐渐变换。

元素的周期系统。 元素周期系统的确立，首次满足了这个基本要求。原子的不同特性，包括硬度和延展性、可熔性和挥发性、导热性和导电性等，都是原子质量的周期性功能。如果我们认为所有元素都被安排在一个序列中，我们发现，在序列向前推进时，不同元素具有不同的特性，但是过了某个期间，同样的特性又会出现。一个元素在基本系统序列中的位置就详细决定了它的"物理—化学"性质。元素周期系统的创立人之一劳尔·梅耶就清楚地描述了这个系统中的新规律。物质已经从科学常量变成了变量。"到目前为止，我们在物理计算中引入了现象所依赖的一些变量，特别是空间和时间，在有些条件下我们还引入热、温度、电和其他量。就如量和数字所表达的那样，物质在方程式中只以质量的形式出现。我们考虑它的特点时，只是认为，每种物质的常量在微分方程中有不同的值。这些量取决于实体的物质性本质，我们到目前为止还不习惯把它们当作变量，但是我们已经迈出了这一步。以前，我们通过为极为不同的物质确定物理常量，来思考物理现象中物质本质的影响。但是这种物质性本质总是一些质上的东西，我们不可能把这种基本变量，以数字和量度的方式引入计算。通过证明原子质量的数值是变量，且这个变量可以确定物质性本质和该本质所决定的特性，我们就找到了引入它的方法，虽然这个方法很原始。"我们找到了一个观念，可以让物质在此观念下根据一个确切的递进法则排成序列，如此，我们就可以在数学上理解具体物质的这种质的本质了。这个观念的特殊意义在于，在这个一般系统法则的基础上，我们就可以要求并确立集合中的未知项，并且后来的经验也印证了这个要求。

化学和数学。演绎理想一方面来自推断性的、形而上学的自然观，另一方面来自数学物理学，当我们把化学演绎元素与这种理想相比较时，我们就最为清晰地理解了这种元素的特质。如果我们去理解物质问题在自然哲学中的活动时就会发现，物质问题在哲学历史中一直扮演着一个认识论角色。所以，洛克就通过联系基本元素和它们特性的经验知识例子，形成了他对科学研究问题和范围的认识。对于他来说，只有深入理解了必然联系，才能获得真正的知识。在严格意义上，当客体的所有特性都可以从它的原始本质中确定下来且被充分理解时，当我们因为认识某个客体就可以直接得出并先验地确定出它的所有特性时，我们才说那是本真的知识。我们对数学关系的所有"直觉"判断都满足这个公设，但我们的自然科学知识无法满足它。在自然科学里，我们只需要收集和描述感知事实，永远都不可能确立项项之间的依存关系。这些项只凭借这种关系就可以成为一个理性联系的整体。无论我们通过调查研究发现了一种物质的多少特性，在它们的内在联系上，我们仍然一步未进。就算我们知道了金的延展性、硬度、非可燃性等，我们还是不能从中发现一个新的规定性，我们也不能理解一个种类的确切特性是通过何种关系与另一种类的确切特性对应的。如果我们不再简单地收集关于经验存在或经验特性不相容性的观察资料，而是去思考"另一端"的问题，如果我们以金本质的某种规定性为起点，从其中推导出全部第二特性，我们才可能通过思考把我们的自然知识当成像数学那样的真正科学。现代科学部分完成了洛克抛弃的理想，但是它给了这个理想新的含义。现代科学与洛克的共识是：从一种材料的"物质性本质"推导出它的具体特性，超越了精确经验知识的问题。但是现代科学并未放弃经验资料本身的概念性联系。如今的科学把多种元素集合在一个基本序列中，而这个序列的项根据一个确切原理而彼此继替。此外，当今科学还把物体的个别特性当成它们在该序列中所处位置的功能。如何从假定的基本特性中得出更细化的特性，如何从一个确定的原子质量中得出确定的延展性、硬度、可熔性和挥发性等，这些问题实际上仍未得到解答。尽管如此，在某些具体资料的基础上计算和预测某些具体特性时，我们还是会用到这种依存事实本身。如此形成的功能性联系所包含的东西，实际上要少于对终极本质的形而上学认识，但同时大于分散的具体条目的经验集合。现在产生的元素顺序至少提供了一个数学类似物，因此也就是精确"直觉"知识的类似物。我们不再通过这种方式去深究物体的绝对存在，而是更加明确地去理解它们系统联系的法则。然而同时，这个方法也产生了一个新问题。我们一开始把原子质量当成离散的值引入，现在我们则要让它们通过连续变换互为生成，并且要确定性质在这种变换中的变化规律。如果我们认为这个问题已经解决了，那么我们就会在逻辑上进入一种新的概念构建形式。我们会得到一个存在于不同变量之间的、统一的、可以以数学方式表达的因果关系，而不是许多关于伴随的特性外观的法则。我们用原子质量来表示元素的特有个性，这些原子质量不再是并肩而立、互不相关的给定值，而是可以互为彼此的来源。化学概念会变成物理概念。自然科学凭借对放射性现象的思考进入了新阶段，这个阶段也直接印证了这个变化。因为在这里，科学通过一种持续变换过程而使元素互为转化，为此，具体材料的感官确定性只是动态过程中的一个过渡点。化学原子分解成了一个电子系统，它失去了原先的绝对固定性和不变性，开始作为一个中间站出现——成了思维在过程流中产生的一个断面。然而无论如何，我们都可以评价这些断言的有效性，因为它们清楚地指出了科学概念的前进路线。化学研究以多个真实观察资料为起点，这些资料起初是互不相关的，后来被化学定义了确切的数字和量度规定性。通过观测得到的数值被立即安排成了序列，这些序列根据一个法则前进，后面的项可以从前面的项中得出。随着经验杂多以这种方式转化成了理性杂多，它也产生了一个问题，即结构关系的法则变成了深层的因果过程法则，并且把前者完全建立在了后者上。在对经验资料的这种逐渐掌握中，逻辑过程的特质就揭露了出来。通过它，概念一边遵从事实，一边获得了对事实的知性支配。

自然科学的概念和"实在"。化学概念构建的真正方法论兴趣在于，我们可以以一种新的眼光来看待普遍到具体的关系。对物理概念和物理方法的思考，只使我们看清了这个基本关系的一个方面。理论物理的目标仍然是普遍的过程法则。我们考虑具体的例子时，只是把它们当成范例，这些法则通过它们被表现和说明。越是深入这个科学问题，概念系统和实在系统间的区别就越明显。因为所有的"实在"都是以个别的形式呈现给我们的，因此也就具有非常多的具体特征，而所有概念都弃绝了一切具体特征。这里再次揭示出了一个最早显现于亚里士多德系统中的悖论。所有知识的目标都是成为普遍知识，而且我们只能在这个目标中获得知识。真正的原始存在都不属于普遍实体，而是属于它们动态实现序列中的个别实体。从中世纪到现代，期间发生的关于现代亚里士多德系统的争议，都是按这个观点解释的。"唯名论"和"实在论"之间的冲突就只是表示了问题的进一步发展，该问题已经隐藏在亚里士多德形而上学和知识理论中。

里克特的科学概念构建理论。在当代哲学中，这个对立在里克特的科学概念构建理论中最为突出。思维瞄准了"概念"，就不能再追猎真实事物，反之亦然。概念在多大程度上完成了自己的任务，感知事实领域就相应缩减了多少。思维对浩如烟海又密如针织的事物集合进行简化，这也意味着该集合的实在意义越来越少。主要科学和其他自然科学的最终目标都是把经验直觉从它们概念的内容中去除掉。科学不是"思想"和"事实"之间的桥梁，相反，正是科学首先在二者之间挖掘出了沟壑，而且不断扩大着它。"无论概念的内容是什么，它都与直觉的经验世界对立……在严格的意义上，即使在最为原初的概念构建中，'个别'都荡然无存。自然科学最终认为，一切实在都是相同的，因此也就不包含什么绝对的'个别'……但普遍地说，情况并非如此。只要我们一想到，每一小部分以直觉形式出现的实在在我们眼里都是彼此不同的，并且具体的、直觉的和个别的东西是我们唯一知道的实在，那么我们就必然明白，概念性构建摧毁了实在的个性。如果科学概念的内容不包括任何个别的和直觉的东西，那么实际上它就空无一物。概念和个别事物之间的罅隙源自自然科学，因此，它也是概念和一般实在之间的罅隙。"

对里克特理论的批判。如果这个逻辑结果是正当的，那么到目前为止，科学研究对于自己的目标仍然认识不明，仍纠缠在荒谬的自欺欺人之中。因为所有伟大的精确和经验研究者仍然相信，科学的目的是用知识越来越深地渗透实在，给它更确切的直觉。不该对事物进行偶然性和片面性观察，因为这种观察随观察者不同而不同，所以，我们需要一个更为完美的观察。我们要得到一个可以揭示出真实事物的精细结构性关系且能够让我们详细探查这些关系的综合认知，而不是一个粗陋狭窄的世界图像。但是，如果研究所用的逻辑工具也就是科学概念与这个要求不相容，我们又该如何满足这个要求呢？我们现在必须知道，本应帮助我们更清晰地理解经验直觉细节的东西反而使这种理解更模糊；用来确证和扩展我们事实知识的东西，反而使我们离"事实"的真正核心越来越远。对实在的概念性理解消灭了实在的独特意义。这个结果也许看起来很奇怪，却是里克特理论的基础。如果概念是主导逻辑学说所认为的那样，只是"表达了共同特征"，那么我们就不能把具体事物当成具体的来理解。本质上说，它的功能就和文字的功能一样，里克特把这两种功能放在同一水平上，而这种处理也承自西格瓦特。正如西格瓦特解释的那样，被表达的东西要么就是个别地存在，要不就是抽象地存在，这种抽象的来源是它个别地存在时的存在条件。在这种情况下，只要被表达的内在东西可以被认为是存在于某个个别事物或事件群中的，它就是普遍的。表达了被表达物内在含义的就是文字本身。例如，没有完全清晰的直觉内容可以对应"鸟"字，与它对应的只是某种模糊的形状轮廓和模糊的翅膀运动形象，所以，儿童可能会把一个飞着的甲壳虫或蝴蝶称作鸟。我们所有的普遍表象也基本如此。普遍表象之所以是可能的，只是因为我们除了具体完整的感官知觉，还有不甚完美和确切的意识内容。记录我们真实感觉的记忆图像是不确定的，这种不确定性是指，除了真实意识过程中生动的、直接出现的感官直觉，通常还会发现这些直觉的残留物，它们只是保留了这些直觉的零星特征。正是这些残留物，包含了普遍表象构建的真正心理学材料。从这种不确定性中产生了一种能力，即把这些表象应用到另外一些在时间、空间甚至内容方面都不同的东西上："越不确定，就越容易应用。"概念功能的明显多样性，它不断引入更加陌生的新元素来对比的能力，都依赖于心理学基础的贫瘠。科学概念以相同的方式出现，并且具有相同的条件。它与幼稚的语言概念以及一般世界观的不同只是在于，这里带着批判的警觉意识使用了无意识有效的方法。自然抽象方法单独是很难理解的，它们单靠自己的力量得不到一个完整确定的结果。科学所取得的成就是，借普遍定义确立了指导感知材料选择的法则，从而消除了这种模糊性。如此一来，在不同的抽象形式之间就有了一个精确的界定，因为它们每一个都包含了一个特性群。概念的本质就存在于这种恒常性和表象内容的全面区别中，后两者可以用一个确切的单词表示。这样一来，概念离具体事实的鲜活直觉就更远了。因为对于单词含义，它们要表示的具体内容表象仍然停留在意识背景中，尽管这个表象不需要确凿清楚。对于科学概念来说，它越是纯粹，就越是远离了直觉的最终残渣。所以，科学概念成了一个可以完全被思维审查和掌握的整体。但是另一方面，它也失去了抓住和复制实在的能力，因为实在总是以具体个别的形式出现。

单词含义和数学概念。在这个演绎中，最先震撼到我们的是，它把科学概念与一个联系分开了，这个联系不仅在逻辑上产生了它，而且赋予了它真正的力量。精确科学概念只是在持续进行一个知性过程，这个过程在纯粹数学知识中已经在起作用。对流行的单词含义的批判并不影响这些概念，因为自一开始，这些单词含义就站在另一块土地上，并且植根于完全不同的预设中。自然科学的理论概念绝不是纯化的和理念化了的单词含义，它们都具有一个完全不同于单词本身的要素。正如我们已经看到的，它们总是包含了对一个精确序列原则的某种指涉，这个原则使我们能够把直觉杂多确切地联系起来，并且用一个规定的法则把它贯穿起来。这个意义上的"概念"，就没有了里克特理论的根本矛盾。在这里，"普遍"和"具体"之间并没有不可逾越的鸿沟，因为"普遍"本身除了表示"具体"本身的联系和顺序并使之成为可能外，它并没有其他的含义和目的。如果我们把具体当成一个序列项，把普遍当成一个序列原则，那么我们就立即明白了，这两个环节在不彼此僭越和混淆的情况下，通过它们的功能互为对应。只要把一种具体内容与其他类似的内容放入不同的联系中，并概念性地"塑造"它，它就会失去其特质和直觉个性。然而，情况正好相反。这个塑造过程越是往前推进，具体事物进入的关系系统越多，它的独特个性就越是被清晰地揭示出来。每个新的观点(概念也只是一个这样的观点)都允许一个新的方面也就是一个新的具体特征变得明显。在这里，逻辑再次与具体科学结合在了一起。实际上，每个真正的科学概念都是通过指出一条通向未知"事实"领域的道路来证明自己是有效的。科学概念虽然离开了具体的直觉材料，但并非完全不关注它，而是给我们指出了一个方向，如果沿着这个方向前行，我们就能知道直觉杂多中的新特质。所以，如果某个物体的化学"概念"由它的构成式给出，而它在这个构成式中被当作具有独特结构的具体材料，那么它也就同时被带到了不同的化学"类型"下，并且与所有其他物体处于一种确定的关系中。普通的化学式只给出了一般组成，而不是单个元素的构建类型，在这里，大量新关系丰富了它。通过我们所掌握的一般法则可知，给定的质料是如何彼此转换的，又是根据什么法则彼此转换的。这个法则不仅包含了某一时刻质料存在的形式，还包含了它所有可能的时空阶段。概念的化学构建越是往前进行，细节就分得越清楚。从原始的概念角度出发，我们说材料是相似的，因为它们是"同分异构"的，但是从后来的概念角度来看，材料具有截然不同的特征。在后一个角度中，我们不会遇到通常意义上的"普遍性"。如果一个具体序列项在系统中的位置还未确定，那么它可以留在系统的任何位置，但是它与一个群的其他项之间的关系就拥有了一个明确的含义。通过这个含义，它与其他关系形式就区别了开来。个别事物的独特性只有一个"天敌"，那就是模糊的属种图像的普遍性，然而，一个清晰的关系法则的普遍性则确证了这个独特性并让它在各个方面都为人所知。

里克特对"含义"和"表象"的混淆。所以，里克特的批判最终关注的也只是一个他本人不满意的概念形式。这种概念构建形式来自"归类理论"，然而只要涉及精确概念的基础，这个理论就行不通了。如果我们像里克特那样认为，自然科学的所有"事物—概念"，都有逐渐变换为"关系—概念"的倾向，我们也就相当于承认，概念的真正逻辑价值与抽象"普遍性"的形式无关。里克特说："所有自然科学的终极目标都是根据自然规律来深入理解事物的必然性，而一门科学只有在最初构建概念时就有了这个目标，它在全部物质世界的知识方面才是有价值的。"一门科学如果有了这个目标，那么它就会尽可能摒弃纯粹分类性的概念构建。也就是说，它不会满足于只是特性集合的概念，要把这种元素聚集在一个概念下面，就必须依赖一个假设，即元素若非直接根据自然规律彼此形成必然联系（也就是无条件的普遍联系），就是表现了表达这种必然联系的概念的初始阶段。只要我们关心的是自然科学意义上的知识，含义世界与感知世界的关系就无疑构成了我们的知识。但是出于那个非常原因，含义不能是表象，而只能是具有逻辑价值的判断，必须包含规律或为它们铺平道路。通过这个清楚的解释，我们可以立即指出里克特理论中的一个关键点，其中，问题中心从概念"含义"的必然性被错误地移到了属种表象的普遍性中。我们只能针对"表象"说，它们越是普遍，就越是失去了直觉的清晰性，直到它们最终变成了没有任何实在意义的简单图式。但对于判断，与它们有关的比较和关联范围越宽广，它们就越能准确规定个别事物。在这里，外延的增加与内容的规定性是相似的。（详见第一章）判断的普遍性指的不是判断的量，而是指判断性联系的质，所以对个别事物所做的判断可以是完全普遍的。在这种情况中，命题"S 是 P"不是指性质 P 均匀包含在多个主体中，而是指它无条件地、客观必然地属于这个具体主体。当我们认为是科学法则赋予了感觉给定物必然性时，我们并未改变它的物质内容，而只是在一个新的立场上表达它。"个别"事物不会整体变成一个完整的"普遍"，但是相对松散的经验规定性集合会被统一成一个客观有效的过渡就只是向必然性过渡的一个迹象和表达，而这个必然性是科学知识问题假定和要求的。

表达个别关系的概念。 一方面，科学概念和感官印象中给出的"实在"之间的区别仍然存在。自然科学的基本概念都不能作为感官知觉的部分被指出，所以也不能通过一个直接对应的印象来验证。越来越清晰的一点是，科学思维越是拓展它的地盘，它就越是被逼着诉诸一些知性概念，这些概念在具体感觉领域没有任何类似物。假设性概念如原子和以太，以及纯粹的经验概念如物质和运动，都表明科学研究和"给定的"感知元素都不能没有纯粹理想的、不能在经验中直接给出的极限概念。除了"真实事物"，科学研究还必须有"非真实事物"。尽管如此，我们也不能错误地以为，科学由于其概念的这种独特特征，而越来越逃避具体经验存在提出的任务。对事物实在的这种明显回避，正是对它们的另一种瞄准。因为那些概念没有直接的直觉内容，所以它们在塑造和构建直觉实在时必然具有一个功能。科学概念所表达的规定性不是经验客体的感知特性如颜色或味道，而是这些经验客体的关系。如此形成的判断在内容上虽然不是感官印象的集合，但在用途上与这些印象集合有关，而这些判断的目标则是给这个集合一个系统的形式。因此，方法上的区别不会变为形而上学上的区别，因为思维只是把它自己与直觉分开了，以期能带着新的独立工具返回直觉，并由此来丰富它。理论发现了关系，并给了它们数学形式，而每个这样的关系都指出了从给定事物通向未被给定事物、从真实经验通向可能经验的一个新途径。所以，实际上自然科学的关系概念在个别事物中并没有直接的复制体，它们所缺少的不是个性元素，而是事物般的联系系统。我们并未生产出一个独特客体种类，而是给同一个经验实在赋予了新的范畴形式。如此一来，向"普遍性"的过渡就是一个次要方面，这个方面与概念构建的真实倾向无关。向"普遍性"特征。它们使对关系的认识成为可能，并保证了这个认识，尽管它们本身从来都不能像独立客体那样被感知。所以，能指的不是一个同质事物，其中不同能类型的内在差异都被抹杀了，它是一个统一的联系法则，本身只能在数量不同的事物中被确证。在自然科学中，序列形式的特性隐藏在对同一客体的每个假定中，这种特性只能存在于序列项的集合中，而这些项本身则要保留下来。因此，在原理的普遍性和事物的具体存在之间并不存在矛盾，因为这两者在根本上并不是竞争对手。它们属于不同的逻辑维度，所以二者都无法取代对方。

自然科学概念问题。当我们把这个问题带回到数学领域时，它就得到了更清晰的认识。和里克特的理论不同，我们刚才指出了由于确证了某些量的事实和确证了自然科学结构中的某些数值常数，而产生的那个重要作用。只有当这些常量的值插入这些一般定律的公式中时，经验杂多才获得了固定和确定的结构，这个结构使该杂多成为了"自然"。发现了一般的因果方程式，还要为具体过程群找到确定的、经验上确立的和定量的值，这样，才算完成了实在的科学构建，比如，在能量守恒定律的基础上，再给出固定的、能决定两个不同领域进行能量交换的等价数。正如罗伯特·梅耶所说，这些数字是精确地研究自然所需要的基础。这个确切的数字打破了传统的逻辑图式，后者只把概念当成一个属种概念，并把多个例子纳入其下。"二"或"三"并不作为一个属存在，也就是说不在客体的所有具体的二或三中实现，它是一个整体序列中的固定数字，只出现一次，尽管它只是具有纯粹概念的、非感官的"存在"。（见第二章）一方面，科学概念并不拒绝确证个别事物，但另一方面，它从不把个别事物当成孤立的，而只是把它当成一个有序集合中的具体元素。思维发现了经验常量，并用确切的数字一个性来表示它们，而为了上升到抽象空洞的存在属和过程属，它便开始根据必然法则而把这些经验常量联系起来，使它们变为了序列。科学思考的基本对象就是因果律和"结构性关系"。这些结构关系最终变成了确切的数字，在这方面，化学知识就是一个例子，然后我们便开始试着把它们理解成一个有序序列。理论思考和定义序列联系的一般可能形式，经验则指出经验"真实"存在或经验真实过程在这个联系中占据的位置。在进步的科学世界观中，这两个要素是密不可分的。功能性法则的普遍性只是以具体的常数表示，而常数的个性则只能以把它们联系在一起的定律的普遍性表示。这种相互关系也在特定科学内被重复和确证。自然科学并未放弃对具体事实的确证，但是它对它们的确证是要求它们与规律思想在关键意义上相符合的。即便有人的理论起点是历史个别概念和科学属种概念的对立，他们也必须明确承认，这种知性区分对应的并不是科学本身的区别。这两个动因互相渗透，而要确定一门科学在整个知识系统中的位置就必须凭借它们二者的支配关系。如果情况如此，我们就得问，对于一个为很多学科所共有的问题，我们是凭什么把它当成一个问题类型，并以一门科学的名义来处理它。如果我们把所有旨在获取纯粹"事实"的科学方法都纳入"历史"属种概念下，也不能就此证明，如此产生的概念代表了一个真正的方法论整体。因为不同科学学科是在非常不同的条件下确证事实的。具体学科的一般理论总是预设的，并给事实判断一个特定形式。所以，每个天文学"事实"的提出都包含了天体力学的整个概念工具和光学基本原理，实际上是包含了理论物理的所有基本部分。每门科学的"历史"部分在方法论上都与它的"理论"部分通过一个真实的内在关系相联系，然而另一方面，在两个不同学科的描述性部分之间则存在一个松散的联系。这里的统一不是原理上的而只是分类上的。天文学获取事实的方法与它构建一般理论概念的方法在理论上是相联系的，但是它与生物学确定和选择经验材料所使用的方法则是明显不同的。这也表明了，我们不可能把知识划分成纯粹普遍的知识和纯粹具体的知识。能给知识划分提供真正基础的只能是这两个环节的关系，只能是普遍和具体之间的联系所完成的功能。

量和其他关系形式。毋庸置疑的是，这个功能不能在它的任一活动中完成，且在一个答案之上总会出现一个新问题。实际上，"个别"实在显示了它不可穷尽性这一根本特征。真正科学关系概念的一个独特成绩是，尽管在原则上它不可能完成这项任务，但它还是尝试了。每个新构建物都与前一个构建物相联系，它构成了对存在和过程的新一步规定。个别事物作为一个无限远的点指出了知识的方向。最终和最高的目标实际上都指向了科学概念和科学方法的范围之外。自然科学的"个别"既不包括和穷举美学思考的个别对象，也不包括和穷举作为历史主体的伦理人物。因为自然科学的全部特质都只是在于发现了确切的量和量的关系，艺术思考对象和伦理判断对象的特质和价值则在它的可视范围之外。但是给不同的判断方法划分界限，并未在它们之间产生二元对立。自然科学概念并不否认美学和伦理学的对象，尽管它不能随意用自己的方式来构建这个对象。它不会篡改直觉，尽管它是站在一个支配性的立场上来有意识地审视着直觉，并且选取了某个具体的规定形式。其他超越了自然科学的思考类型并不与它冲突，而是与它处于知性互补的关系中。它们不会把个项当成一个分离的、孤立的元素去处理，而是建立了新的重要联系点。在单纯的数量顺序上，增加了关于真实事物的、新的本体论顺序，在这个顺序中，个项首次获得了其全部含义。在逻辑上说，个项是由不同的关系形式来处理和塑造的。普遍和具体的冲突就变成了一个由互补条件构成的系统，这个系统只有在这些条件的总体中和它们的合作中，才能理解实在问题。

第二部分

关系概念系统和实在问题

第五章　归纳问题

一、归纳和演绎中的形而上学倾向——经验的判断理论——马赫的"思维－实验"——对马赫理论的批判——洛克的经验判断理论——一切经验判断中的"永恒元素"——必然确定性公——感知判断和经验判断——作为集合和系统的经验——离散的和连续的"整体"——归纳和不变式理论——归纳和类比

归纳和演绎中的形而上学倾向。科学知识的形而上学分析的真正结果是，剥夺了具体和普遍这个二元对立的形而上学特征。规律和事实不再是两个完全分离的知识极，它们处于一种活跃的功能性联系中，分别作为手段和目的并相互联系。所有经验规律关心的都是给定事实的联系，都想要推导出未给定的事实群。因为一方面，每个"事实"的确立都是参考一个假设定律，并通过这种参考而得到确定的特征。经验自然科学在刚开始进入"确定的科学之路"时，本身并未参与到哲学关于"归纳"和"演绎"的分歧中。经验科学在检验自己的方法时，必然会知道，这个冲突中存在一个对"知"方式的虚假技术区分，其中这些方式都同样是经验科学存在所必需的。这里揭示出了"知识的形而上学"所独有的动因。在知识过程中以不可分割的条件整体而出现和活

动的东西，在形而上学的观念中被实体化成了互相斗争的事物。永恒和变化、存在和成为、一和多，所有这些只是某些基本知解方式的部分方面，它们处于无条件的对立中。所以，在自然哲学中，不仅有普遍的形而上学，还有具体的形而上学。在普遍的形而上学中，概念表示经验的必然联系，它们是独立的实体，而在具体形而上学中，具有个性特征的简单感觉是真正实在的承担者和内容。存在的真正内容不可被分解，它只存在于孤立的印象和它们的量化特性中。知性认识的进步只是为了更清晰地阐释这种基本存在，并更彻底地把所有关于存在的断言都分解为这种基本存在。

经验的判断理论。要满足这个要求，就必须明白无误地实现具体化。我们的所有判断都不过是确证了一个事实状态，该事实在此处此时被给出，并只在其空间和时间特质中被理解。超越了时空的断言就会坠入虚幻之府。任何真断言的有效性都必须严格限制在做出判断的这一时刻，因为作为一个真正过程的感知并不会逾越这个时刻，所以概念如果想保留它的确切特征，就必须小心这些自然界线。现在和过去的感知构成了我们判断的核心，无论是关系判断还是事实判断。实际上，过去的感觉作为一种元素，已经有冲破这个一般图式的趋势，因为对于意识来说，过去并不是在实在概念的意义上"存在"的。当我们拿现在的印象与其他在意识中占据着前面时间点的印象做比较时，我们就已经从"给定"跨到了"非给定"。只要我们假定，被记起的感知和真实的感知在所有基本部分上都是相似的，那么我们就可安全地跨出这一步。过去被当作现在，尽管它在时间上很遥远，并且具有直接印象的一切确定性。判断的基础只是比较真实的和复制的感知内容。

马赫的"思维—实验"。始终如一的"经验主义"要把这个结果扩展到一切知识领域。按照这个观点，数学和物理学、物理学和生物学都是等价的。因为促使我们得到这个观点的，不是对客体的分析，而是对判断行为的心理学分析。判断形式必须在任何地方都是一样的，因为被呈现的材料是其形式的唯一基础，它对于不同的知识学科都是一样。观察和研究方法与我们是以事物还是以我们脑海中的事物表象和记忆为实验对象无关。我们可以引用马赫的一个例子。比如，我们提出一个几何问题，要求在一个直角三角形中画一个正方形，其中三角形的两个直角边为 a 和 b，斜边为 c，正方形的一个角与三角形的直角重合，其他三个角分别位于边 a、b 和 c 上。问题提出后，思维就会把给定的条件呈递出来供思考研究，以期找到一个答案。现在我们随机设想一个距离，随后以三角形的顶点为起点，在一个直角边上量取这个距离，并以这个距离为边长构造一个正方形，那么最终，这个正方形的角并不会落在斜边上，而是落在斜边的右方或左方，落在三角形表面内或表面得所有画出的正方形都会有一个对角线平分 ab 交点处的角时。我们就得到了这个答案。所以，当我们从已知点中画出了这个平分线，我们就可以通过它与 c 的交点，而完成所需的正方形。这个特意选出的例子虽然简单，它却清楚说明了在解决思维实验和记忆实验问题时，什么才是本质的东西。"

对马赫理论的批判。这个例子也揭示出了作为整个论点基础的一个预设。在严格的心理学意义上，"记忆"并未产生什么新的内容，它只能重复感官表象已经给出的东西。因此，它会把直觉呈递给我们的实例交给意识，但是我们不明白的是，它在不逐一查看具体例子的情况下，竟能够就一整个形式群做出断言。当然，上述例子的本质已经排除了做出这种断言的可能性。因为，可能的正方形有无数多个，而这是具体感官想象力绝对不能穷举的。记忆本身并不能审查无限多的可能例子，而只能察看有限多的实例。如果我们只使用上述利用表象和记忆进行实验的方法，那么无论我们查看了角平分线上的多少点，我们也不能确定我们选取的下一点是否与之前观察到的点具有相同的特征。从这一点来说，没有什么东西能阻止我们假定，再往前推进，可能就会发现角平分线上的点不符合假设的条件，或者相反，有些点虽然满足已知条件，却不在这条线上。我们构建了角平分线，并赋予了它数学特性。当我们从具体的例子返回到这个构建过程时，这个答案就首次获得了必然性和确定性。认识到了统一的构建法则外，我们就抓住了整体结构的全部规定性。因为这些规定性只是凭借生成法则才产生的，而且可以从该法则中严格地演绎出来。我们并不是通过多个具体实例而找到了联系法则，而是从几何方法的统一中得到了具体应用。我们只能通过这种方法来假设一个关系，这个关系不仅要肯定意识中的当前表象，还要肯定永恒的理想联系。我们提出了一个预设，它不能只适用于这个或那个具有独特特征的三角形，而要适用于绝对意义上的"三角形"。我们是否能最终证明这个观点并不重要。当然，作为一个单纯的心理学现象，它已经突破了正统感觉论的知识图式。

所以，那些最为坚决地在哲学领域中提出"激进经验主义"

的思想家，就算站在这个立场上，都应看到逻辑和方法论差异。在这一点上，"纯粹经验"的公正判定与感觉论的教条演绎相对立。对知识事实的无偏见分析清楚地表明了，我们根本不能把数学和逻辑关系化简为对具体表象的经常性经验共存所做的判定。数学和逻辑关系并不会告诉我们，某些内容是否存在于空间和时间中，以及多么频繁地存在于空间和时间中，它们只能确证理想结构间的一个必然联系，无论现存感官客体世界发生什么变化，这个联系都一样有效。对于一个逻辑或数学命题，如果我们在探究它的起源时，把它理解成只是具体真实"印象"及其经验关系的复制体，那么我们就相当于是篡改了该命题的真正含义。这种理解赋予了命题一种感官功能，但就其所指主体的本质而言，它并不具有也不可能具有这个功能。任何形而上学构建都可以不理会含有这种区别的心理学和逻辑学现象。"理念之间的关系"在原则上不同于具体经验特性的共存性和次序性这些纯粹真实的规定性。①

洛克的经验判断理论。这个区别越是彻底，就越是揭示了经验判断的特征。而经验判断的特征似乎只是在于，判断性联系的有效性被限制在做出判断的时刻。从这个意义上看，洛克已经抓住了这两种真理类型之间的联系。洛克认为，数学知识的有效性是建立在一个原则上，也就是相同知性客体间的相同关系具有永恒不变性。对一个三角形成立的东西可以直接推广到所有三角

①真正的心理学"经验主义"自始至终都坚持这个区分。詹姆斯在就此问题与斯宾塞和米尔进行的论战中，就清晰地指出了这个区分。

形，因为在证明中，这个三角形的具体直觉表象不是代表它自己，它只是一个偶然选择的感官图像，代表的是一个普遍永恒的关系。只要一个判断超越我们知性表象的领域而进入了事物的存在，那么它就会否定这个认识。外部事物只能通过它们在我们脑海中引起的感官印象，才能被我们的意识注意到，所以，它们的确定性也只是那些印象本身的确定性。感觉的存在不超过它的表面存在。一旦去除了这种感觉存在，我们就会失去评价事物存在的唯一标准，而且失去了对这种存在的更精确特性进行断言的基础。因此，关于事物存在的判断只具有相对和有限的真理，所以，当直接感觉被给出时，无论这些判断看起来多么有说服力和明显，我们也不能保证感觉的瞬时证据会以同样的方式再现。相应地，只有放弃了一切具体实在的对象如纯粹数学的对象，才有必然知识。只要考虑这个实在，知识的特征就立即完全变了。

一切经验判断中的"永恒元素"。尽管从知识理论的抽象立场来看，这个区分是显著的，但当我们联系自然科学的具体方法来看它时，就提出了一个问题。洛克的思想可能准确说出了自然科学的纯粹经验性和演绎性命题应该是什么样子，但是它并未提到它们在现实中是什么。洛克的这一思想后来不断被人小幅修改后再提出。自然科学的判断并非只是确证一个观察者的意识在某个确切时刻有什么感官印象。如果有判断这样述说，那么它们就都是心理学的描述性判断，而不是一般自然科学的理论性和描述性判断。当数学家处理几何图像间的关系或者纯数字间的关系时，他们不允许自己最后的声明中出现关于特定表象的特性，也就是说他们不会以感官方式表达这些关系；同理，宣布一项实验研究成果的研究者，也经常不会只简单报告一下他的具体感知经验。他所确证的不是某些感官印象的次序和作用，这些印象在他的脑海中来来往往，他所确证的只是不变事物和不变过程的不变"特性"。从简单的感觉过程变为特定的客观断言，在这个过程中，"超越"这一形而上学概念实际上是完全缺失的。如果这个使得自然科学判断成为可能的变化，给感官信息添加了一个新的知识形式，那么它就只是把感官信息变成了一个新的存在模式。知识元素的分离和保留，与可进一步添加的形而上学断言无关。现在，判断得到了一种新的在时间上的有效性。即使是关于经验事实最简单的判断，也赋予了这个事实一个存在和永恒性，而这是转瞬即逝的感官经验无论如何也做不到的。硫在一特定温度下熔化，水在一定温度下冻结这一命题，就算用最简洁的表达，就算从"温度"这一概念所包含的各种理论假定中抽象，也是指某种不局限于任何孤立时刻的事物。这个命题声称，只要满足了主词概念所涉及的条件，那么谓词概念中表示的结果就总会且必然与这些条件相联系。对于思维来说，直接感知的那一时间点扩展到了整个时间线，而我们可以一眼览尽整个时间线。正是这个逻辑功能，给了每个作为证据的实验独特的意义。每个基于实验的科学结论都依赖一个潜在的假定——只要研究条件不变，那么此处此时有效的东西在任何地方、任何时间都是有效的。只有通过这个原理，感官感知的"主观"事实才变成了科学判断的"客观"事实。歌德说，一切真实都已经是理论，而我们可以从一个新的侧面看到一切真实在多大程度上了成了理论。因为只有对现象的必然确定性进行思考，我们才能捕捉到一个转瞬即逝的观察，并把它确证为事实。

必然确定性公设。有些研究者认为他们只以经验"事实"为研究基础，并认为思考直接感知信息时，我们的思维并不是独立的，但即使是他们，也明确证实了这种思维功能。尽管有人提出质疑，但这一确信偶尔还是会表示出来。奥斯特瓦尔德说："一旦知道了不同现象间的关系，这些关系就成了未来科学的不可毁灭的部分。可以发生也经常发生的是，这种关系刚开始并未得到完美表现。我们知道，我们并不能坚称这些关系是完全普遍的，因为它们还受其他力量的影响，这些力量改变了它们，但起初在发现和提出这些关系时，思维并不能思考这些力量，因为它不知道它们。但是无论科学如何变换，起初的知识仍然会留下特定的、不可毁灭的残留，而且科学再次获得的真理在这个意义上就有了永恒的生命，也就是说，它与人类科学同寿命。"对事实进行的经验判断也有"永恒"这一特征。观察资料之间的联系一旦建立，就绝对不能在以后的研究进程中被废除。我们发现的新事实，在任何一种意义上都不能代替以前的经验，而只能给它们添加一个确定的概念性规定性。实际上，这种变化对判断性联系的影响要小于对其所指主体的影响。如果我们认为某种材料由其物理特性和化学特性的图式规定，那么无论在观察过程中出现了什么相反的实例，或该材料的表现发生了什么变化，原先在材料规定性中确定的联系都仍然有效。如果经验判断局限于一个时刻，那么这里就会存在一种简单的消灭和重建关系。后一时刻会放弃前一时刻以及前一时刻所确证和声明的一切"真理"。在现象的真正进程中，后一时刻会代替前一时刻，同样，它也将包含事物经验规律的一个内在改变。但实际上，我们给每个物体都一劳永逸地赋予了一个特定的结构和特征。当解释为什么结果不一致时，我们不会假定这同一对象的基本特性改变了，而是会去质疑被观察问题的特性。我们认为，现在在眼前看到的对象不是我们先前看到的经验对象，会认为某些未知条件修改了它。所以，"S 是 P"这一判定的有效性不会被它的否命题"S 是 P"推翻，我们会一边保持原命题有效，一边追踪当 S 变为 S' 时该命题发生的变换。所以，观察的前进就包含了分析的持续前进，它越来越清晰地把那些乍一看完全相同的情况分开，并揭示出每种情况的独特差异。如果我们认为这个分析工作是完整的，并且因此获得了一个完全确定的主体，那么这个主体的确定性就也包含了判断性联系的确定性和必然性。相比理性判断，经验判断包含了不确定性元素，这种不确定性元素关心的只是把给定物包含在一个理想情况下。问题不是谓词 b 是否属于一个严格定义了的内容 a，而是一个给定的内容是否满足概念 a 的全部条件。问题不是 a 是否真的是 b，而是感觉给出的 x 是否真的是 a。数学概念构建的真正优越性也正是在于此。因为数学构建的对象只是我们的理想构建的结果，而每一个经验内容都在其自身中隐藏了一些不为我们所知的规定性，所以，我们永远都不能确 定这个内容应该放在我们提出的哪一个假设概念下。

感知判断和经验判断。所以，我们认为洛克对经验判断的分析是内在不充分的，因为它掩饰了必然联系的元素，其中这种元素既是事实断言的特征，也给了这些断言真正的含义。对于康德来说，这个必然性是真正的基本问题，但是在最初提出他的批判性问题时，他仍然在其中一点上继承了洛克的认识。康德诉诸感知判断和经验判断之间的区别，但这个区别的直接系统意义要少于它的说教意义。这个区别加入了判断感觉论阵营，以期从后者中获得一个新的、更深刻的理解。我们把具有客观有效性的经验判断叫作经验判断，把那些只是主观有效的判断叫作感知判断。如此一来，后一种概念就包含了教条经验主义所认为的一切本真的经验标记和特征。"感知判断"只会报告瞬间的和个别的经验，它不根据任何知性的依存关系和一致关系而把主词和谓词相联系，而只把它们当成根据"主观"联系法则而在个别意识中偶然性地聚集在一起的。在感知判断中，我们只确证两个内容的共存，而不把它们置放在任何依存关系中。然而，康德的区分越是往前推进，我们就越是看到，感知判断的目的只是充当一个在方法上构建成的极限状态，通过对比的力量而阐明新获得的科学客观性概念，但是这个区分并未真正把判断分成了两个异质类。每个判断都在自选的小范围内，声称具有某种程度的客观性。它绝不满足于只确证表象的共存，还要在它们之间建立一个功能性的对应，所以，只要给定了一个内容，另一个内容也得出现。系动词"是"就表达了这种联系，并作为一个必需因子，进入了每个个别经验对象的断言。物体是重的这一命题，并不是说只要我拎起一个物体，我就能感觉到某种触感和压感。它只是要在对象的基础上确证一个联系，这个联系与个别的感觉主体的条件无关。即便是个别的"后验"判断，也总是在联系的必然性中包含了一个"先验元素"，其中的联系是它确证的联系。在经验系统的最终概念中，单纯的感知判断这一有用概念被超越和排除了。实际上，个别的个项可以成为科学断言的对象，所以，在此处此时给出的存在状态就构成了判断内容。但是在这种情况中，我们也并没有从客观必然性的领域迈入单纯的"或然性"领域，相反，我们通过在精确规律支配下的因果过程中给个项分配一个固定的位置，而把个项本身当成必然的。必然领域逐渐缩小，直到它能够使我们更为清晰地规定表面"或然性"。例如，以力学原理给出的普遍关系和引力定律为基础，我们可以在这个意义上确定天体在某个时刻的天文位置。"归纳"的真正目标绝不是孤立的、瞬时性的事实本身，而是把这个事实放在整个自然过程下。

作为集合和系统的经验。我们针对所有情况进行观察，但我们常说的"归纳的秘密"并不是在我们从这些观察中得出结论时才开始的，而是在我们确证单个情况时，它就已经被充分包含在这种确证中了。归纳问题的答案只能在它的这种意义扩展中寻找。实际上我们不能理解，具体观察资料的简单重复和排列是给了个项一个新的逻辑价值。元素的简单累积并不能完全改变它们的概念含义，而只能让这些元素所包含的规定性更加清晰。个别情况中肯定隐藏着一个因素，这个因素把这个情况托举出它的界限和孤立状态。构成归纳过程真正核心的功能，可以帮助我们在追溯一个经验内容时超越它给定的时间界限，并让它带着其确切个性延伸到时间序列的每一点上。这个起初只是在一个不可分割的时间点上表明了自己的关系，以某种方式不断生长，直至它可以规定未来的所有时间点。所以，对于每个个别的判断，只要它的内容可以转移到全部时间中，并通过这些时间而持续，就仿佛它是不断地、一模一样地再生一样，那么这个判断就都包含了一个无限元素。在数学中，永恒的经验对象和它不变的经验特性一般都是瞬时特性的积分，个别的研究也给出了相关证据。但是，如果不参考已经在元素中给出的整体，也就说，如果多变的、看起来零散无关的经验内容不包含对其永恒规律的参考，那么积分的逻辑过程将是不可能的。因为，正是通过这种参考，我们受时间和空间限制的有限经验范围，同时也是我们的一切，才能成为一般实在系统的试验和图像。只有认为所有的现象都是通过必然关系联系在一起的，我们才能把任何个别的阶段当总体过程及其普遍法则的表征和符号。每个归纳性推论都声称自己有这种象征意义。感官印象提供的个别规定性成了一个规范，这个规范必须作为一个永恒特征被保留在经验实在的知性结构中。每个根据客观方法和科学标准确证的具体经验，都声称是绝对的。对于在方法上测试过的实验，它所证明的东西都不能完全在逻辑上被推翻。归纳的任务是，通过为每个断言指出一个确切的有效范围，而把这些不同的断言统一起来，虽然它们看起来经常是互相交叉和矛盾的。普通感官观念下的条件群，一会儿和这个情形联系，一会儿和那个情形联系，但是在这里，它被分成了多个截然不同的具体情况，这些情况在一些理论可发现的情形中是不同的，它们之间的差异被认为是必然的。

离散的和连续的"整体"。在归纳个案和全部科学经验的关系时再次出现了一个特征，这个特征总是可以在定义一个"整体"而被确证，其中这个整体不是其部分的总和，而是从其部分间的关系中产生出的一个系统总体。逻辑学传统上会区分"离散"整体和"连续"整体。首先，部分先于整体存在，然后部分之间才形成了联系，而且它们可以在与这种联系无关的情况下，成为并可被区分为彼此独立的碎片。另一方面，连续统"元素"则是与这种分离相反。它的内容只能从它与系统总体的关系中得出，它属于这个系统，离开了这个系统，就将失去所有的意义。所以，一个线可以被定义为是点的无限集合。但是这个定义只是可能的定义，因为我们之前已经把"点"本身当成表达了一个纯粹的位置关系，所以在这点中，已经包含了它与其他相似元素的空间"共存"关系。在同样的意义上，我们可以说，经验规律来自具体例子，因为我们已经暗暗地假定它存在于这些例子中。个别经验判断内在包含了一个思想，同时是一个不成熟的要求——把自然过程的全面确定状态当成经验系统得以完善的最终结果。对经验规定性的简单共存所做的每个断言，都使我们想到这些规定是以彼此为基础的，尽管我们不能直接而只能逐渐地知道它们的关系形式。位置和距离的关系性特征内在于个别的点，同样，一个普遍规律也内在于个别的经验。个项只能在与其他时空中或近或远的元素相联系时才能被我们经验，而这种联系种类则预设了一个时空位置系统和一个因果对应整体。α 只有以函数形式 $f(\alpha)$、$\phi(\beta)$ 和 $\psi(\gamma)$ 存在时才能为我们所知，其中 f、ϕ 和 ψ 表示的是不同的时空和因果联系形式。"积分"的逻辑动作进入了每个真正的归纳判断，它并不包含任何矛盾和内在困难。在这里，从个体到整体之所以是可能的，是因为我们从一开始就保留了对整体的参考，并只需要把这种参考单独地带入概念性永恒。

归纳和不变式理论。归纳思维和数学思维一样，都趋向于在来来去去的感官现象中找到一些不变的、永恒的东西。它们的目标相同，但追求目标的手段不同。只要我们把现代几何思维的多种倾向放在"不变式理论"的一般观点下，并用这个观点来描述它们，那么我们可以在几何方法的发展中看到这些倾向是如何统一起来的。几何的每个特殊形式都是与一个确定的变换群相对应的，并以该群为自己的不变式理论，我们可以严格定义它们并使它们彼此对照。我们认为不变的概念和变化的概念是以彼此为前提的，几何学所肯定的永恒联系只能通过可能的变化而阐释。这个基本的逻辑关系现在则有了新的含义。对元素的经验联系所做的每个断言，其有效性都与任何绝对的时间或空间点无关。麦克斯韦附带性地给了一般"因果律"一个表达这个要求的机会。他解释道，相似的原因会产生相似的结果这一命题并没有任何明确的含义，除非我们首先弄清什么是相似的原因和相似的结果。每件事情只能发生一次，它已经被它的发生时间充分个性化了，并因此与所有其他事情相区别，这里所说的相似性不能在绝对特性的意义上理解，而只能相对于一特定的观点来理解，我们需要明确地区分和阐释这个观点。因果原理的真正核心在于一个断言：如果原因只是在绝对空间和绝对时间上相区别的，那么结果便也是如此。"两个事件的不同不取决于它们的发生时间或发生地点的绝对差异，而取决于它们所涉物体的本质、结构或运动差异。"现在我们看清了，物理判断所指向的内容，起初在思维中都是屈从于某个变化的，这个判断把那些不被这个变化影响的环节分离了出来，而这个变化则随时可以被我们确认。对于某个图形，我们把那些和它的空间位置及其部分的绝对大小无关的特性当成它的几何特性，同样地，我们对时间也使用这种思考模式。函数关系 $f(a, b)$ 可以为一个时间点 $t0$ 或多个时间点 $t1$、$t2$、$t3$……直接确立，它不受这种限制的制约，也不受任何个别的观察时刻影响。只要其余的条件不变，我们便可以认为任何时间点与最初给我们的那个时间点是一样的，所以从当前的时刻我们就可以确定过去和将来。所以，所有经验都是旨在获得某种"不变"关系，并在这些关系中得到它的真正结论。经验自然客体的概念就发源于这个过程，并以其为基础，因为这个客体的概念已经暗含了它会在时间的洪流中一直"与自己一样"。实际上，我们必须认为，当受到某些外力时，每个自然物体都会发生某些物理变化，但是，如果我们不能把这个物体当成逻辑恒定，并认为它们具有相同的特性，那么我们就不能以定律的形式来表示这些力引起的物体反应。在感觉的时间性混乱中，我们通过从时间中抽象得到了固定的联系和对应关系，而这些固定联系则构成了经验实在的基本骨架。

归纳和类比。 所以，判断的一个功能是让我们相信经验存在的永恒性。这个事实不仅表现在数学物理的归纳中，还在描述性自然科学内得到了清晰证明。进一步的分析也表明了，理想预设通过参考整体结构在多大程度上支配了对个项的纯粹被动的分类。克洛德·贝尔纳在生理学和整个"实验医学"方面，非常突出地阐释了理念和观测之间的相互关系。没有一个理想的比较角度，没有对可能顺序的理论预期，我们就无法发现"真实"和实际事物的顺序。尽管我们把这个顺序的确立归功于经验，但无论如何，我们还是要提前确定出经验的图式。所以，描述科学的归纳总是一种"临时演绎"。"如果我们想把实验研究者的试探性思维叫作归纳，我们就可以这么喊，同时我们可以把数学家无可置疑的断言当作演绎。但这个区别只会影响我们推理起点的确定性或不确定性，而不会影响这些推论本身的进行方式。"推理原则在这两种情况中都是一样的，尽管它会沿着两个方向进行："思维只有一种做结论的方式，而物体只有一个行进方式。"这种原则统一性在极限领域尤其清楚，在这些领域中，数学思想在某种程度上与实验性研究直接联系在一起。我们看到了几何思想是如何越来越允许在证明中使用具体的直觉图像。几何真正感兴趣的对象是元素本身间的关系联系，而不是这些元素的个别特性。那些对直觉来说是截然不同的杂多，只要能够例证和表达同样的联系法则，就可以统一起来。精确物理的概念性构建将被一个相应的逻辑方法支配。到目前为止，类比推论已经被当作物理方法尤其是演绎方法的一个基本部分。开普勒这位伟大的思想家把它当作他的真正引导者。如果把类比的科学价值建立在个案之间的感官相似性上，那么这种价值就仍然是不可理解的。实际上，与原初的幼稚观点不同，理论物理的任务正是要区别直接感知中的那些彼此相似的个案，而执行该任务的方式便是深入分析它们的产生条件。真正的、有效的类比不是建立在特性的感官一致上，而是在关系结构中的概念一致性上。在光的电磁理论中，我们把电和光当同一类现象，但这个断言的基础并不是感知所能理解的相似性，而是我们在这两个现象中确立的、定量表达现象的方程形式，以及这两个现象领域的特征常数之间的关系。所以这种比较并不取决于一个简单含糊的相似性，而是取决于数学条件系统中的一个真正特性。因为在纯数学中，我们把这个特性分离出来作为逻辑"不变式"并且考虑它自身。"类比"起初似乎只是关于感官个项的，但现在它越来越进入了数学"和谐"。开普勒的学说就给出了一个经典的例子。"类比"进入了统一的、量化的结构性法则这一观念，其中这些法则根据精确物理的假定而支配着存在整体，并把各种各样的东西统一在了一起。

二、演绎和分析、"复合的"和"分解的"方法——作为分析工具的实验——"普遍的"关系和"具体的"关系之间的关系——"分离"和"叠加"——定律和法则——"基本"关系的概念和数学必然关系——两种基本的知识类型

演绎和分析、"复合的"和"分解的"方法。在严格意义上，归纳性"概念"的第一个成果是，把杂乱繁多的观察资料转换成一些固定的序列性形式，起初，这些资料看起来只是许多毫无关联的具体元素共存在一起。某些基本的算术问题就是这种逻辑关系的精确例子和类比物，我们可以联系它们来理解这个任务的含义。如果给出了一个数列，其中的数字是根据一个起先未知的特定法则相联系的，那么为了发现这个法则，我们就必须把这个数列分解成许多遵循相对简单法则的小序列。例如，如果我们有一个四次幂数列 1，16，81，256，625，…，那么我们会先去寻找它们之间的差，以及这些差的差，直到我们最后得到了一个简单的算术序列，其中个别项之间的差为一个常数，如此一来，我们就可以确定把该数列中单个项联系起来的那个关系。于是，我们回溯到了一个完全已知的序列类型，并借此知道了我们如何

才能从这个基本形式出发，通过持续复杂的步骤达那个给定的序列。我们在这个给定序列的结构条件和它所有具体的构建阶段中，清楚明白地认识了它。通过把这个序列还原为它的形成阶段，我们看到它在某种程度上变得透明了，它从一个项到下一项的前进则显示了同样的必然性特征。在数字领域里使用的这种"分解的"方法，是真正科学的归纳推论所独有的。直接经验所提供的给定事实，乍一看是不可理解的。它可以简单地被确证，但是不能通过它的简单开端而得到它，也就是说，它不能从同样的进展法则中演绎出来。但是真正的、受理论指导的归纳绝对不会满足于把事实当成给定的。它用另一种联系来代替感官资料的实际共存，从纯粹物质的角度来看，这种联系种类在元素方面是贫瘠的，但是我们可以根据它的构建原理更为清晰地审视它。我们开创了实验，并把它们当作归纳的基础，而这些实验也都是沿着这个方向运作的。科学研究的真正对象从来都不是感官知觉的原始材料，而是一个由科学自己构建和定义的条件系统。

作为分析工具的实验。严格地说，实验关注的并不是摆在我们面前的、具有丰富规定性的真实情形，而是代替真实情形的理想情形。科学归纳的真正开端便提供了一个绝佳例子。伽利略并不是通过随机观察感官真实的物体并汇总这些观察资料而发现了落体规律，而是通过假设匀加速这一概念，并把它作为衡量事实的概念性量度来实现的。这个概念为给定的时间值提供了一系列空间值，这些值根据一个可被我们一次把握的固定法则联系在一起。所以，我们必须通过逐次思考复杂的、先前被我们忽视的规定性去认识实在的实际过程，这些规定性包括地心距离变化引起的加速度变化、空气阻力引起的阻滞作用。在算术中，我们从简单序列也就是其中邻项之差为常数的序列，变换到一次、二次和三次序列，同理，我们把真实事物也分解成不同的关系顺序，这些顺序根据法则而联系在一起，并逐次地以彼此为条件。现象在感官上的质朴外观产生了一个严格概念性的主从关系系统。然而，构建过程在数学中有一个固定结尾，但在经验中没有，而这也是这个系统与数学概念的一个区别。但是无论我们把多少关系"层"摞在一起，也无论多么逼近真正过程的所有具体条件，我们还是有可能漏掉一些影响总结果的一些因素，而这些因素只能随着进一步的实验分析揭示出来。所以，我们所确证的每个结果都只具有相对的初步规定性值，其本身只能固定下这些规定性而使之成为新规定的起点。不确定性仍然存在，但它并不影响具体序列内的关系，而且，这种不确定性会出现在我们把整个理论构建结果与真正的观察资料相比较时。要消除这个矛盾，我们不能一股脑儿放弃原先的研究原则，而是要在这些研究原则上添加一些新的因素，这些因素要在纠正原先结果的同时，还能把它保留在新的含义中。只要我们从主观观测误差中抽象，那么个别规定性的有效性就不会受到影响。我们经常质疑的是，这些规定性是否能充分解释复杂的、实际的实在关系。归纳性概念并未敲定这个质疑问题，而正是通过这种不敲定，它才逐渐接近实在而不是远离它。刚开始产生的"普遍关系"并不包含特殊特征，但也不否认这些特征，而是从一开始就给它们留了空间并预测它们未来可能的规定性。为了表达一特定空气阻力下的落体现象，伽利略的落体定律并不需要修改它的内容，而只需要在原则允许和可预见的范围内扩展一下概念。

"普遍的"关系和"具体的"关系之间的关系。在这个意义上，自然科学的"概念"并不是从具体中抽象，而是把具体更鲜明地表示出来。它所确证的每个普遍关系都倾向于把自己与其他关系结合在一起，并通过这个结合更有助于把握具体。从一个简单的序列中可以建立一个更复杂的法则，而每一个这样的序列都只是指其自身内的某个条件范围。然而我们不能说，从总体中产生的具体过程只是部分或粗略地满足了这些条件，我们只能说，如果给出的情形是可能的，那么这些系统就能得到充分的满足。所以，如果我们随后把所考虑的现象与一个新的事实领域相联系，那么原先规定性的含义和价值就不会发生变化。这里只有一个要求，也就是说，以这种方式逐次建立的关系应该相容。因为具体情形的规定性发生在普遍情形的规定性的基础上，并且暗中佐证了后者的有效性，所以这种相容性是必然有的。如果我们把一个具体过程当成不同法则的合成过程，那么具体情形是如何"参与"普遍情形的，就成了一个形而上学问题。因为普遍在本质上是不存在的，它并不作为一个真实的部分加入具体中，它只是内含于一个更为包容的关系系统的一个逻辑环节。为了规定一个具体的自然事件，我们把它插入不同的函数联系 $f(A, B, C)$、$\phi(A', B', C')$、$\psi(A'', B'', C'')$ 中，并认为它从属于所有这些联系的法则。在思维中，不同的条件可以结合为一个统一的结果，其中每个条件都在这个结果中被充分保留了下来。和这个逻辑事实一样让人迷惑的是具体对"普遍"的参与。现在我们要问的不是个别是如何在本质上脱胎于普遍并与它相区别的，而是知识是如何可以把普遍联系的法则带入联系中，并通过它们中的一个而确定另一个，而最终使我们在概念上理解了物体实在的具体关系的。

"分离"和"叠加"。正如现代自然科学知识理论在很多地方所显示的那样，这里存在真正的归纳问题。伽利略把科学思维的两个倾向分别叫作"分解的"方法和"合成的"方法，在现代理论中，它们有时也被称作"分离"原理和"叠加"原理。实验研究的第一目标是获得一个纯粹现象，也就是使我们研究的现象不受任何偶然条件的影响。实在给我们的是一堆异质条件的混合物，这些条件彼此交织、互为缠绕，而思维则需要我们单独考虑每个环节，并确定它在整体结构中究竟起了什么具体作用。要实现这个目标，我们必须在技术上分离那些实际上联系在一起的东西，必须确立特殊条件，这些条件要能使我们在个别因素的表现中来理解这些因素自身。只有严格完成这个分离，我们才能清楚地看清构建性统一。把部分系统联系起来并把它们在某种程度上叠加在一起时，我们才能看到整个过程的完整图像。这个总过程画面并不是一个统一的直觉，而是一个已分化了的概念整体，在这个整体中，个别元素间的关系得到了准确定义。如果我们可以以这种方式来考虑物理归纳问题，我们就会再次看到，数学观点与其说是概念性演绎构建的反面关联对象，还不如说是它的必然关联对象。我们所需要的关系合成构成了实验性研究的基本部分，这个合成在数学系统中有它的根本抽象基础和一般有效性。正如我们看到的，其概念具有充分普遍性的数学对象，不是量的合成，而是关系之间的联系和彼此规定。所以，这两个科学倾向有一个共同点。尽管我们需要概念来把原始无差异的感知整体分解为它的具体构成元素，但另一方面，形式规定性属于数学理论，其中这些元素正是靠这个规定而合成了一个规律整体。"可能的"关系性合成系统已经在数学中产生，它提供了一个基本图式，该图式涵盖了思维想要在真实质料中寻找的那些关系。至于可能的相关联系是如何在经验中被真实实现的，实验的结果会给出答案。但是要给出答案，我们首先应明确阐明这个问题，而要阐释这个问题，我们就得回到那些根据概念性立场，进而对直觉进行分解的概念。如果我们把真实事物当成基本关系序列相互渗透的结果，那么在原则上，它就已经获得了一个在数学上可规定的结构形式。

所有实在都只是代表了具体自然律的外观总和，但当我们用这个事实来解释"分离"和"叠加"原理，并认为该原理来自这些规律时，思维的真正认识论含义就被遮盖住了。在这里，我们不能问事物的起源，而只能问我们对事物的认识的起源和特征。感官印象所捕捉到的"实在"本身并不是不同元素的"总和"，而是作为一个绝对简单和浑然一体的整体出现在我们面前的。我们只能通过对概念进行逻辑分析，才能把直觉这种原始"简单"的整体变为一个杂多。在这里，概念是多样性的来源，就像它在别的地方是统一性来源一样。因为我们认为一个具体的过程逐次地进入了不同的系统，且这些系统的一般结构可以以数学方式演绎出来，所以只要我们越来越准确地定义该过程在我们一般思维图景中的位置，那么我们就可以提高它的确定性。实验是与基本法则的普遍性并驾齐驱的，其中，我们正是通过这些法则来解释和构建经验实在。

定律和法则。有时候，我们会指出单纯的自然"法则"与真正普遍的自然"定律"之间的方法论区别。开普勒对行星运动的归纳只表达了普适的过程"法则"，而这些法则所依赖的基本定律首次出现在牛顿的引力理论中。在牛顿的理论中，我们不只发现了火星轨道的真正形状是椭圆，我们还一眼审视了所有"可能"的轨道。牛顿提出了向心力概念，其中该力随着距离的平方而变化，这个概念把经验情形彻底地分离开了。故而，这些情形之间的变换是提前准确确定了的，一个运动物体的初始速度大小（无论速度方向是什么）决定了它的运动路径是椭圆、双曲线还是抛物线。所以，引力"定律"本身就包含了它所支配的事实领域，并严格地划分了这个领域，同时，行星运动的纯经验法则允许具体的例子不必那么严格地服从这些界定。然而，在科学的真正进程中，这两个在逻辑上不同的观念从来都不可以被严格地分开，而是以一种不可感知的方式而彼此缠绕在一起得。"法则"具有上升为定律形式的潜在趋势，而另一方面，定律所完成的概念性完美仍然只是一个临时性假定，因为它总是包含了一个假设性元素。于是在定律和事实之间的关系中，我们总是会遇到这个表面上的循环。如果我们认为行星的运动由引力决定、引力与距离成平方反比，那么我们就很容易看到，它们的运动路径必然是一个圆锥断面的形状，然而，我们不能就此确证说，这个规定性"真的"只能通过我们所说的这种方法上的必然性而对引力种类和量成立，也就是说，通过统一观测资料并给它们以特定含义的假定而使之成立。如果经验迫使我们通过引证新的资料而放弃这个假定，那么纯粹概念本身并不能阻止它。但是在这种情况下，经验概念的形式也绝不会和它的具体内容一起淹没。我们需要为这个揭示出的新领域确立同样的知性界限，并在一个新的定律中确立这个界限，另外，原先的领域也受制于这个定律。物质性条件的变化决定联系方式的变化，而这个联系的一般功能也就是从最高序列原则中演绎出个项的功能仍然不变。

经验概念本身包含的是这个功能，而不是它在特定公理中的临时和多变的具体表达。所以，这个功能也就属于真正的"可能性的条件"。给出了任何观测序列 $a_1a_2a_3……a_{11}$ 时，我们就有了两个问题要考虑。一方面，我们可以通过插入法和外插法，通过在给定项间插入中间项或超越序列的原始界线来丰富序列的质料；另一方面，我们想要的是把多个项最终结合为一个最终的整体，为此，我们可以提出一个规则，让它来规定 a_1 到 a_2，a_2 到 a_3 的转变，并借它使这些转变置放于一个固定原则下。如果我们称第一种方法为"归纳"方法，称第二种方法为"演绎"方法，那么很明显，这两个方法是彼此合作和制约的。引入了新的个项来完善序列时，我们总会受一个统一的演绎律指导，而这也是盘旋在思维面前的一个问题。我们是在一个积极判断标准的指导下来完成材料的选择和筛选的。我们想要通过一个给定的观测序列来寻找一个已知概念结构的规律，我们检验这个规律的办法，是看它是否能正确描述直接知觉留下的空白，看它是否能准确预测未来研究对这些空白的填补。在这个意义上，开普勒就成功地通过多样的几何曲线，把第谷·布拉赫留下的、关于火星位置的事实联系起来了。他把这些事实与这些作为已知理想形式的曲线进行比照，直到最后它找到了椭圆，这个形状使他能够从相对简单的递进原理中，演绎出最多的观察内容。由于这个问题的性质，该工作永远也不会达到一个绝对的极限，因为，无论给出了行星运动路径上的多少点，我们也总是可以通过许多不同的、更为复杂的线条来把它们联系在一起。在上面的分析中，自然过程应被化简为简单确切的法则，这是一个方法上的要求，但在表示一个有限的具体事实领域时，无论我们多么需要使用复杂的假定，这个要求也仍然不变。这个向简单法则的化简就相当于是我们把更高次方的数学序列化简为基本的序列类型，在这种基本序列中，邻项之差为常数。

"基本"关系的概念和数学必然关系。就连最激进的"经验主义"，也无条件地同意把复杂多样和无穷变化的感知材料化简为最终的恒定关系。经验主义关于"客体"概念，以及关于自然概念，就只剩下对这种基本关系的假设。马赫说："一个物体在不同的亮度下看起来不同，在不同的位置会产生不同的光学图像，具有不同的温度会显示不同的触觉情况。然而，因为这些感官元素联系得极为紧密，所以在同一位置、同一亮度和同一温度时，相同的情况就会出现。因此，这里所讲的是感官元素联系的持久性。如果我们可以测量所有这些感官元素，那么我们就会说，感官元素间存在着某些方程式，而物体就存在于这些方程式的实现中。即便我们不能测量它们，我们也仍然可以象征性地使用这个表达。所以，这些方程式或关系是真正永恒的。"自然科学所取得的逻辑进步使它越来越倾向于认为对物质的原始和幼稚表达是肤浅的，现象之间的量化关系才是现象本身的真正基础。

"我们对现象条件的认识越深，就越认为现象的物质性在减弱。我们认为，条件和被其限制的东西之间的关系，支配一个或大或小领域的方程式，才构成了真正的永恒物质，才能使我们有可能获得对世界的稳定认知。"我们批判地理解了自然科学的含义和前进趋势，到目前为止这个理解与现代经验主义还是完全一致的。《纯粹理性批判》已经清楚地告诉我们，我们对知识的理解只限于关系，其中的一些独立和永恒的关系可以给我们一个确定的客体。客体的概念最终要被化简为永恒的概念，当我们要更加详细地确定它的逻辑含义和起源时，矛盾就发生了。永恒是内在于感官印象的一个特性吗？是思维的工作成果吗？这里说的思维工作，是逐渐把给定物变换为确定逻辑条件的知性过程。根据我们先前取得的进展，我们无法敲定答案。我们从来都不能在感官经验本身中找到永恒，因为感官经验只是由各种各样的印象凝结成的一团东西，它局限于某个时刻，绝不能原样再现。只有我们能把感官杂多变换为一个数学集合，也就是说，能够让这个感官杂多根据永恒的法则从某些基本元素中产生，永恒才会出现。这些法则的确定性，明显与某个具体感觉的确定性不同。意识的内容只是单纯地彼此接替吗？我们要根据一些逻辑原理，才能"根据"前面的内容认识到后面的内容吗？即使从意识事实的单纯"现象学"观点来看，这两个问题也是截然不同的。数论鲜明地指出了这个普遍关系，而莱布尼茨则以数论为例捎带着阐释了这个差异。如果我们把平方数序列当成给定的，那么我们就可纯粹经验地确证一个事实，即我们可以用奇数数列1、3、5、7…来表示这个序列中的邻项之差。在这个事实的基础上，我们可能会想，当我们把该平方数序列的一个给定项作为起点，然后在该项的基础上加上一个奇数，那么它们的和就会是一个平方数。但是，没有什么能够证明，这个心理学预测在逻辑上是必然的。无论我们发现多少项与这个法则相符合，这个先前成立的递进类型仍然有可能忽然在某个点上戛然失灵。无论对具体数字进行了多少观测，我们都不能因此得到一种新的、可以让我们更放心的确定形式。要得到这种确定形式，我们必须以序列的"普遍"项为起点，也就是说，我们要从它相应的构建律出发，而不是依赖对具体元素的列举。无须任何检验，公式 $(n+1)2-n2=2n+1$ 就直接指出了平方数序列和奇数序列之间不变的必然关系。一旦抓住了这个关系，这个公式就对任何 n 都是成立的，因为我们在演绎和证明的过程中并未考虑任何具体数字的特殊性，因此，具体数值无论怎么变也不影响这个证明本身。现在，我们把平方数集合和奇数集合放进了一个系统中，并通过它们中的一个去认识另一个。到目前为止，无论我们追溯它们多远去检查它们的对应性，都只是发现它们对应良好。

　　每个真正的物理定律也都显示了相同的基本差异。如果我们去考虑伽利略的落体定律或马略特定律，我们会发现，相互关联的时间值和空间值、压强和体积值都不仅是单纯关联的，而是以彼此为条件的。单纯就事实来说，如果我们知道每个特定压强值所对应的体积值，或知道每个时间值对应的空间值，那么也许一系列数值就可以纯粹地做数学函数法则所能为我们做的一切。但这些具体数字资料中将缺少决定规律含义的特征元素。决定性元素将消失，就算我们可以知道确切的结果，那个使一个量产生另一个量的规定性类型还是会消失。在定量方程式中，这种规定性类型是非常明显的，因为定量方程式说明了，我们是通过普遍已知法则的什么纯粹代数运算，才从我们所讨论的值中得出了因变量值。物理理论为这个数学联系添加了一个相应的客观因果联系。在这个联系中，函数值和那些自变量值同属于一个因果系统，同属一个由条件和被条件制约的主体所构成的系统。由于它们之间的这种联系，我们知道了一个，就会必然地知道另一些。在此，我们并不是把一个序列的具体值与另一个序列的具体值简单地结合在一起，而是想要在这两个序列的构建定律也就是在它们的所有可能规定性中把握和对比它们。方法论指导下的归纳就是以此为目标，它把经验认为的多项之间的复杂共存当作较简单的依存关系序列所产生的结果，就这些项来说，它们是根据数学"原因"与数学"结果"之间的严格关系递进的。

两种基本的知识类型。原因和结果概念的这种应用不包含任何形而上学含义。在这里，它又与"描述"理论成了正反面。我们必须保留下原因和结果关系的纯粹逻辑特征，同时不使这个特征变为本体论上的特征。在数学现象论的意义上，用定量方程式来"描述"自然过程也意味着，只在科学可接受的意义上"解释"它，因为方程式是一种纯概念性的认识类型。如果我们把几个序列"叠加"在一起来表达所有给定的观测资料，那么实际上，关于过程的绝对的、形而上的原因，我们并没认识得更多一点儿，但是，我们接触到了一种新的、更高级的认识类型。我们的确是没抓住事物中那个驱使一特定原因产生一特定结果的力量，但是我们严格且准确地理解了理论从一步到下一步的过程，就如我们理解一个定量关系是如何变换成另一个与它逻辑等同的定量关系一样。这里的"描述"只是积极意义上的描述。所以，描述一个现象群不只是指被动地接收感官印象，而且指知性地改造它们。我们必须从理论已知的和理论进步的数学联系形式中（比如，从纯粹几何形状）挑选出一些形式并使它们发生复合，从而让此时此处的元素看起来仿佛是从这个复合而成的系统中构建性地演绎出来的元素。就连经验主义的理论也不能否认这个逻辑环节，无论这些理论掩盖在什么名号下面。"调整理念以适应实在"这一说法就已经预设了实在概念，因此也就预设了一个知性公设系统。所有这些公设归根结底都是结合在自然过程的确定性原理中。马赫说："我坚信，一个事件在自然中只能在其可发生的范围内发生，而且只能按一种方式发生。"所以，一切物理过程都完全取决于瞬时有效的条件，而且只能以一种方式如此发生。然而，如果我们去分析这个信念的理由，我们就会发现它的基本思想都是被感觉论明确否定的那些思想。存在的确切性和"稳定性"这一思想，并不包含在经验直接给我们的感知内容中，它只是指出了科学思维工作的一个目标，即让这个内容变得精确。要实现这个目标，我们就必须能够在由不同的感觉内容汇聚而成的洪流中找到某种永恒的关系，其中，这些不同感觉内容的真实性各自局限于某个时刻，而无论瞬时质料发生什么变化，我们都可以想到这些永恒关系的法则。只要确立了这个关系，我们就等于提出并确证了科学的自然概念。另一方面，生物学知识理论认为一切知识都是向存在的递进性适应，它通过这个认识保存存在的不变性。然而，它不能把这个不变性断言建立在一个合适的知识工具上。这里说到了环境的永恒，并且从环境的永恒性中推出了相应的思维永恒性。但是它忽略了一点，环境的永恒性其实只是指固定功能性关系的永恒性，其中这些关系存在于不同的经验元素间。除了这些元素的内容，我们还认识到了它们的联系形式，这个联系形式无论如何都不能还原为感觉的物质性对立，也就是不能还原为明暗、甘苦等对立关系。原则上，这里去除了一切对立。从一开始我们就强调，自然物体的定义必然需要不变定律这一概念。我们仍然认为，这一概念是一个完全独立的知识元素，它不能还原为我们所说的"简单"感官印象。不断深入的分析会让我们越来越确证这个基本差异。只要纯粹的关系概念排列在一个固定的系统中并显示在它们丰富的细节和相互关系中，我们就可以认识到它们的逻辑特征。

三、 自然律问题——定律和常量——普遍的经验形式——先验概念和"经验不变式"

自然律问题。归纳有两个基本环节——获取具体"事实"和把这些事实联系进规律中——都来自于同样的思维动因。在这两个环节中，问题都是应如何从经验元素的洪流中撷取那些可作为理论构建常量的元素。甚至对一个具体瞬时事件的确证都显示了一个特征，也就说，我们可以在变化的过程中抓住和保留某些永恒的联系。通过"分离"和"叠加"简单关系来科学地解释现象群时，我们就把这里的这个任务更推进了一步。我们在根本经验的"自然律"中发现了可称为"更高级的常量"，它们超越了个别事实的、须在一个特定量中确证的简单存在。尽管如此，在这里有效的一般方法，只能在表面上完成这个结果。自然科学的"基本定律"起初只是表达了所有经验过程的最终"形式"，但是从另一个角度来看，它只是进一步思考的材料。随着知识的演化，这些"二级常量"也成了变量。它们只是相对于某个经验范围是有效的，一旦这个范围扩张了，它的意义就也得跟着改变。所以，我们面对的是一个永不停歇的前进过程，在这个过程中，那些我们认为已经被我们攥在手里的固定的存在和过程形式似乎消失不见了。所有科学思考都需要不变的元素，然而，经验给定物则使这个要求无果而终。我们抓住这个永恒存在，结果又丢了它。从这个角度来说，我们所说的科学并未接近任何"持久的和永恒的"实在，它只是一个持续更新的错觉，只是一个幻象，在这个幻象中，新图像代替老图像并被更新的图像消灭。

定律和常量。然而，这个特别的对比指出了激进怀疑论的一个必然界限。我们拿具体的科学阶段与个别事物的表象期间对比，而在后者中，无论图像的接替顺序如何多变，它们之间总是存在某个内在的联系形式，而假若没有这个内在联系，我们就不能把这些图像当作同一意识中的内容。它们至少是处于一种有序的时间性联系中，也就是较早和较晚的关系。而这个特征足够给它们一个不受个别形式多样性影响的基本共同特征。具体元素所参与的序列形式都是建立在一些规定性的基础上的，而无论这些具体元素在物质性内容方面有多大差异，它们在这些规定性上都必须是一致的。即使在最为松散的序列中，一个项也不会因其后继项的进入而完全摧毁。序列同质性和均匀性是建立在某些基本规定性的基础上的，这些规定性不会改变。在科学的各个阶段中，这个公设都得到了最为纯粹和完美的满足。

科学概念系统中的每个变化都照亮了该系统的永恒结构性元素，因为只有先假设这些元素，我们才能描述这个系统。如果我们把全部经验当成一个给定的整体，就如我们在所有知识阶段所做的那样，那么这个经验整体就绝不只是感知信息的集合，而是被我们根据特定的理论观点进行了划分和统一。我们已经在各个方面看到，如果没有这种观点，我们就不能对事实做出断言，尤其是不能进行具体测量。根据某个独特关系，我们认识到了个别项是彼此联系的，而当我们在某个时间点上来审视这个经验知识总体时，我们就可以用一个复制了该关系的函数来表示该总体。一般来说，函数形式 $F(A, B, C, D)$ 中的一个元素可能在另一个角度下就是一个复杂的系统，结果，项 A 就成了 $f(a1, a2, \cdots\cdots, an)$，项 B 就成了 $\phi(b1, b2, b3, \cdots, bn)$ 等。如此一来，这里就产生了一个由叠加合成项构成的复杂整体，其中，这些合成项处于某种上下位关系中。起初，现象 A 领域和 B 领域分别根据定律 $\psi1(\alpha1, \alpha2, \alpha3)$ $\psi2(\beta1, \beta2, \beta3)$ 各自统一，同时这些定律又通过一个关系 $\phi(\psi1, \psi2)$ 而联系在一起，长此以往，我们就会最终得到一个最普遍的关系，它能给每个个别元素一个相对于其他元素的确切位置。为了方便思考，我们可以把基本函数 F 分解成一个由互相独立的规定性而构成的结构，我们可以用符号来表达这个结构，比如用函数 $F[\phi1(\psi1, \psi2), \phi2(\psi3, \psi4), \cdots]$。我们以这个最普遍的方程式为基础来预测和计算出一些规定性，如果发现这些规定性与某些完全可信的观测内容不符，那么我们就要修正这个方程式。但是这个修正并不意味着我们要从这个方程式中任意移除任何元素，因为它必须遵循特定的方法论原则。在某种程度上，变换是"自内而外"的。一开始，我们会保留下更包容性的关系如 F、$\phi1$、$\phi2$，改造更具体的关系 $\psi1$、$\psi2$……。通过这种方式，我们可以试着再建理论和观测内容的一致性。思维倾向于验证和"保留"更包容的定律，为此它插入中间项并建立新实验，以期通过添加一个新的决定因子而从定律本身中演绎出这个与观测不符合的结果。

普遍的经验形式。很明显，这里保留了一个普遍的经验"形式"，即使这个必然的更正已经超越了"事实"及其纯经验的联系"法则"而到了原理和普遍定律本身，我们还是能看到这个形式。同样，我们无须把牛顿力学的基础原理当成绝对不变的教条，而是可以把它们当作临时最简单的知性"假设"，我们需要这些假设来确证经验的统一。如果对一个演绎元素进行一个不至于颠覆根本的变动就可以重建理论和经验之间的一致性，我们就不需要放弃这些假设的内容。但如果做不到这点，我们就要回头批判这些预设本身，回头批判它们的重塑要求。于是"函数形式"本身变了，变成了另一种形式，但这并不意味着根本形式彻底消失了，并不意味着它被另一个完全新的形式取代了。在老形式中提出的问题，必须在新形式中有答案，这就使它们之间形成了一个逻辑关系，并指出了二者共同的审判台。这个变化绝不能影响某些原则，因为变化的目的就是为了保存这些原则，而这些原则揭示出了它的真正目标。我们从不拿假设系统本身和赤裸裸的事实比较，我们只会对比一个假设性的原则系统和一个更包容、更根本的系统，所以，为了这种递进比较，我们需要一个根本的、不变的测量标准来评价最高经验原理。思维要求这个测量标准不随被测对象的变化而变化。在这个意义上，经验的批判理论就是经验的普遍不变式理论，并因此而满足了归纳方法本身所明确坚持的要求。在这一点上，"超越哲学"的方法可以和几何方法相比较。几何学家在研究一特定形状时，会选择它那些不随某些变换过程而改变的关系，同样，我们也是要找出那些不随具体经验的材料内容的改变而改变的普遍形式元素。我们最终确认，时空范畴、量的范畴以及量之间的函数关系就是这样的形式元素，它们在任何经验判断或判断系统中都是必不可缺的。另外，这里指出的方法也显示出了我们在数学中发现的"理性"结构。在数学中，我们不需要为了证明一个概念性关系不受某些变动影响而去真地落实这些变动，同样，在这里我们只需要在做出判断时抓住变化方向，就此便可一劳永逸。我们已经证明，某些经验函数的含义在原则上不会受它们材料内容的变化影响。例如，在自然过程中，普遍因果律表达了元素之间的时空关系，而这种关系的有效性则不受具体因果原理的变化影响。如果我们以这种方式成功地找出了一切可能科学经验形式的终极共同元素，也就是说通过这种方式在理论上定义了那些为所有理论所共有的、是所有理论成立条件的环节，我们就可以达到批判性分析的目标。但在任何给定的知识阶段，这个目标都不能达成。尽管如此，它仍然是一个要求，并规定了经验系统持续前进和演化的固定方向。

先验概念和"经验不变式"。我们可以很容易地从这个观点看出狭义上的"先验"是什么。只有那些终极的逻辑不变式才能称为先验的，根据自然律，它们是一切联系规定性的基础。我们之所以称一个认识是先验的，并不是因为它们是先于经验的，而是因为在每个有效的事实判断中，它都是作为一个必然的前提而存在的。如果我们来分析这个判断，我们就会发现，除了感官信息的直接内容和因具体情况而异的元素外，它还含有一些永恒的东西。我们发现了某种"命题"系统，而该判断只是表达了此系统的某个相应函数值。实际上，就连最激进的"经验主义"也未严肃地否认过这个基本关系。经验进化论强调说，时间的感觉和时间的理念在"对时空环境的适应"中不断进化，而这个未受质疑也不可置疑的命题在它预设的"环境"这一概念中，则包含了我们所讨论的特别因素。这里已经假定存在一个固定的、客观的时间顺序，假定事件的发生不是随机任意的，而是根据一特定法则"互为"产生的。如果进化这一概念想具有任何正当性或是说有任何含义，这个假定就应仍然是有效的。先验概念在纯粹逻辑上意义上只适用于判断性联系的有效性，而不适用于我们脑海中表象的存在。我们不关心心理内容的存在，只关心某些关系的有效性和这些关系的上下位。根据知识的批判理论，空间是先验的，时间则不是，因为空间是每个物理构建过程的不变式。但真理和实在之间的区别越是明显，我们就越是看到这个区别中包含了一个未解决的问题。虽然我们有必要区别它们，但另一方面，如果要想把知识带入一个统一的系统，我们就得在它们之间建立一个媒介。我们现在必须问，知识内部是否存在一个路径，沿着它我们可以从纯逻辑和数学系统到达实在问题？另外，如果确实有这条路，实在问题又会得到什么新的含义呢？思维又该从何处着手回答它呢？

第六章 实在的概念

一、 "主观"实在和"客观"实在的区分——主观性概念和客观性概念的发展——经验的多变和不变元素——感官特性的主观性——客观度序列——经验内容的逻辑梯度——超验的问题——判断的含义——"超越"感官经验——"表象"的概念——表象概念的转换和向"经验整体"的递进——作为解释原理的联想

"主观"实在和"客观"实在的区分。形而上学的独特方法不是超越一般知识领域——在这个领域之上甚至都没有什么材料可供我们提出一个可能问题，而是区别这个知识领域内部的相互联系的立场。思维和存在的关系也就是知识主体和知识客体的关系这个老问题，是最能显示这个特征的地方。这个二元对立掩饰了它内部的其他对立，并且可以逐渐地变为这些对立。一旦"事物"和"思想"在概念上区分开了，它们就会落入两个不同的空间范围，也就是分别落入一个内在世界和一个外在世界，这两个世界之间没有什么知性的因果联系。这个区别已经越来越清晰。如果客体只以复数存在，那么主体就必须假设出整体，如果变化和运动元素属于存在的本质，那么真正的概念就需要具有同一性和不变性。原来的老问题已经包含了的这些区分，而没有任何辩

证答案可以充分超越这些区分。形而上学的历史就在不同的倾向间摇摆不定，既不能从一个中推出另一个，不能把它们还原为彼此。

然而，尽管有这些对立，经验知识系统在原始意义上仍然是统一的。形而上学的命运风雨飘摇，但科学并不因此偏离自己的前进目标。就算不预设形而上学概念的二元论，我们也一定可以更清楚地看到这个目标。如果这个二元论是适用于经验的，那么我们就必须完全在经验及其独特原则的基础上才能认识它。所以，我们要问的不是"内""外"区别也就是"表象"与"客体"区别下面的绝对区别，我们要问的是知识自己是在什么立场上，出于什么必要而完成了这些区别。这些概念的区分与调和是贯穿于整个哲学历史的问题。这些概念只是知性幻影吗？它们在知识结构中具有一个固定的含义和功能吗？

主观性概念和客观性概念的发展。如果我们去问那些未掺杂思考的直接经验，我们发现它完全不知道"主观性"和"客观性"有什么区别。对于这种经验来说，"存在"只有一个平面，所有内容都不加区别地挤在这个平面上。意识在此时此处抓住的东西，就在直接经验提供的形式中。个体自身的经验和关于"外部"事物的经验间并没什么固定的分割线，具体经验的时间性限制也模糊不清。过去一旦进入了记忆，就和现在一样是给定的、"真实"的了。不同的内容被安排在一个平面上，没有哪个确切的视角可以让一个内容高于另一个内容。如果我们用主观和客观的对立(也只能在夸张的、非真实的意义上)来描述这个水平，那么我们就会认为它具有完全的客观性，因为内容仍然具有我们一般认为"事物"具有的那种被动性、无可置疑的给定性。但是我们一开始逻辑思考，这种完美的整体性和完整性就消失了，而那个主客区分则开始生长。也就是说，当我们第一次尝试着用一个科学的眼光来看世界时，这个区分就已经出现了，虽然还不那么明显。这个世界观不会只甘心于接受感官信息，它还要区别它们的价值。转瞬即逝的、特殊的观察内容越来越被推入背景中，只有那些在普遍条件下不断出现的"典型"经验才会被留下来。当经验想要去塑造给定物，并从特定的原则中演绎出该给定物时，它就必须放弃所有经验资料的原始协调关系，并用一个上下位关系代替。对感知内容所具普遍有效性的每个批判性质疑，都蕴含了把存在区分为"主观"和"客观"领域的萌芽。对经验概念的分析已经使我们做出这个区分，这个区分注定要通过吸收形而上学主体和客体区分的基本概念性含义来分解这个形而上学区分。

经验的多变和不变元素。一切经验知识的目标都是要获得最终的不变式，并把它们用作每个经验判断的必然和组成因子。从这个角度来看，不同的经验断言具有不同的价值。统一在特定条件下（如在特定的心理学条件）的感知具有松散的、关联性的联系，除了这种联系外，我们发现还存在一些稳定的联系，它们对任何客体领域都有效，且这种有效性不受具体的观测时间和地点影响。我们发现这些联系可以经受进一步的实验检验，可以经受住表面上与它矛盾的例子带来的冲击，在经验的洪流中，不断有联系断裂消失，而它们则始终屹立不倒。在一种饶有意味的意义上，我们称这种屹立不倒的联系是"客观的"，称那种会消失联系的是"主观的"。最终，我们把那些可以耐受得住一切此时此处变化的经验元素当作客观的，而经验的不变个性正是建立在这些元素的基础上。我们把那些属于这种变化本身的经验元素划入主观性领域，这些元素只是表达了此处此时才有的具体规定性。但这种主观和客观区别只具有相对的意义。因为在我们到达的任何知识阶段，我们都没有发现绝对变化的经验元素，也未发现绝对不变的经验元素。我们只能参考一个声称自己具有永恒存在的内容，才能确定另一个内容是不是可变的。与此同时，这个永恒的内容却有可能在后来被别的内容纠正，如此一来，它就不再具有真正完美的客观性，而只是部分表达了存在。所以，我们关心的不是一个能够永远区分开两个实在领域的固定分割线，而是一个运动的界线，这个界线随着知识的前进而不断迁移。当前的知识阶段相比过去是"客观的"，但相比未来阶段则是"主观的"。只有这种互相纠正的动作和这种比较功能才是永恒的，而这两个领域的内容则不断汇聚。用空间方式来表达这个区分也就是把存在分解为一个内在世界和一个外在世界，是既不充分又是容易引人误解的，因为它混淆了这个基本关系。它对事物做了一个固定僵化的区分，而不是建立了一个可随知识而进步的、鲜活的相互关系。这个区分的本质不是空间性的，而是动态的，它指的是经验判断的区分能力，这个能力要能经受住理论和观测的持续检验，且不会因此发生内容上的变化。在这个持续更新的过程中，原先被认为是固定的群现在则被分开了，因为如果它们不能通过检验，那么它们就会失去固定性这一特征，而这一特征则是一切客观性的基本特性。很明显，我们所说的向主观的转变并不是指事物的本质发生了变化，而只是指对认知的批判性评价发生了变化。我们并不是把"事物"贬谪成了"表象",而只是把一个之前无条件成立的判断限制到了某个条件范围内。

感官特性的主观性。要想让这个问题变得明白易懂,我们可以思考我们所熟知的主观变客观的例子,也就是"感官特性的主观性"发现。即便是完成此发现的德谟克利特也认为,从根本上看,它只是一个事实:颜色、音调、气味和味道有一个特有的知识特征,通过该特征,我们把它们排除在科学实在构建之外。它们从"本真的认识"变成了"暧昧的认识",于是便与空间、形状和运动等具有物理"有效性"的纯数学概念分开了。然而,这种区分并未把它们完全驱逐出了一般存在,而是拨给了它们一个狭窄的小领域,尽管如此,在这个小领域里,这些曾被当作实在的绝对证据的感官特性,仍然保留了它们的全部有效性。我们看到的颜色和听到的声音仍然是"真实"的,只不过这种实在不是自在自为的,而是物理刺激和相应感觉器官相互作用的结果。所以,当我们说一些特性是主观的,我们是指它们在数学物理所构建的"纯形式"世界之外,而不是说它们在自然本身之外。感官特性建立在物理条件和心理条件的这种关系上,而这个关系本身正是"自然"的一部分。实际上,自然概念最初也是在具体元素的相互关系中实现的。当我们走出次等特性的范围到达幻想和感官幻觉的范围中时,这一点仍然成立。挺直的棍子插入水中就好像断了一样,这不是幻象,而是一个可用光折射规律合理解释的现象,而这也充分说明了经验元素之间的复杂联系。当我们把一个适用于某单个项的规定性扩大到一个整体时,错误才能发生。这时候,我们其实是把一个只能在某些限制条件下成立的判断用到了不受任何条件限制的经验整体了。只要我们能确证"直棍入水变曲"这个现象并通过推论认为这是必然现象，那么"棍子断了"就是一个有效的经验判断，不过我们要为这个判断附加一个逻辑索引，说明它成立的特殊条件，而它不能从这些条件中抽象出来。

客观度序列。如果我们整体审视这些思考，就能清楚地看到客观度序列。如果我们仍然停留在内外这一形而上学区分阶段上，我们所做的区分就容不得有中间过渡项。因此这是一个简单的"二选一"问题。一个事物不能同时在两个空间地点上，同理，"内"不能同时是"外"，"外"也不能同时是"内"。相反，在批判性地提出这个问题时，我们就推倒了这个限制。区别不再局限于两个项之间，而存在于多个项之间。正如我们所知，在一个逻辑参考点下，我们可能会把一经验当成主观的；但在另一个参考点下，我们可能会称这同一内容为客观的。与幻觉和梦相比，感官知觉指的是真正的客观类型，但当我们用精确物理图式来衡量它时，它就成了一个现象，再也不能表达"事物"的独立特性，而只能表示观察者的主观条件。实际上，我们所关注的是一个关系，它介于一个相对窄的经验领域和一个相对宽的经验领域之间，介于相对独立和相对不独立的判断之间。我们收到的不是一对规定性，而是一个值序列，这些值根据一个特定法则递进。每一项都指向一个后继项，并需要这个后继项来完成它自身。甚至在流行的前科学观中，也可以看到这第一个重要发展阶段。我们会用"红"或"绿"来描述一个在此时此处得到的有着特定细微特点的感官印象，而这一原始的判断动作也是从变量指向常量的，它是一切知识的基础。即使在这里，我们也把感觉内容与它的瞬时经验动作区分开了，并把它当作独立的。相比具体的瞬时动作，这个内容是一个永恒的环节，我们可以把它当成一个规定性。即使个别的印象也隐藏着这种给了它真正存在的知性永恒，但这种永恒远远比不上普通经验的"事物—概念"中的永恒。在此，不能只简单地把这些感官知觉结合在一起，我们还需要在逻辑上完成它。我们把经验的对象当成一个持续的存在，假设它必然存在于连续时间序列中的每一点。相反，直接知觉总是给我们一些孤立的碎片，或一些完全离散的值，它们的组合怎么也不会变成一个连续的整体。我们真正"看到"和"听到"的东西只是给了我们一些断断续续的、瞬时的、孤立的感知内容堆，但"客体"的概念需要时间序列的绝对完整，所以，我们需要假设出一个无限的元素集合。给定的内容需要在逻辑上完全联系起来，所以，在这第二个级别上，我们就清楚看到了一个变换和丰富给定内容的过程。科学对自然和对自然物体的定义都是建立在这个过程的延续上的。现在，出于方法上的目的，我们开始有意识地考虑和阐释普通世界观中经验概念的逻辑倾向。对于此处出现的"事物"，我们越是清楚理解它们的真正含义，就越是发现它们只是根据某些法则象征性地表达了现象的永恒联系，也就是表达了经验本身的恒常性和持续性。这种恒常性和持续性从未在感官感知物体中得到充分实现，要想得到它们，思维需要假设一个经验存在的子结构，这个子结构的唯一功能就是表示这个存在本身的永恒顺序。所以，从第一个客体化阶段到最后完备的科学形式，这中间是一个连续的发展过程。我们已经知道，研究工作都会预设一般经验具有根本不变的元素并以找到这些元素为目标，而一旦完成了这个目标，上面的那些过程就算圆满完成。这些不变元素系统构成了一般的客观性类型，当然，"客观性"一词的含义只纯粹限于知识可以理解的范围。

经验内容的逻辑梯度。"事物本身"是怎么变成单纯的"表象"，绝对存在是如何变成绝对知识的呢？这个问题仍然没有答案。我们批判性地阐释了主观和客观的对立，在这种阐释中，我们无须理会这个问题。在这里，我们不评价关于绝对客体的表象。对相同总经验的不同部分表达，将互为评价标准。所以，我们检验每个部分经验时，看的是它对总系统的意义，这个意义将决定它的客观程度。在上一个分析中，我们想要知道的是一个特定经验"值"什么，而不是它"是"什么，也就是说，我们关心的是它究竟为它所在的整体发挥了什么功能。我们区分梦中的经验和现实中的经验时，使用的并不是梦中的经验所具有的永恒可辨识的具体特征。对于梦中的经验，只要它们以特定的心理条件以"客观的"身体状态为基础，它们就具有某种存在，但是这个存在不能超越一个范围和时间，其中这些条件只能在这个范围和时间内满足。对梦的主观性特征进行思考，也就是说在意识内容间再建一个逻辑梯度，这个梯度曾经有消失的趋势。我们想要用永恒的内容代替易变的内容，同时我们知道，朝这个方向努力，只会部分完成那个基本要求，所以我们需要在一个新的构建物中完成它。于是，我们得到多个主从环节，这些环节构成了一个递进序列，它们代表了同一问题的多个解决阶段。我们不能彻底扔掉这些环节中的任何一个，就连离目标最远的那个也不行，但另一方面，它们中也没有任何一个可给出一个绝对答案。所以，我们确实不能拿事物的经验和这些事物本身来比较，因为我们已经假定事物本身不同于一切经验条件。但是，我们可以用一个较宽的经验方面来代替一个较窄的经验方面，从而把给定的资料安排在一个更新、更普遍的观点下。先前的结果并未失去价值，相反，它们在一个特定的有效范围内得到了确证。在这个序列中，只要后一项回答了前一项所隐含的问题，那么它们两个就是必然联系的。所以，横在我们面前的是一个不停自我更新的过程，它只有相对的终点，而无论任何时候，都是这些相对终点定义了"客观"这个概念。

超验的问题。经验的前进方向和普通形而上学预设的预期直接相反。根据这些预设，我们最初拥有的只是主体，只是我们脑海中的表象，是它们给了我们进入客体世界的权限。然而在哲学的历史中，我们已经看到了这种努力是如何失败的。如果我们把自己密封在"自我意识"的范围内，那么任何思维(它本身也在这个范围中)活动都无法将我们释放出来。另一方面，知识批判把这个问题颠倒了过来，所以我们现在的问题不是如何从"主观"走入"客观"，而是如何从"客观"走入"主观"。知识批判论只认可经验本身中符合经验条件的客观，除此之外，它再也不承认还有其他更高级别的客观。所以，它不问经验整体是不是客观真实和有效的——因为这个问题预设了一个无法在知识中找到的标准，它只会问一个特定的内容是这个整体的固定部分还是临时部分。我们要做的不是确定这个总系统的价值，而是确证其具体因素之间的价值差异。经验的客观性这一问题实际建立在一个逻辑错觉上，在形而上学的历史中，关于这个错觉的例子比比皆是。原则上说，这个问题和关于世界绝对位置的问题是类似的。在后一个问题中，我们错误地把一个只适用于彼此联系的具体部分的关系推广到普遍整体。同样，在前一个问题中，我们把用于区分经验知识具体阶段的概念性区别应用到了所有这些阶段和它们的序列中。对于一个具体经验，只要它不被另一个经验取代和纠正，它就具有完全的"客观性"。只要不断进行检验和自我更正，就会不断有材料被排除在最终的科学实在概念之外，虽然这些材料在一个有限的范围内仍然是有效的。起初，元素如具体感觉内容是经验存在概念中的必要和组成部分，但现在它们失去了这个支配地位，不再有核心影响力，只是起着旁枝末节的作用。所以，"主观"一开始并不属于一个元素，它只是暗含了对知性控制和经验控制的一个复杂使用，而我们只能在一个相对高的水平上使用它们。客观一词最初出现在经验批判论中，其中，变化的存在和永恒的存在彼此区别开了。"主观"并不是一个自明的、给定的起点，所以我们不能从它出发通过思维合成来构建出客体世界。"主观"只是分析的结果，它预设了经验是永恒的以及一般内容间的固定关系是有效的。

判断的含义。归纳判断的定义中出现了"普遍"和"具体"的关系，而当我们返回到这个关系时，这个分析的进展就一目了然了。我们看到，每个具体的判断最初都声称自己拥有绝对的有效性。作为一个判断，它并不是要具体描述瞬时感觉，而是要确证一个本身有效的事实，该事实与所有具体的瞬时条件都无关。这个判断本身则通过它的逻辑功能把目光投向了瞬时给定范围之外，并且确证了主词和谓词之间的普遍有效关系。只有特殊的动因才可以让思维偏离它的这一最初要求，才可以使它的断言明确地限制在一个小范围内。但只有在不同的经验断言发生矛盾时，上述限制才可以产生。如果我们在绝对的意义上来理解一些断言，就会发现它们在内容上不相容，但现在通过把这些相矛盾的断言分别联系到不同的主体上，我们就让它们变得相容了——如此一来，至少其中一个断言只允许自己在一个特殊的角度中和一定的限制条件下来表达事物的"本质"，而不是绝对地表达。根据康德空间理论的一个著名命题，具体的几何形状只能通过限制"一个"无所不包的空间才能得到，同样，我们只能通过对一个一般经验判断系统施加限制才能得到具体的经验判断。我们认为某些经验范围可完全根据法则规定，当这些经验范围彼此交叉并互相规定时，就产生了具体的经验判断。在绝对孤立的"印象"中，逻辑联系思想荡然无存，我们从这里无论如何也到达不了法则；另一方面，我们需要根据法则对经验进行全面排序，出于这种需要，我们也完全能理解最初是如何把具体内容排除在外的。我们之所以不能把它们带进这个排序图中，是因为我们接下来要从具体的条件集合中把它们演绎出来。

"超越"感官经验。 经验内容的逻辑区分和它们在一个有序关系系统中的排列构成了实在概念的真正核心。当我们更仔细地审视科学研究的逻辑特征时，我们就能再次确证这个联系，因为这个联系是经验实在的确凿证据。科学实验从来不只简单地报告当前的、瞬间的感知事实，要实现自己的价值，它就必须把具体的资料放在一个特定的判断立场上，并给它们一个不能在简单感官经验中发现的含义。例如，我们在实验中观察到是一个磁针在某些条件下产生一特定偏转，但实验成果则是物理命题的客观联系，这个联系远远超越了我们在一特定时刻所能观察到的事实领域。正如杜亥姆解释的那样，物理学家要想在其研究中取得真正的成果，通常都必须把眼前的真实情形当作表达了一个理想情形，其中这个理想情形是理论所假定和需要的。与此同时，他面前的具体仪器就从一个感官特性群变换成了一个理想知性规定性整体。所以在他的断言中，这个仪器不再是一个特定工具，不再是一个铁、铜、铝或玻璃物件。代替这个仪器的是概念，如磁场概念、磁轴概念、电流强度概念等，而这些概念本身又是普遍"数学—物理"关系和联系的符号外衣。实验的独特优点在于，在实验中，我们一次就能确证上千个联系。感官可获取的事实是有限的，但这个有限范围在我们的思维之眼下根据自然律扩展成了一个普遍的现象联系。我们超越了所有瞬时显示内容，并用一个普遍顺序的概念替代了它们，这个顺序在无论多大多小都是一样有效的，并且可以从某个点中重建出来。感知内容以这种方式丰富了它的直接意义，也只有这样，它才能变为物理内容，从而成为"客观真实的"内容。

所以，我们要面对的是一种"超越"类型，因为具体给定的印象并不是它本身，而是象征着一个全面系统性结构的符号，这个印象既处于又有限地参与了这个系统。但是这个经验印象的变化并未改变它的形而上学"本质"，而只是改变了它的逻辑形式。起初孤立的东西，现在则结合在一起并互为指称。原先被认为简单的东西，现在则显示出了内在的丰富性和多样性，因为，它们可以根据特定法则通过持续递进而变成其他经验资料。在把具体内容用新的线索联系在一起时，我们给了它们稳定性，而这也是经验性客观的特点。真正客观这一标记不是来自印象的感官生动性，而是来自内在联系的丰富性。物理"事物"可以产生多种结果，这些结果把它们提升到感官事物之上并赋予了它们独特的"实在类型"。这种物理事物只指出了从一种经验通向另一种经验的不同道路，所以，我们最终就可以把存在总体当成经验系统总体来研究。

"**表象"的概念。**"表象"这一概念和术语虽然广受诟病，但它仍然在知识理论的历史中占据中心地位。在这里，这个概念又有了新的含义。在形而上学理论中，"表象"指的是它后面的客体。所以，"标记"和被标记的东西在性质上是完全不同的，它们分属于两个存在领域，而在这一点上，存在着真正的知识之谜。如果我们已经知道了绝对客体，那么我们也许就会明白应该怎么间接地从它的表象类型中读出它的具体特性。一旦我们确认存在两个不同的序列，就可能想通过类比推断来把我们在一个序列中发现的关系推及另一个序列。一方面，很难理解我们是怎样从一个序列所独有的资料中推出另一个序列的。只要我们确认甚至是大致确认存在有超越知识的事物，我们就可以在直接经验内容中寻找这种实在的符号，这些符号至少会在概念中给出。另一方面，至于这个概念本身是如何产生以及是什么使它成为必然的，符号理论并不提供解释。表象概念在其发展过程中就不断遭遇这个困难。在古代原子论中，事物的"图像"告诉了我们事物的存在，它们被当作物质部分，在到达我们感觉器官的过程中经历了许多物理变化。它是物体的真正物质，虽然在量上有所弱化，它进入了我们的感官知觉，并与我们自己的存在混合在了一起。但是这个唯物论解释并不能完成它所针对的目标，因为在这里，经验的统一性只在表面上保留了下来。尽管我们是通过事物所发射出的部分来认识它们的，但我们仍然不清楚，为什么不把这个部分当成自在自为的，而是把它当作一个更大整体的代表。这种对整体的代表总是需要一个预设的而非演绎出的特殊功能。所以，亚里士多德和学院派的提出的感知理论似乎更接近真正的心理事实，因为它们从一开始就假设出了这个功能。我们用来理解事物存在的"非物质种类"也就相应地变成了表象动作。我们不知道这个种类本身的任何规定性，只能通过它来认识外部事物的关系。我们认为在标记和被标记的事物之间有种"相似性"，但不认为这种相似性意味着标记和被标记的事物属于一个逻辑范畴。这些种类和它们所指的客体没有一个共同的真实特性，因为它们的特殊之处只在于这个指称操作，而不在于它们与其他事物的任何相似特性。它们是"画作般的图像和客体"这一认识已经明显遭到了质疑和摒弃，至少在苏亚雷斯对该理论的最成熟阐释中是这样的。"苏亚雷斯认为，意识吸收了物体并不意味着元素就此进入了意识，不意味着这些元素就与其他意识功能处于客观联系中并成为这些功能的对象了。他的意思是，整体意识都成了一种知识工具和某种程度上的图像。意识执行一个操作，具有一个特殊特性，而正是这个特性本身把意识指向了真正的客体。意识的感知活动是进行感知的而不是被感知的，它通过种类来认识超意识客体，有人说它与这个客体是相似的。"这里产生了一个重大区别，虽然它隐藏在学术术语下面。一个元素可以"指代"另一个元素而间接地代表它，在解释这个事实时，我们不再把原因归结到该元素本身的一个具体特征，而是归结到一个独特的知识功能，尤其是知识的判断功能。的确，我们不能严格地保持这个认识，因为我们通过分析而认识到的那个功能性表达关系，一不小心就会变成一个本质关系，也就说事物参与了某些客观特性。所以种类再次成了事物的"痕迹"，只不过它们不再拥有完全的存在意义，而只有一个褪色的"实质"。这两种认识的矛盾最终剥夺了"表象"概念的清晰确切含义。为了让表象操作显露出来，作为符号的内容就必须不断脱去它类似于事物的特征，然而与此同时，内容所具有的客观化含义也失去了它的"左膀右臂"。所以，表象理论总有可能跌入怀疑论。我们凭什么保证我们所认为的表象中具有的存在符号可以本真地复制存在的内容呢？难道它就不会错误地表示它的基本特征吗？

表象概念的转换和向"经验整体"的递进。知识批判给了表象概念一个新的含义，这个含义消除了上面那个危险。我们现在已经知道，每个具体的经验阶段都具有一个"代表"特征，当然前提是它能指向另一个特征，并根据法则前进到经验总体。但是这种"指向"只是指从一个具体的序列项变换为它所属的总体，变换为支配着这个整体的普遍法则。这种扩张并没有延伸到一个绝对超越的领域，相反，它只是试图把具体经验所属的领域当成一个特定的整体来理解。它把个别放进了系统。但是如果我们进一步问具体的经验元素从哪里获得了这种代表整体的能力，我们就因此卷入了相反的困难。事实和它们相互关系之间的联系是基本和原始的，它们之间的区别只代表了一个技术抽象的结果。所以，如果我们认为"表象"只表达了一个理想法则，这个法则通过一个知性合成过程把当前给定的具体事物和整体联系并结合在一起，那么这个"表象"就不具有任何单纯后得的规定性，而只是所有经验的一个组成条件。没有这个表面上的表象，就没有任何直接出现的内容。因为这个直接出现的内容只有进入一个关系系统中并从这个系统中得到空间、时间和概念规定性后，才能被我们认知。从单纯的知识概念中，我们认识不到有必要去假设一个和知识无任何关系的存在，所以，知识的概念中必然假定了一个联系。通过对实在问题进行批判分析，我们将发现这个联系。一旦我们理解了每个元素是如何进入整体的，经验的内容对我们来说就成了"客观"的。如果我们把这个整体本身说成一个假象，那么这就只是在玩弄文字游戏罢了。在这里预设了实在和外观的区别，但这个区别只能在经验系统内以及在其条件下才是可能的。至于经验符号与它所指示的事物之间的相似性，这个问题不会有进一步的困难。我们把具体元素当成符号，其实，这个元素与它所指的总体是没有什么重大相似性的，因为构成这个总体的关系不能用特殊的形式来充分表达和"复制"。但是，只要它们在原则上属于同一解释系统，它们之间就存在一个全面的逻辑共性。真实的相似性变成了一个概念关联。这两个存在水平变成了不同但必然互补的角度，来帮助我们思考经验系统。

作为解释原理的联想。实际上，知识感觉论可能会把这个事实带进自己的理论，不加质疑就把它化简成心理学"联想"概念。联想概念似乎可以为实在问题的提出和解决提供一切原理，因为它从具体印象的内容走到了这些内容之间的固定联系。但是，我们在这里假定了一种联系形式，根据联想主义心理学，这个形式是唯一可接受的，但是当我们更加仔细地分析这个形式时，感觉论解释就显露了它的弊端。在这里，序列中项项之间的"联系"只是指它们的经常性经验共存。而具体表象之间的共存与其说在它们之间产生了一个联系，不如说产生了一个联系的皮相。任何可在逻辑上严格表达和确立的概念性原则，都不能统一联想元素。从一个元素通向另一个元素的路径在自在自为的意义上是无限的。真正的心理性思维会走哪条路只取决于先前就有的"性情"，因此也就是取决于一个条件，这个条件随时间和个人而变化。如此一来，不变性和精确性消失了，而这正是实在概念的醒目特征。但我们也只能通过批判性地评价概念，才能认识到"客体"的形成。如果我们以某个时刻的某个经验内容为起点，那么这个起点中不仅包含了某些元素，而且包含了某些方向线，根据这些线，思维可以逐渐把具体阶段扩展到整个系统。但这个进程不能任意胡来，而需要按照规律来。随着科学越来越严格、准确地把握了这些要求，它也逐渐得到了"真实"这一概念。我们已经从各方面看到，这个进程必须要超越简单联想的范围。我们最爱说的那种联想，其实只能够提出问题，至于要解决问题，我们就得去诉诸普遍的序列原则，这些原则根据某些观点而预先决定了项项转换，并为这些转换排好了序。为了使这个进程不迷失在模糊中，这些观点的特殊含义必须保持不变。必要的、起指导作用的联想概念不能来自联想本身，只能来自另一个领域、另一个逻辑源头。

一般来说，我们越是深入实在问题的具体条件，它就越与真理问题纠缠不清。一旦我们知道了知识是如何获得某些谓词的不变性以及如何建立了判断性联系，超越与简单表象相对的"客体"就不再具有任何困难。知识在这两个问题中所使用的方法是一样的。概念的真正成就不在于以抽象方式简略地"复制"一个给定的杂多，而在于组成了一个联系法则，并因此产生了一个新的、独特的杂多联系。我们已经看到，正是这种经验联系形式才把易变的"印象"变成了不变的对象。实际上，"思想"的最普遍表达与"存在"的最普遍表达是一样的。通过返回到引起这两个问题的那个逻辑功能，我们解决了一个形而上学不能调和的矛盾。当初，因为应用这个功能而产生了这两个问题，所以这两个问题的答案最终也必得在该功能中找到。

二、 客观概念和空间概念——投射理论及其弊端——相区分的概念和感知——客观范围"投射"和"选择"——判断的功能；永恒和重复——"超主观"问题——自我意识和客体意识的关联——思维和经验的区别——批判理念论的客体概念——纯数学中的客观性——物理世界的统一性——"事物"的历史变换——亥姆霍兹的符号理论——逻辑的和本体的相对性概念——科学世界观的统一

客观概念和空间概念。在推断性科学思想的历史中，存在问题总是与空间问题难舍难分。这个联系非常紧密，并排他性地支配着逻辑兴趣，所以，只要我们最终裁定了"外部世界"的实在问题，那么与实在概念相联系的一切问题也都迎刃而解了。即使是《纯粹理性批判》也只能以空间理论的转换为起点来处理它的真正主题。然而，它在历史上的影响力已经在很大程度上被确定了下来。在其同时代人以及后来人的思想中，经验概念批判被误解成了空间概念的形而上学。实际上，这里必须把问题的顺序颠倒过来。我们不能从空间的"主观"或"客观"特征这一固定立场出发来规定一般经验实在的概念，相反，空间"本质"这一问题只能最终由经验知识的最高原则和普遍原则来决定。

投射理论及其弊端。约翰内斯·米勒所创立的"经验－心理"学学说一旦用一个具有明显形而上学特征的公理为起点，就违背了这点。我们预设，我们所感知的东西不是具有真实形状、处于真实相对位置和距离的事物，而只是我们自己身体的某些规定性。视觉的对象不是外部物体，而是视网膜的部分，其中，我们可以抓住这些部分的真正空间大小。视觉生理学的问题是描述我们是如何从视网膜图像中认识到物体的空间顺序的。我们必须解释我们是如何把我们的内部感觉放在外部的世界中的，解释我们是如何把它们当成一个自存空间世界的。然而，如果我们以这个形式来表达这个问题，那么它就注定是无解的。我们假定了一个独特的"投射"过程，一旦我们想要把这个过程解释为"无意识推理"，那么我们就进入了一个循环。因为我们每次这么解释的时候，都是先假定了一个普遍的"外部"知识，然而再把它演绎出来。实际上，在所有经验阶段中，感觉都不是作为内在的状态被给出并且与一切"客观"参照相区别的。在这个意义上，感觉并不是经验实在，而只是一个抽象的结果，这个结果取决于非常复杂的逻辑条件。我们从看到的客体出发，假定有某种神经刺激与这些刺激相对应的感觉，而不是反过来从我们本身中已知的感觉过渡到它们可能对应的客体。所以，空间的一般形式、具体元素的共存和外部性都不是一个中间结果，而是与元素本身一起假定的一个基本关系。我们不能问这个形式是如何自在自为地出现的，我们只能问我们是如何在经验知识中详细规定它的。我们不需要解释我们从内到外的这一事实，因为绝对的"内"是子虚乌有的，我们需要解释的是我们是如何把原始外部世界的某些内容当成"在我们"自身中的，也就是说，我们是如何才最终认定它们与我们的身体器官也就是与我们的视网膜或大脑部位必然关联，而不只是一般空间内容的。我们要解释的不是一般定位而是特殊定位，并且这样的解释只能把一般空间关系当成是一个基础。

相区分的概念和感知。要确定"实在"概念，也就是要找到一个区分动因，在这个动因的驱使下，我们能把原始同质的全部经验分成具有不同值和不同意义的群。例如，在不同的距离和光照下，我们得到了同一"物体"的不同感知图像，如果我们把这些图像当成一个感知图像序列，那么从直接心理学经验的角度来看，起初并没有一个可以使我们把一个图像当作优于另一个图像的特性。只有这些感知资料总体才构成了我们所说的关于客体的经验知识，而在这个总体中，没有任何一个元素是绝对多余的。没有哪个视觉画面是"客体本身"的唯一有效和绝对的表达，相反，在这个经验整体中，任何具体感知内容只能在与此整体的其他内容相联系时才具有价值。然而，这个全面的联系并不是等于具体因子的完全等价。当冲破这个等价时，我们才能获得对一特定空间形式的感知。正如亥姆霍兹解释的那样，当我们问我们把一个三维物体当作什么时，在心理层面上，我们只会想到一个具体视觉画面序列，其中这些图像从一个变为另一个。然而进一步的分析表明，这些画面的单纯排列——无论这个队列有多长——本身并不能给我们一个物质性客体表象，我们要获得这个表象的话，就必须为这个画面总集合中的每个画面分配一个位置和顺序。在这个意义上，立体几何形式的表象就相当于一个从一个很大的感官知觉内容序列中合成出来的概念，然而这个概念不能用几何学家所使用的那些明确的文字定义来表述，它只能通过对一法则的活生生表现来表述，其中，这个法则决定了这些视觉图像的先后顺序。然而，使用概念进行排序的意思是，不同的元素不再像总体的部分那样彼此并列，而是要根据自己在系统中的意义被评价。我们还把我们认为会均匀出现的"典型"经验和那些只在偶然情况下出现的"偶然"印象区分开了。在构建"客观的"空间世界时，我们只使用"典型"经验，并努力把所有与它们相冲突的内容排除在外。

亥姆霍兹的话已经详细阐明了这个过程。在这里，一个普遍的法则形成了，即"我们认为出现在我们视觉范围中的物体，是那些只要我们的眼睛处于普通的使用条件下，就会在我们的神经装置中产生一个固定印象的物体"。对于一个出现在非常条件下的刺激，我们起初会给它一个它出现在正常条件下时所具有的含义。"让我们假设，当眼球在外眼角处受到了力学刺激时，我们就会认为自己看到一束光出现在靠近鼻子的地方。在我们正常使用眼睛时，也就是眼睛只会受到外部光的刺激时，如果外眼角区域的视网膜受到了刺激，那么一定就是因为外部的光线从鼻子一边进入了眼睛。"因此，在这个例子中，如果我们把一个发光物体放在先前说的靠近鼻子的那个可视位置，就也符合原先确立的那个法则，尽管事实上，这个力学刺激既非来自眼前，也非来自眼睛的鼻子一侧，而是相反，它来自眼睛的外表面和更靠后的位置。所以，具体的观察结果就得到了调整而与某个条件集合相匹配，其中，我们认为这些条件是恒定的。在这些条件中，我们有一个固定的参考系，每个具体经验都可参考它。正是通过对感觉材料的这种独特理解，客观的视觉和触觉空间整体才能产生。这个空间整体绝不是具体感官知觉内容的复制物，它是一个从某些普遍法则中产生的构建物。只要我们根据这些法则把不变的经验元素与变化的元素区分开，就会得到一个主观范围和客观范围。无疑，主观知识并不是一个原始的起点，而是一个后来的、逻辑调停的认识。亥姆霍兹明确强调说，客体知识要早于感觉知识，且要比感觉知识清晰很多。在普通的心理学经验条件下，感觉只指向客体，并且毫无保留地进入其中，结果它几乎是消失在客体后面。我们之所以把感觉理解成感觉，是因为我们随后进行有意识的思考。我们必须首先关注我们的具体感觉，"我们一般只是为了感觉才学会了这个，而感觉就相当于是外部知识的手段。""当我们得到了非常精密确切的客观观察内容时，我们却不能得到如此精密确切的主观观察内容，不仅如此，我们还很大程度上忽略了这些主观感觉，并且在评价客体时，就算它们的强度足以引起我们的重视，我们也会完全不理会它们。"

客观范围。我们这里描述了一个纯消极的成就，描述了一个忽略和遗忘的操作，其实这个成就和这个操作也是概念的高度积极功能，我们已经在各方面看到这个功能。客观有效的知识在每个阶段包括最早阶段，都会在多变的表象内容中保留下相同的关系。绝对可变的东西从瞬间内容中消失了，剩下的都是可以在永恒感知中确定下来的。某个满足某些逻辑恒常条件的经验范围，通过思维的中心倾向，被托举出了经验的洪流，成了存在的"固定核心"。首次构建和描述"实在"时，我们可以不去注意相对易变的内容，这些内容并没显示出经验的全面确定性。然而，更深的思考会告诉我们，这些元素也不是绝对的就在经验范围之外，只要它们的变化不是随机的，而是受制于确定的法则的，那么它们在经验中就也有一席之地。所以，我们出于一种新的知识兴趣，就也开始思考起了变量本身。这种"主观"知识指的是一种更高级的客观化，在这个客观化中，它在原先完全不确定的材料中发现一个可确定的元素。所以，给定的经验就被划分进了较窄的客观范围和较宽的客观范围，我们根据特定视角来区分和排列这些范围。所以，每个具体经验都不仅是通过印象的主要内容被规定的，而是通过一个独特功能，其中，我们正是因为这个功能才把某些经验当作一个固定参考点来帮助我们测量和解释别的经验。通过这种方式，我们就得到了确切的、可在概念上区别开的中心，我们可以围绕这些中心来排列和划分现象。具体现象并不是均一地流动，而是彼此限制、彼此区别。可以说，最初的"表面—画面"也得到了前景和后景。客体概念的真正起源不是内外的"投射",而是现象之间的区分,这种区分使现象分属于不同的、具有不同系统意义的范围。每个具体现象都有一个指数,这个指数表明了它在整体中的位置并且表达了它的客观价值。最原始的观念认为,"事物"是一开始给定的,我们的每个感知都表达和部分复制了它。所以,这个观念就预设了一个整体,我们把每个具体经验都和这个整体相比较,借此来衡量该经验的价值。从批判思考的角度来看,原始观念所提出的这个要求仍然是成立的。这个幼稚观念的缺陷不在于提出了这个要求,而是混淆了这个要求和这个要求的实现——它把知识接下来必须埋头解决的问题当成已经解决了的。我们不能把我们所寻找的也是概念所瞄准的那个整体,当成处于一切可能经验范围外的绝对存在。这个整体不过是这些可能经验本身所构成的有序整体而已。

"投射"和"选择"。 现代空间感知心理学用另一个理论代替了投射理论,这个新理论更加纯粹和清晰地表达了知识事实,因为它在表达它们的时候没有依赖任何形而上学假定。根据这个理论,"客观"空间的表象不是"投射"的结果,而是"选择"的结果。这个表象取决于一个知性选择,选择范围就是我们的感官知觉内容,尤其是视觉印象和触觉印象。在一堆这样的同质印象中,我们只保留那些与"普通"心理学条件相对应的内容,同时我们越来越压制其他出现在非常条件下的内容,这些内容不像前一种内容那样容易重复。因为我们的统觉以这种方式把一特定经验群与其他经验群集合区分开了,所以这个经验群就容易得到强调。我们把这个经验群中的内容当作绝对的实在,而其他内容则只有在作为符号代指这个实在时才是有价值的。所以,实在并没有绝对的差异，而只有强调程度的差异，这种强调把主观和客观区别开了。空间实在的构建本身含有一个逻辑消除过程，没有这个过程我们就无法理解构建结果。一堆空间"感知"根据一特定方法逐渐组织了起来，并因而获得了固定的形式和结构。从逻辑立场来看，在这种渐变的构建过程中理解概念的功能是很有用的。亥姆霍兹认为，如果没有概念性法则，那么即使根据规律以时间序列的形式来表现内容联系也是不可能的，这时候，他其实就触及了上面这个问题。"显然，如果我们动动眼睛或身体，从不同的侧面来看它和触摸它，我们就可以通过经验而知道我们面前的物体会给我们什么视觉内容或其他感觉内容。一个总表象包含的所有这些可能感觉内容就是我们对该物体的表象，当这些内容有当前感觉内容支撑时，我们称它们为'感知'，若没有，我们就称它为'记忆－图像'。在某种意义上，个别物体的这种表象就已经是一个概念了，因为它包含了所有可能的具体感觉内容，也就是当我们从不同侧面触摸或检查该物体时，我们自身内会因此产生的感觉内容。"在这里，亥姆霍兹回到了传统逻辑所不知道的一种概念观，起初，连他都认为这个概念观是矛盾的。但实际上，这里出现的概念并不是单纯夸张和派生意义上的概念，而是具有真正原始含义的概念。精确科学的基础果断地揭示出了不同于"属种概念"的"序列性概念"，正如我们现在所见，这个概念还有更深远的应用，它是客观知识的一个工具。

判断的功能；永恒和重复。如此一来，对空间这一理念的心理学分析就确证了我们从知识的逻辑分析中得到的客观性这一概念。两个根本不同的存在领域之间的神秘过渡消失了，代替它的是一个简单的问题，也就是具体的部分经验是如何联系成一个有序整体的。一个具体内容只有超越了它的瞬时限制并能代表总体经验时，才能被我们称为是真正客观的内容。因此，这个内容不仅代表它自己，还代表这个经验的规律，其中，它把这些规律也带入了表象。一个知性构建过程的起点是一特定时刻，它在其或窄或宽的意义中规定并包括了全部实验实在。在最简单的"事实"判断中，我们就可以发现这种逻辑"整合"方法的轮廓。即使对于只有一个具体特性的个别事物，一旦在逻辑上确证了一个联系，这个联系也就会一直存在。这种持续性是伴随着这个判断形式的，所以就算判断所指的内容是可变的，我们也能发现它。在对这个关系进行的最简单和简略描述中，我们就已经能指出一个事实：任何 a 是 b 的断言中都包含了一个永恒元素，因为在断言成立时一个关系也随之确立，这个关系不仅对于一特定时刻有效，而是对整个时刻序列都是同样有效的。"性质"b 不仅在其被感知到的那一特定时刻 $t0$ 属于 a，它在整个时间序列 $t1t2t3\cdots$ 都属于它。所以，我们在一开始就假定，同一个规定性可以不断重复，可以在判断中恒久存在。然而除了这个原始操作，我们可能还要添加另一个操作，其中，我们把具体元素的变化当成在逻辑上规定了的。该断言认定主词 a 在 $t0$ 时具有谓词 b，同样，它也可以认定 a 在 $t1$ 时具有谓词 b'，在 t^2 时具有谓词 b''，但前提是，特性的这个变化并不是无规律地发生，而是有规律地受制于另一序列中的相应变动的。只有这样，经验"客体"概念的一般图式才得以产生，因为一特定客体的科学概念在其理想状态下，不仅包含了它在此时此处的全部特性，还包括全部必然结果，这些结果可以在特定条件下从这一概念中产生。我们通过一个统一的因果律集合，把一系列不同的、在时间上彼此独立的条件联系在了一起。用柏拉图派的话说，这个联系给个别事物盖上了存在之章。只要可以根据一特定方法从具体的时差内容中重建全部经验，那么这个内容就具有了客观含义。

"超主观"问题。 原先碎片式的、离散的经验通过一个持续的过程而逐渐变成了一个经验知识系统，与这个过程不同，形而上学理论在某些点上遇到了一个分歧，思维不能合住这个分歧，它只能跨越这个分歧。当我们为了到达真实"事物"的世界而费尽周折地冲破了单纯"表象世界"的界线时，这个缺陷变得最为清晰，在感官上也最为醒目。当"超越实在论"想要显示它是如何从主观领域(也是起先唯一可进入的领域)过渡到"超主观"领域时，它声明这个问题的方式就已经提出了横亘在存在和思维之间的障碍，这个障碍是任何逻辑努力都去除不了的。"一切意识首先都是指向我们自我的主观状态，而且能直接给出的也只有这些状态"已经被拿来当作是一个无须进一步讨论的断言。有一个"内在性"领域从来不超越这些第一原始的资料，有一种自我意识类型只被动的接收具体当前的印象内容，既不添加任何新的元素，也不根据一个特定的概念性视角逻辑地评价这个内容。我们唯一需要指出的是，这第一个阶段虽然对自我意识来说是充分的，但是它不足够固定对对象的意识。自然科学的对象更加不能用这些原始工具来处理。自然科学的对象如"质量"和"能量""力"和"加速度"都是与一切直接感知的内容严格无误地相区别的。给科学赋予言说客体和客体间因果关系的人，就已经出离了固有存在的范围，进入了"超越"领域。

自我意识和客体意识的关联。到日前为止，人们都可以充分接受这些结论，但是我们不能离奇错误地认为，它们不仅影响心理学的、表象的理念论，还影响批判理念论的根基。批判理念论之所以和此处所拥护的"实在论"不同，不是因为它否定了建立在这些客观存在概念演绎基础上的知性公设，而是因为它更紧地抓住了这个知性公设，并以该公设来要求每个知识阶段甚至是最原始的知识阶段。没有了超越给定印象内容的逻辑原则，自我意识和客体意识就一样少得可怜。从批判理念论来看，引起争议的与其说是"超越"概念，还不如说是此处预设的"内在性"概念。自我这一思想并不比"客体"这一思想更为原始、更接近逻辑，因为它们是一起产生的，并只能在不变的相互关系中才能发展。没有客观内容，我们就不能知道和经验"主观的"内容。所以，"客观"经验的条件和预设内在包含于主观表象世界的构建过程中，而不是作为附件在其完成后添加进去的。"主观"只是一个具有概念特点的抽象环节，它本身没有独立的存在，因为它的全部意义都在它的逻辑关联物和对立物中。

思维和经验的区别。尽管这个联系看起来非常清楚，但是一旦主体和客体的形而上学差异已经变了一个方法论上的差异，我们就需要停下来思考一下它，因为在各种认识论倾向中，所有误解的核心都在这里。外部世界和内部世界作为两种异质实在的深层原因在于经验和思维之间的对立。纯粹经验的确定性与思维的确定性完全不同。由于二者的起源不同，相应地，它们各自与一个客体领域相关，在此领域中它们拥有独特和唯一有效性。不掺杂任何概念的纯粹经验才能确保我们自我的状态，而外部客体的一切知识则由思维的必然性担保。自我通过内部知觉来理解自己，而内在知觉则有一个独特的、不可超越的"证据"，但是要获得这种"证据"，我们就得把内容当作绝对个别的，并认为它只具有此时此处给定的特性。只有从我们的表象中去除"一切知性必然性、一切逻辑顺序，让它们只能在类似物的混合物中存在"，我们才能认为这些必然性和逻辑顺序是自明的。所以，在每个知识理论的开端，我们都要剥夺我们与思维领域和自然领域的一切联系，切断我们与普通文明价值的一切沟通，这样一来，我们就使我们的个别意识处于"完全裸露和空虚"的状态中。只有通过这种方式，我们才能得到一个绝无思维参与的确定性类型，但最后我们发现，我们不能原样持有这个确定性，我们必须用假定知识对象时所用的逻辑假定和公设来扩展它。不过，这个表面上不含预设的开端包含了一个前提，这个前提无论从逻辑立场来看还是从心理学立场来看都是站不住脚的。在这里，感知和思维之间的区分对意识概念的否定，不亚于对经验的客观概念的否定。一切意识都需要某种联系，每个联系形式都预设了个别内容与一包容性整体的关系，预设了一个个别内容会插入一些系统性总体。然而，无论我们认为这个系统有多么原始，它一旦全部消失，就会摧毁个别内容本身。一个绝对无规律的、无序的感知内容就是一个思想，它甚至不能作为一个方法论幻象被实现，因为单纯的意识可能性至少包括了对一可能顺序的概念性预期，尽管我们还不能确定其细节。因此，如果我们把每个超越了个别感觉内容的单纯给定性的元素当作"超主观"的，那么就会有一个矛盾的命题：不仅客体的确定性掩盖了"超主观"元素，就连主体的确定性也掩盖了它。因为即使是单纯的"感知判断"也只能通过参考经验判断系统而获得意义，因此，它必须承认该系统的知性条件。

批判理念论的客体概念。如果我们不把客体当成一个超越了一切知识的绝对实体，而把它当作在经验进程中形成的客体，那么我们就会发现，没有什么"认识论缺口"可以通过思维的权威性决议，或一个"超主观命令"来弥补。因为从一个心理学个体的立场来看，这个客体可能是"超验的"，但从逻辑及其最高原理来看，它只是纯粹"固有的"。它仍然严格地被限制在这些原理尤其是数学和科学知识的普遍原理所规定的范围内。这个简单思想单独构成了批判"理念论"的核心。当伏尔凯特一再在他的批判中坚称，客体不是在单纯的感觉中给出的，而是在思维必然性的基础上首先给出的，他捍卫了这个理论的最独特论点。这里只肯定了理念性，这个理念性与主观"表象"毫无共同之处，它只与某些科学知识公理和规范的客观有效性有关。这里只确证了客体的真实性，而客体的真实性取决于这些公理的有效性，除此之外，它再无其他更坚实的基础。严格地说，这些结果只产生了一个相对存在，而不是绝对存在。但是显然，这个相对性并不是指对具体思考主体的任何物理性依赖，而是对知识的某些普遍原理内容的逻辑依赖。存在是一个思维"产品"这一命题，并不为参考任何物理或形而上学因果关系，它只是指一个纯功能性的关系，一个在某些判断有效性中的上下位关系。如果我们分析"客体"定义，如果我们把这个概念中假定的东西带入清晰的意识，我们就得到某些逻辑必然性，这些必然性是这个概念的必然组成"因子"。我们把经验和它的客体当成因变量，它们可以逐渐被化简为一个逻辑"论点"序列。在理念论的语言中，正是这些功能内容对它们论点的纯粹依赖才构成了"客体"对"思维"的依赖。

纯数学中的客观性。这种关系是无误的，因为在相反方面它也得到了验证和强调。我们最终承认，我们凭借一种确真的必然性超越了具体离散感觉的范围，进入了由严格因果法则联系在一起的连续客体概念，而这个必然性其实就是一个逻辑必然性。"真实必然的确定性以理性的名义支配着我，促使我做出超主观假定。如果我们的行为违背了这个确定性，那么我们所说的判断、反思、思维、理解力、理性和科学都会被连根拔起。"通过存在的有效性，我们只能理解"我们通过思维必然性而给判断内容赋予的超主观意义"。所以，我们是根据普遍的理想法则构建出了存在的概念并详细地规定了它。借此，我们也准确描述了每种"超越"的理由和界线。当我们比较经验的对象和纯数学的对象时，这种超越限制最为明显。纯数学的对象绝不可以被化简为一个感觉集合，因为它超越了知性构建过程中的给定物，而这些给定物在任何具体的表象内容中没有直接关联对象。然而，数学知识的对象，也就是数字和纯粹几何形状，不能构成一个自存的绝对存在领域，而只能表达某些普遍和必然的理想联系。一旦获取了这个认识，我们就能把它应用到物理客体中，正如我们所见，它们只是一个逻辑操作的结果，我们根据数学概念的要求而逐渐地变换经验。我们说物理对象是超验的，它们不同于转瞬即逝的、多变的感知内容。三角形或圆这种数学理念也不同于此时此刻在一个真实表象中表达它们的具体直觉图像，它们之间的区别与物理对象的超越性同属一类，并取决于同样的原理。在两种情形中，瞬时感官图像都获得了一种新的逻辑含义和永恒性，但是我们并不能通过这种区分抓住一个完全陌生的存在，而只能在某些内容上烙印上一种新的概念必然性特征。我们把经验性的触觉和视觉信息变换成了纯粹的几何形状，把单纯感知的内容变换成了"经验—物理"的质量和运动，这两种变换具有同样的充分和必要条件。在这两种变换中，我们都引入了一个不变标准，然后通过这种标准来衡量变量。我们正是在这个基本功能的基础上假定了各种类型的客观性。

当"实在论"坚称，使一个判断成为判断的东西，以及使知识成为知识的东西，并不是某种给定的东西，而是添加到给定东西上的东西。"如果我们被限制在给定的范围内，那么我们就什么也表达不了。因为当我们想把自己限制在给定含义和给定判断中时，我们为此而付出的一切努力都会是无意重复的，并且只会产生无意义的命题。判断和知识的含义超越了给定内容。只要我们把判断和知识当成给定的、当前的物理内容，那么它们的含义对于给定内容以及对于它们来说都是超验的。因此，一个思想只要不指自己，就是超越了它自己。"这些命题是完全令人满意的，但是为了从它们中得到一个完全不同的结果，我们需要对它们做一个小小的变动。如果一切思想真的都是"超越了它自己"，如果它的原始功能不是留在当前感觉内容的水平上，而是要超越它们，那么相反的推论就会成立。思维可以理解和证明的"超越"，已经在基本的判断功能中得到了假定和担保。[①]"客体"和判断是只在批判的意义上承认知只在批判的意义上承认知识与客体的关联，因为，尽管判断极大超越了当前的感官感知内容，我们却不能因此确认说，它超越了知识的逻辑原则。我们正是依赖这些原则而不是依赖任何具体的物理内容或操作来表达和要求方法理念论的。在心理主义的意义上，为了得到物理对象的概念，我们需要克服"内在性"，但是这个对象本身既超越了感觉范围，又在与其本质和定义密不可分的概念性关系中得到了它的存在。与印象的这种心理内在性相反的，不是事物的形而上学超越性，而是最高知识原则的逻辑普遍性。我们必须无条件地承认一个事实，即具体"表象"

超越了它自己，一切给定内容指的都是它本身没有的东西。但是我们已经证明，在这个"表象"中并没有什么元素可以超越作为一个整体系统的经验。对于这个包含了全部项的整体，只要它的法则已经内在于每个个别项中，那么这个项就拥有了一个符号特征。个别项就成了一个微分，只要不参考它的积分，它

---

①见 *Freytag*, *op.cit.*, *p.* 126："在这种对真理客观本质的一般信念中，判断的超越性是一个必然预设。因为，如果判断不是超验的，如果它的意义不超过它里面给定的东西，它的一切意义都只是在于它是一个心理学过程，那么判断的有效性就可直接确证。当我判定 a 是 b 或 a 不是 b 时，这两个判断本身都是正确的。因为在第一个判定中，我指的正是我实际判定为是 b 的 a，因此 a 也是已经给出的 a。在第二种判定中，我指的是我实际判定为不是 b 的 a，因此 a 也是已经给出的 a。"

就不能被充分规定，也不能被理解。形而上学"实在论"错误地把这种逻辑意义上的变化理解成了一种变体过程。在这里，有个观点认为"无论什么东西要意指什么，指的都是其他东西，因为它是什么就是什么，因而不需要意指它所是的"。但是这个"其他"并不需要是与它异质的东西，我们在这里关心的是不同经验内容之间的关系，其中这些内容同属一个顺序。这个关系告诉我们，我们可以从一个给定点出发，根据法则而贯穿所有经验，但是我们不能超越经验。不断超越任何给定的具体内容是知识的一个功能，这个功能可以在知识对象的范围内得到实现。费希纳从哲学物理学家中站出来，清楚地抓住了此处的这个问题："现象世界是这样的，一个现象只能在另一个现象中并通过这个现象存在，这个事实可以很容易使人(已经使一些人)全盘否定现象的存在，并且可以使他们把位于现象后面的、独立自在的固定事物当成现象多样性的基础。这些事物单独存在时和它们在现象中存在时不一样，它们通过它们自己的外部互动或内在作用而产生了现象的整体依赖性外观。"有人说：如果一个现象只能在另一个现象中寻找它的存在基础，那么所有存在都将缺乏最终的基础。如果 A 说"B 存在，我才能存在"，而 B 说"A 存在，我才能存在"，那么它们两个就都是无根之木……我们不该在 A 和 B 后面的东西中去寻找 A 存在和 B 存在的基础(这两个不能在另一个中寻找)，而是应把它们当成一个整体，然后在这个整体中去寻找它们的基础。这个整体是其所有内容的核心和基础……在这个整体中，个别项的基础不能在具体的东西中寻找，不能在该个别项背后的东西中寻找，因为这样一来，我们也将不得不问其背后东西的基础是什么。我们可以研究个别项是根据什么法则结合成整体的，终极元素又是什么……我们能在一个物质性事物中发现的客观性东西不是一个存在于知觉或现象以及独立于知觉或现象的模糊事物，而是根据相同法则统一起来的一个联系，其中，每个现象都是这个联系的一部分，而且这个联系超越了该事物所提供的具体知觉内容或具体现象。尽管这些命题在形而上学和物理学之间划了一个清楚的界线，费希纳仍然无意中泄露了物理对象定义的一个内在模糊性。

物理世界的统一性。为了避免把物质理解成一种完全未知的、不确定的东西，以及避免把它们当作感官可感知特性的"基础"，费希纳用这些感官特性定义了物质。物理学家所说的物质"就是我们平时最常说的"物质，就是我们平时能触摸到的东西。物质等同于"可触知的"。物理学家不关心触觉和感觉信息背后是什么，对于他来说，我们只能指出可触知性，只能通过经验捕捉到它并进一步去跟踪它。而这些就足够他为了实现自己的目的而给出固定基础的概念。这里，本是要排除物质概念的形而上学要素的，结果又再次排除了逻辑要素，而逻辑要素是这一概念的标志性特征。在这两种视角间还有一个批判视角，它通过联系"经验整体"定义自然科学的对象，但是它也意识到，我们不能把这个整体当作具体感觉资料的单纯总和。整体只能通过假定原始关系来获得它的形式和系统，这些关系不像一个给定的感官内容一样是"可触知的"——这些关系有很多种表达式，而在物质概念以及力或能量的概念中，被呈现的只是这些表达式中的一种。

"事物"的历史变换。 把事物概念浓缩为一个对经验进行排序的最高概念，这样一来就去除了妨碍知识进步的危险障碍。对原始的实在观来说，事物概念并没有给自己造成任何问题或困难。对于该观念来说，思维不需要逐渐地通过复杂的推论触及事物，它直接就拥有它们，可以像我们的触觉器官抓住物质性客体一样抓住它们。但是这个幼稚的信任很快就破碎了。客体的印象和客体本身彼此分离开了，它们不再具有同样的身份，而只是表象和被表象的关系。无论我们的知识本身多么完备，它从来都不会给我们客体本身，而只会给我们表示这些客体和它们相互关系的符号。曾经被认为是属于存在本身的许多规定性，现在变成了存在的单纯表达式。根据形而上学的历史，我们认为事物不仅没有所有属于直接感觉的特性(因为事物本身既不是发光的也不是芬芳的，既不是有色的又不是有声的)，而且不具有任何时空特性如多数性和数目、变化和因果等。一切已知，一切可知，都与客体的绝对存在相对。我们最后发现，我们无法理解决定事物存在的基础。在这一点上，怀疑主义和神秘主义成了盟友。科学经验无论告诉了我们多少新的"现象"关系，真正的客体还是不能水落石出，相反，它们似乎被这些关系更大程度地掩映住了。然而，当我们认识到这里不可理解的知识残渣实际上变成了一切知识的必然因素和条件时，这个疑虑和怀疑就消失了。要认识一个内容，就是要让它超越给定性，使它获得某个逻辑不变性和必然性。所以，我们并不把客体当成独立规定了的、给定的客体而去认识它——我们会设置某些界线，并在均匀的经验流中固定下某些永恒元素和联系，而去客观地认识它。在这个意义上，客体的概念并不是知识的最终边界，而是它的基本工具，通过这个工具，属于这个概念的一切就能得到表达和确证。客体标志着我们在逻辑上拥有了知识，而不是标志着一个远远超越知识的隐晦世界。所以"事物"不再是躺在我们面前的赤裸裸的材料，而是对认知形式和认知方式的表达。形而上学眼中的属于事物本身的特性，现在则成了知识客体化过程中的一个必然元素。在形而上学中，客体的永恒和持续存在是与感官知觉的易变形和间断性相区别的，在这里，同一性和持续性成了公设前提，它们给法则的递进性统一指出了大致方向。它们不是指事物的已知特性，而是指帮助我们进行认知的逻辑工具。在这个联系中，我们解释了科学客体概念内容的特殊易变性。客观功能在其目的和本质上是一元的，随着它在不同经验材料中的实现，也就产生了不同的物理实在概念。然而，这些概念也只是代表了同一基本要求的不同满足阶段。不变的只是这个要求，而不是达到这个要求的手段。

亥姆霍兹的符号理论。自然科学即使保留了绝对客体这一概念，也只能用作为经验基础的纯形式性关系来表达它的含义。这个事实在亥姆霍兹的符号理论中最为显著，其中该理论是对自然科学一般知识理论的典型阐述。我们的感觉和表象是符号，而不是客体的复制体。对于一个复制体，我们需要它与被复制对象有某种相似性，但是我们的表象不能保证有这个相似性。相反，符号不需要元素之间的真实相似性，而只需要两个结构有一个功能性的对应。保留下来的不是被表示事物的特殊特征，而是它与其他类似事物之间的客观关系。在感觉集合与真实客体集合的对应中，每个可以在一个集合中确立的关系，就指出了另一个集合中的一个关系。所以实际上，我们不能通过表象去认识真实事物孤立的、自存的绝对特性，只能知道支配这个事物及其变化的法则。实际上，在不添加任何假设的情况下，我们所发现的只是现象的规律，这个规律是我们理解现象的条件，也是唯一一个可以被我们直接推及事物本身的特性。但是在这个理论中，我们并没有假定出新的内容，而是假设同一事实会有两个表达。真实事物的合律性其实只是指这些规律的真实性，也就是说这些规律对于所有从具体限制条件下抽象出来的经验都一样有效。有些联系一开始只是表达内容的单纯规则性，当我们说它们是事物的规律时，我们只是为它们的普遍含义又起了一个新名字。已知事实的本质不会因为我们选择了这个表达形式而改变，但这些事实的客观有效性得到了加强。事物性只是一个确证准则，它一旦与经验联系整体分开，就没有任何意义，因为正是这些联系给了它有效性。所以，对于物理对象而言，如果它们的联系是有规律的，那么我们与其说它们是"客观性事物的符号"，不如说是满足某些概念性条件和要求的客观符号。

逻辑的和本体的相对性概念。由此可知，我们从来都没有认识到事物本身，而是认识到它们的相互关系，也就是说，我们只能确证它们的不变和变化关系。这个命题在实在形而上学中会产生一些怀疑论后果，但在这里它并不涉及任何这样的后果。如果我们以绝对元素的存在为起点，但不能掌握它的纯粹和独立形式，那么显然这就暴露了思维的缺陷。根据这个观点，事物都是为它们自己而存在的，但是我们只能通过它们的互相作用认识它们，而它们的相互作用则影响并遮掩了它们每一个的本质。亥姆霍兹如此阐述他的观点："事物的每个特性或性质实际上只是影响别的事物的能力……如果我们把它所作用的无名反应物当作自明的，那么我们就把这个作用效果叫作性质。所以，我们会说起一种物质的溶解性，也就是它对水的反应，我们也会说起它的重量，那是地球引力的结果，同理，我们说它是蓝色的，因为我们已经预设了一个不言自明的一点，即我们只需要定义它对一只普通眼睛所起的效果。"然而，我们所说的性质总是包含了两个事物之间的关系，那么自然地，这个作用绝不是取决于作用物的本质，而总是与反应物的本质有关并取决于这个本质。这些命题都鲜明地阐述了一般相对性原则，当我们想要在原则上把所有本体元素从自然科学中排除出去时，我们就会诉诸这些命题。然而实际上，它们也包含了一个明确无误的本体元素。通过进一步解释知识相对性原则，我们发现这个原则不是事物普遍互动的单纯结果，我们发现它包含了事物概念本身的初步条件。这是相对性的最普遍和最根本含义，它不是说，我们只有把这些元素仍然当作模糊自存的核心，才能抓住存在元素间的关系，而是说，我们只能通过关系的范畴才能得到事物的范畴。我们并不是从绝对事物间的相互作用中得到它们的关系的，我们只是把我们的经验联系知识压缩成判断，并赋予这些判断客观有效性。所以，那些"相对"性质并不是指我们只能消极地抓住事物的残渣，而是指它们自己是实在概念的首要和积极基础。知识为了统一感官杂多，就在该杂多中假定了关系理念，而当我们想要从事物的全面相互作用中来解释知识的相对性时，我们就陷入了一个循环，因为这个相互作用就是这些关系理念中的一个。

科学世界观的统一。出于一种特殊的兴趣，我们要去追溯这个世界观是如何在现代物理学中获得清晰条理的。一个著名的物理学家不久前阐释了物理方法的进步和一般目标，他在自己的阐释中就给出了一个独特例子。普朗克简洁地描述了物理世界的统一，他在这个简短描述中定义了一些一般观点，这些观点可用于解释物理理论的不断变化。如果说在最初构建物理定义时，我们的方法是在概念中直接复制感觉内容，那么后来的逻辑进步就在于我们越来越摒弃了这种复制法。只要感觉必然地包含了与一特定感觉器官的联系，包含了与人类有机体的特定心理结构的联系，那么感觉内容本身就包含了一个人为元素。这个人为元素是如何不断地被推入背景中，是如何完全消失在物理学的理想图景中的呢？关于这个问题，自然科学的历史就给我们提供了一个连续的例子。我们现在必须问，对于这些失去的内容，科学的世界图式又做出了什么补偿呢？在其意义和必然性的基础上，又有什么积极的优势呢？很快我们就会看到，这个补偿不能基于任何质料，而只能纯粹基于一个形式环节。科学在放弃了直接感觉的丰富性和多样性的同时，它的统一性和完整性则提升了，而这也就补偿了它表面上的损失。印象的内在异质性和个别特质就一起消失了，结果，那些从感觉的立场来看是绝对无法比较的领域，现在则成了同一框架中的内容，并且处于相互的关系中。科学构建的独特价值在于，我们最初认为只是同时发生而不相互关联的事物，现在则被我们认为是通过概念性媒介联系在一起的。我们越是纯粹地贯彻这个倾向，研究工作就越是完成了它任务。"如果我们更仔细地观察，我们会看到老的物理系统看起来并不像是一个单一的图像，而更像是一群图像，每一类自然现象都对应一个特有图像。这些图像并不是联结在一起的，所以去除其中一个也不会影响别的。而这一点在物理的未来系统中则是不可能的。我们不能把任何特征当作无伤大局的，因为每一个特征都是整体的必要元素，而且其本身对于可观察的自然来说也有一个确切含义，相反，每个可观察的物理现象将也必然会找到它在这个图像中的相应位置。正如认识论分析证明的那样，我们可以看到这里所提的真正物理理论都与经验实在的标准完全符合。"普朗克认为任何物理理论的条件都是："系统的一切特征都要统一，一切时间和地点都要统一，一切研究者、民族和文明要统一。"所有这些条件的满足就构成了客体概念的真正含义。现象论仍然停留在单纯感觉的资料上，普朗克则相反，他名正言顺地把他的观念当作"实在的"。然而这个"实在论"并不是逻辑理念论的对立面，而是它的对应物，当然前提是我们正确理解了这个理念论。因为，如果物理对象独立于一切感觉特质，那么这种独立就明确指出了它与普遍逻辑原则之间的联系，而要确证客体概念的内容，我们就必须参考知识统一性和连续性等原则。

第七章 关系概念的客观性和主观性

一、 关系概念的主客观问题——关系知识和经验知识的普遍功能——知识的"形式"和知识的"物质"的相互关系——"永恒真理"的存在——现代数学真理的概念

关系概念的主客观问题。知识分析的结果就是得到了某些基本关系,这些关系是一切经验内容的基础。思维不能超越这些普遍关系,因为只有在这些关系中,思维以及对象才是可能的。如此作答似乎是陷入了循环之中,也就是说,问题的结尾把我们送到了问题的开始处。问题似乎只是转移了,而不是解决了,因为主观和客观的对立仍然如以前那么鲜明。以前指向感觉和表象的纯粹关系现在也落入了同样的问题下面。纯粹关系是存在的一个要素,还是只是单纯的思维构建物?它们是揭示了事物的本质,还是只是我们意识的普遍表达形式,故而只对意识以及意识的内容有效呢?思维和实在之间是否预先存在一种神秘的和谐,并通过这种和谐最终在根本特征上一致相容呢?

关系知识和经验知识的普遍功能。以这种方式来提出这个问题,说明了我们把这个问题当作以前的研究结果而在原则上解决了它。无论如何,存在一个可用来消解思维和存在间对立的"共同"基础。我们不能在一般事物的绝对基础上寻求这个共同基础,只能在关系知识和经验知识的普遍功能中寻找它。这个功能

本身构成了一个固定的条件系统，并且，关于客体的断言在参考自我或主体之外还必须参照这个系统，这样才能得到一个可让人理解的含义。在数字和量、不变和变化、因果和相互作用等的框架外，是不存在客观性的：所有这些规定性都只是经验本身的不变式，也是在经验中并由经验确证的一切实在的不变式。这个观点也直接包含了意识本身。如果内容没有一个时间性顺序，如果不能够把它们统一成整体并再度分解成某些复数形式，如果不能最终区别开相对不变的条件和相对变化的条件，那么自我概念就没有任何意义和用武之地。通过分析，我们清楚地看到，所有这些关系形式都进入了"存在"概念中以及"思维"概念，但是分析并不能告诉我们它们是如何结合的，又起源于何处。实际上，关于这个起源的每个问题都包含了一个明显的循环论证，当我们把任何基本形式都归结为事物的一个作用或思维的一个活动时，也就是在做这种循环论证。因为从"哪里来"本身就是某种逻辑关系形式。一旦把因果理解为一种关系，一般关系的因果问题就消失了。对于这些一般关系，我们只能问它们的逻辑含义是什么，而不是它们形成的方式和起点。一旦确证了这些关系的含义，我们就可以在它们和经验的帮助下找到具体客体和具体过程的起源。相反，我们像对待一个变化的经验存在那样，去追溯到它们的最初开端，去追溯到心理或物理"力量"。

知识的"形式"和知识的"物质"的相互关系。所以，我们不能把知识的"物质"与它的"形式"区别开，因为我们不能够在一个绝对存在中为它们各自找到一个不同基础，比如，我们不能在"事物"中为一个因子找到一个起源，而在意识整体中找到另一个因子的起源。因为知识的"物质"所具有的一切规定性，都只能在参考一些可能顺序，也就是参考一个形式性的序列概念时才属于它。具体的、定量的感觉内容只能通过与其他意识内容相区别才能得到它的特征，它只是一个序列项，并且我们只能把它们当作序列项。从这个条件中所做的抽象不只会使它的内容产生或多或少的"不确定性"，而且会绝对地消除它。当我们假定存在两个自为的不同起因，并用这两个起因来解释这个关系时，这个坚固的逻辑相关性仍然屹立不倒。一方面，物质是相对于形式来说的；另一方面，形式也只能相对于物质而有效。如果我们从它们的相关性中抽象，那么物质和形式都不具有任何"存在"，而关于存在的基础和起源，我们倒是可以去探索的。我们不能引证经验内容的物质性特质来证明一切客观知识都是建立在一个绝对"超验的"基础上的。虽然我们必须承认这种确定性本身的存在，但这个确定性只是知识自己的一个特征而已，知识的概念起初就是通过这个特征而完成的。如果我们用纯科学的形式来表达它，它就只是一个命题，即普遍的联系法则和自然现象的普遍等式不足以构建经验，也不足以构成经验的对象。要完成这种构建和构成，我们还需要关于具体常量的知识，而这些常量只能通过实验观察得到。我们仍然不清楚，这些常量在证明了经验对象的经验实在外，是如何还揭示出它的绝对基础的。一个法则的具体内容是以这个法则为前提的，也只能通过这个法则被认识，所以具体的固定值总是只能落在概念的范围内，这个概念由普遍的数学原则定义和限制。然而，这种限制构成了一个值的真正"理想性"。与表象联系，与心理学个体的思维操作相联系，都不能确立这样的"理想性",要确立它,我们就只能联系到具有科学有效性的普遍原理和条件。

"永恒真理"的存在。这些条件是从思想中还是从事物演绎出来的呢,抑或是从二者的相互作用中演绎出来的呢?如果这个问题还未解决,如果"主观"和"客观"的对立还未在所有意义上消除掉,那么我们就不能错误地去问这些条件的形而上学起源是什么。在实际的经验中,我们用判断和关联思想的形式把永恒有效的理想原则瞬时地呈现给我们自己。为了保证逻辑基础的严格和纯粹,我们可能会想完全摒弃这个问题。莱布尼茨继承了柏拉图的认识,认为"永恒真理"的有效性与每个实在事实是完全独立的,无论这个事实有什么特性。这些永恒真理只是表达了假设的结果系统,它们把某些结论的有效性与某些前提的有效性联系了起来,却不去考虑我们是否能在经验事物的世界中找到这些抽象联系的例子,也不去问从前提到结果的变换过程实际上是发生在哪些个体的思想中。就算没东西可数或者没有人知道怎么计数,纯粹的算术真理还是它们自己。在理念论的真正经典中,单纯的心理学基础得到了最为明确地否定。这些经典的作者都偏爱一个思想,波尔扎诺在对"命题和真理本身"领域的认识中就矛盾地表达了这个思想。真理的"存在"在逻辑上与它们被思考这一事实无关。我们通过一些心理学操作把纯几何命题的内容带入直觉或概念性表象,由于这些命题遵循严格必然的递进顺序而彼此生成,并由此形成了一个理想整体,所以我们无须回溯到这些心理操作就可以完美地演绎和表达出这些命题的含义。无论这些操作是否因人而异,也不管它们是否均一或是否拥有不变的特性，当我们说几何对象时，说线、面或角时，我们绝不是指这些特性。我们认为这些对象所具有的存在不是某种瞬时实在，也就是说不是那些属于具体物理或心理内容的实在，而是指这些内容已规定的相互存在。它确认了思考内容世界中的客观关系，而不是思考者世界中的任何实际因果联系。

现代数学真理的概念。正是数学的现代扩张充分揭示了这个事实，并就此为依赖它的逻辑理论制备了一个新的基础。一般流形理论所关心的这些结构是真正的、完备的数学对象，它们的概念首次充分代表了数学。我们可以充分地阐述这些结构，同时无须解释那些复杂艰深的心理学问题，也就是我们是通过什么知性过程把无限总体的含义呈递给我们自己的。此外，因为这些群的所有性质都是由这些群的原始概念定义的，并且以一种必然不可变更的方式属于它们，所以，思想活动并没有可随意发挥的空间。相反，思想完全分解成了它的对象，并且受其规定和指导。正如现代数学逻辑的一个代表所说："有一个世界，里面居住着理念、集合、命题、关系和蕴涵式，它们具有无穷无尽的多样性，它们的结构可以极简单，也可极尽复杂精密，你可以任意给这个世界起个名字。这个世界不是思维的产品而是它的对象，不是思维创造出来的东西，而是思维的狩猎场。这个世界的构成部分——如命题——与我们对它们的思考是不一样的，就如酒和喝酒是不一样的。这个超个人世界的构成，也就是它最根本的本体论构成，作为一个独立的、超个人的存在形式，在基本特征和本质上其实是逻辑……天文学家、物理学家和地质学家或其他客观科学的学生都把目光投向了感官世界之外，同样，物理学家也进入了逻辑宇宙去寻找那里的事物，去研究它们——理念、种类、关系和蕴含式——的高度和深度。"这些命题在正负两方面都清晰地界定了这个问题。普遍数学联系的必然性是不容质疑的，这个必然性构成了一个独特的实体和一个客观的内容，这个内容与思维的心理活动相对，是一个绝对的制约规范。但是这个必然内容是否与感官实在处于同一水平面上呢？其中，对于感官实在，我们只能得到经验知识。数学家的"事实"以及它们的含义是否与解剖学家和动物学家在描述和比较不同生物结构时所确证的事实和含义一样呢？数学家和数学物理的逻辑不允许把精确的方法和描述性的方法混为一谈。不能只去简单地去描述必然的事情，不能把它们当作真正的"发现"，因为被发现的东西针对的只是确证它的那一时刻，因此它只是表示一个经验具体的事实。至于我们是通过什么知性操作来理解这些必然事件的，关于这个问题，我们需要再次解答。实际上，我们不能把这些操作当作它们所阐明的东西，被知内容的规律不等于知动作的规律。尽管如此，只要这两种规律类型代表了一个一般问题的两个不同方面，那么它们就是互相关联的。所以在思维的对象和思维的操作之间存在一个更深和更基本的相互关系，这个关系要比酒和喝酒之间的关系更深。一方面，酒和喝酒并没有那么严格的相关，但是每个认知动作都是指向一个客观真理，它把这个真理当作与自己相区别的；另一方面，真理只能通过这些认知动作，通过它们进入意识。

二、 自我的关联概念和活动——知识中的不变与变——思考主体的逻辑真理的独立性——实用主义的问题——有效和"实用"——对有效性概念的批判——永恒和变化的调和——经验的双重形式

自我的关联概念和活动。通过分析科学原则，我们得到了"客观"这一概念，现在我们则需要在这个概念的基础上、在一个新的意义上定义"主观"。从这种分析中我们得到了客体的定义，这个一般定义中暗含了一个问题的答案，这个问题便是，我们是通过什么样的知性方式和方法得到知识的。其中有一个方面非常重要。只要客体是原始教条主义所认为的"事物"，那么具体的"印象"或这些印象的简单相加就可以抓住它、复制它。但是，当我们把某些逻辑关系的有效性当作客体概念的必要条件和真正核心时，这种获取方式就被否定了。因为我们绝不能在单纯的感官印象中表示纯粹关系，被看到的或被触摸到的东西的相似或不同、一致或差异等本身是不能被触摸或看到的。我们必须从被动的感觉回到判断活动，只有在这种活动中，逻辑联系和逻辑真理的概念才能得到充分表达。我们可能会认为事物——一个感官特性的集合——这一概念是通过这些特性而产生的，其中这些特性被我们感知到，并且它们自己通过一个自发的"关联"机制结合在了一起。但是，如果要在心理上定义这个必然联系，我们就需要参考一个独立的意识活动。在知识的对象中，有规律的判断进程对应着有规律的关系统一过程。

知识中的不变与变。真理的内容以及"存在"的内容似乎再

次合流了，因为根据这个总视角，我们只能通过知性地再生真理，也就是说，让它脱离它的具体条件，而认识到真理"是"什么。但是这个知识的"起源"观并不与永恒这一要求相悖。因为，我们这里讲的思维活动不是任意的，而是一个严格受限的活动。思维的活动在思维的理想结构中找到了自己的支撑，其中它的这个结构与任何具体的、受时间限制的思维动作无关。结构和功能这两个要素通过相互作用规定了完整的知识概念。我们的一切知性操作都是建立在客观必然关系的"稳定永恒"领域这一思想概念上的。因此，我们可以清楚看到，一切知识都包含了一个静态动因和一个动态动因，而它的概念只能在这两个动因的统一中形成。知识只能通过一个逻辑动作序列实现自身，这个序列必须是逐次递进的，这样我们才能知道它的递进法则。但是如果我们把这个序列当作一个整体，认为它表达了一个相同的实在，并且我们越是前进就越是能准确表达这个实在，那么我们就必须把这个序列当作向一个理想极限收敛的序列。这个极限具有具体规定性，因为对我们来说，除非借助这个序列的具体项以及它们有规律的变动，否则我们是认识不到这个极限的。站在极限的角度我们会看到一方面，站在序列及其递进的角度则会看到另一方面，然而这两个方面都需要对方才能完成自身。变指向不变，而不变只能通过变而进入意识。一方面，所有知识操作都把关系的一些固定内容当作自己的真正对象，另一方面，这个内容也只能在知识操作中验证和理解。

思考主体的逻辑真理的独立性。在这一点上，当前认识论学说的一般主导倾向分化最严重。一方面，我们在原则上停止参考思维和"思考的头脑"，以期保持逻辑和数学的纯客观性。如果去解析数学的理想结构，如果去清晰地表达其全部定义、定理和公理，那么我们就得说，我们是不能够在最终留下来的"逻辑不变物"中找到思考主体这一概念的，也就是这整个系统所属的那个主体。因此，主体的概念不属于纯逻辑和纯数学的范围，它是某个"完全无意义"的概念之一，它进入科学的唯一渠道就是哲学。所以，数学和逻辑的理想真理与思维活动之间缺少更近的关系，我们宁可强调说，思维只是被动地接受这些真理，只是把它们当作给定的材料。一般认为，思维在认知一特定的参考系时是完全被动的，就像感觉器官在感知感官对象时那样被动。"简而言之，一切知识都是认知，不然的话就是谬误。我们发现算术，要像哥伦布发现了西印度群岛一样，也就是说，就像哥伦布并没创造印度群岛一样，我们也没有创造数字。数字'2'不是纯心理的，而是一个可以被思考的实体。一切可被思考的东西都具有存在，它是被思考这一动作的前提而不是结果。"相应地，纯粹概念和纯粹真理的客观性与物理事物的客观性在一个平面上。尽管如此，只要我们记起我们在逻辑和数学范围内无法认识绝对的"客体"，而只能认识到"相对的"客体，我们就能清楚看到它们之间的区别。具体的数字而不是抽象的数构成了一个真正的"实体"。在这里，单个部分只能从整体中获得意义和内容，但是我们不能像呈现一个静止的感知对象那样呈现这个部分，而是要通过它的构建法则来理解和规定它，这样才能真正地研究它。为了把数列理解成一个序列，进而深入它的系统本质，我们需要的不是一个统觉操作（我们认为统觉操作足以使我们感知到一个具体的感官事物），而是许多这样的操作，其中这些操作彼此限定。所以我们需要一个思想运动，这个运动不是表象的单纯变化；我们要在这个运动中，把起初得到的东西保留下来并把它们作为新进程的起点。所以这个活动本身就产生了对一固定真理群的认识。在这个生成操作中，思维就具有了一个永恒的逻辑产品，当然前提是思维意识到这个操作不是任意进行的，而是根据一些不变的法则有规律地进行的，其中，思维要得到确定性就必然需要这些法则。

实用主义的问题。思维的"自发性"和"客观性"不是对立的，而是必然关联的，而且前者只能通过后者实现。如果我们不能充分理解自发性和客观性之间的这个基本关系，如果我们单方面地强调这个关系的其中一个要素，那么结果就会产生一个会危及逻辑不变性本身的反应。从这个一般动因中，我们也许可以很简单地理解"实用主义"对"纯逻辑"的攻击。如果实用主义只是确证了"真理"概念和"效用"概念，那么我们就可以理直气壮地把它丢进哲学流形语的一般命运。捍卫这个主义的那些主张，身着华丽丽的辞藻，口哼着咄咄逼人的论调，但当我们把它们转换成逻辑语言，它们就悄无声息地消失于地缝中了。效用概念无法承载任何精确定义，它时而是某个人的特殊愿望和倾向，时而是人类的一些共同结构，而我们就是参考这些飘忽不定的效用概念来定义和测量效用的。在第一种情况中，我们不能解决精确科学知识的可能性问题，因为自然科学不是建立在个别感觉和性格上的，也不是建立在个别感觉内容上的，它的基础就是从它的世界体系中排除一切纯"人类的"元素。在第二种情况中，我们假定了一个不变的"心理－物理"主体，假设它拥有一个不变的结构，且这个结构是在一些本身拥有客观规律的条件下发展而来的，结果，我们把本该演绎出的存在概念变成了一个预设出来的概念。"效用"只存在于一个世界中，在这个世界里，万物并不随机生万物，而是特定预设对应特定结果。只有在存在内部，在一特定过程顺序中，效用的观点才是可理解和可应用的。

有效和"实用"。然而，上述思考并未影响人们对实用主义进行更细微更精妙的阐述，尤其是杜威及其学派的阐述。在普通哲学讨论中，实用主义总是不免显得模棱两可，但是这些阐述至少没有了这种模糊性。在这些阐述中，我们可以清晰地看到，实用主义关心的是客观有效的科学命题和思维活动之间的关系。通过进一步检验可知，这里说的思维已经成了"做"这一动作的纯粹和完整表达。我们的推论、结论、研究和实验都是"实用的"，这不是因为它们的目标是要获得一个外部目的，而是因为我们的最终认知目标是完成所有思想的统一。任一命题的有效性都取决于它为这个基本知识问题的解决贡献了什么，取决于它为杂多的递进统一贡献了什么。我们不能直接把一个判断和具体的外部客体放在一起，不能把这些客体当作本身给定的事物与这个判断比较，我们只能问这个判断在总体经验的结构和解释中实现了什么功能。我们称一个命题为"真"，不是因为它符合超越了一切思维和一切思维可能性的一个固定实在，而是因为它在思维的过程中得到了确证，并且得到了新的丰富结果。真正原因在于它在递进统一的进程中所发挥的作用。每个知识假设的成立理由都只是与递进统一这个基本任务相关，只要这个假设能成功地在思维中把原先孤立的感官资料和谐地组织起来，它就是有效的。

对有效性概念的批判。 然而，这些发展并未影响批判知识观和它与客体的关系，因为它们只是延伸了一个打一开始就被这个批判观作为基础的思想。对于这个批判观来说，概念并不是通过复制实在而获得其有效性的，而是通过表达经验联系所遵循的理想顺序而得到的。物理学所承认的"实在"只是排序性概念。在解释它们时，我们不需要指出一个与它们对应的具体感官存在，而需要把它们当作是建立严格联系的工具，当作是"给定内容"全面的、相对的规定性工具。然而承认这个事实也不会产生实用主义认为会产生的结果。无论我们如何承认和推崇科学假设的"有用性"意义，我们在这里所关心的仍是一个纯理论目标，而这个目标也要用纯理论工具来实现。而要在这里实现的目标就是得到逻辑。知识的前进方向不是由因人而异的个人需求决定的，而是由统一性和持续性等普遍知性公设决定的。实际上，尽管"实用"这一概念仍然存在歧义，这个结果却偶尔会清晰出现。詹姆斯强调了一个事实，即我们的知识面临一个双重压制。我们对事实的认知受限于我们感官印象的特性，同理，在纯逻辑和数学领域，我们的思维也由一个"理想压制"决定。例如，虽然没有人能够确切地计算出数字 π，但它的百分位已经被理想地预先确定了。"我们的思想一定要与实在相符，无论这些实在是具体的还是抽象的，也不管它们是事实或原则，否则就会面临永无止境地矛盾。"很明显，我们假定出这样的"理想顺序的压制"和假定出一个客观的、逻辑的有效性标准是一样的，它们只是对同一事实的不同表达。我们并未驳斥"纯逻辑"，而是对它的基础思想进行了更进一步的发展。我们并未给出一个新的答案，而是提出了一个新的问题。起初对知识进行一般解释时可能忽会略这个问题。普遍的逻辑和数学真理不仅失去了任何经验主义基础，而且似乎缺少与经验客体世界的任何联系。它们的先验性是建立在它们的"免于存在的自由"上的，也只能在这个条件满足时成立。思维转向客体的经验存在时，它似乎也离开了自己的真正确定性基础。对于一个联系，我们只有放弃对其元素的实在进行断言，我们才能真正理解它的必然性。虽然起初从方法论立场来看，这个无条件的区分是不可避免的，但我们也不能固守着这个区分，因为有了它，就不可能再有数学自然科学。一旦我们坚持这个区分，我们在此区别开的数学自然科学的那两种知识类型就再次直接关联在了一起。我们想要以理性数学顺序的形式来理解的东西是经验存在本身。但我们永远也不能在根本上完成这个任务，因为这个任务的本质已经决定了这种失败。因为数学在这里处理的材料并不能通过处理变成所有完备"事实"，它只能在这个处理过程中被塑造，并且不断在这个过程中具备新形式。我们要理解的不是一个不变项，而是一个可变项。我们要通过它的多变性它在各种观测研究中可以经历的可能变换来理解它。但是这种多变性是关于本质经验事物的，它不包含任何"主观"随机元素。变化本身是规定了的，也是必然的，因为我们不能根据一特定法则随机地从一个阶段过渡到另一个阶段。为了证明经验真理概念的相对性，我们通常会援引说，我们的天文世界体系也只具有纯粹相对的有效性。有人主张，因为我们永远不能在经验中得到天体的绝对运动，不能拿我们的天文构建物与这些运动本身相比较，也不能去检验它们，所以给任何一个系统"有效性"这一优点而使它优于任何其他系统(如哥白尼系统)都是毫无意义的。所有系统在真实度上是一样的，因为它们离事物的绝对存在都同样遥远，而且都是指对现象的主观认识，这些认识可以并且必然随着所选的知性立足点和空间立足点的不同而不同。然而，这个推理的不足是显而易见的，因为废除了一个绝对标准并不等于废除了不同理论之间的价值差异。我们预设，经验概念的不同阶段并不是彼此绝对隔开的，而是通过逻辑关系联系在一起的。只要保留这个一般预设，不同理论之间的价值差异就必然严格存在。一方面，这些序列的系统和集合就代替了一个外部的实在标准。通过对比序列项，通过这些项之间的递进法则，就完全可以连接和确立这种系统以及这种集合。另一方面，这个法则来源于经验形式是持续存在的这一事实。所以，空间的具体排列是会变化的，而我们则把这种排列当成构建世界体系的基础，其中空间、时间、数字和量是一切构建的工具。此外，这个系统有一些本质特征，这些特征不随阶段的变化而改变：后一个阶段不会完全取消前一个阶段，而是给它一个新的解释。第谷的观察资料都进入了开普勒系统，尽管它们是以一种新的方式联系了起来。但是在评价这种联系的真实性时，我们不会针对事物本身，而是会使用某些自然知识的最高原则。我们把这些原则当作逻辑标准保留了下来。我们把与这些原则对应的空间顺序称为"客观的"，例如，我们根据惯性定律的预设和要求来构建的顺序。这些最高指导原则确保了经验知识的同质性，我们通过这种同质性把经验知识的所有阶段结合到一个客体上。所以，"客体"和经验知识构成的逻辑整体是同样真实和必然的——当然也不比后者更真实、更必然。然而这个整体从来都不是完整的，它更多的是一个"被投射的整体"，但是它的概念是确定了的。要求本身是固定和永恒的，但实现要求的每个形式都超越了要求自己。我们只能把一个实在定义为多个不同理论的理想极限，然而对这个极限的假定不是任意的，而是必然的，因为经验的连续性只能通过这个假定而确立。任何一个天文系统，无论是哥白尼的还是托勒密的，都不能作为真正宇宙秩序的表达，只有全部这些系统一起随着一种特定联系不断展开时才能成为这种表达。所以，科学概念和科学判断的工具性特征在这里并未受到质疑。这些概念是有效的，不是因为它们复制了一个稳定的给定存在，而是因为它们包含了一个可能的统一构建方案。这个方案必须逐渐在实践中、在对经验材料的应用中验证。这个工具使得统一性和思想的有效性得以产生，而这个工具本身必须是稳定的。如果它没有某种稳定性，它的安全和永恒使用就是不可能的，它会在首次使用时毁坏，然后消失。我们需要的不是绝对事物的客观性，而是经验方法的客观确定性。

永恒和变化的调和。知识想要窥探思维对象的真正内容，而这个内容则对应着一般思维的活跃形式。理性知识和经验知识面临同样一个问题。在认知过程中，我们所确立的是一群理想关系的概念，其中，这些关系不受偶然的、临时多变的心理认知条件影响一直保持自我同一。每个思维操作都必然需要肯定这种不变性，只有证明了这种不变性，才能找到不同知识水平间的差异。只要我们仍然留在纯逻辑和纯数学命题的领域，我们就拥有一群永恒不变的真理。一日为命题，永远为命题，它可以被其他命题补充，却不能改变自身的含义。然而，纯粹的经验真理似乎就缺少这种确定性——今天的它有别于昨天的它。这种真理只是指一个瞬时立足点，我们在表象的洪流中得到它，然后再次丢弃它。然而，这两种动因尽管对立，却最终结合成了一个统一的知识类型。只有通过抽象，我们才能把绝对永恒的元素与多变元素分开，并区别开它们。质朴的、具体的问题或知识是为了让永恒帮助变化。永恒真理成为了一个工具，帮助我们在变化的王国获得一席之地。当我们把变化当作普遍理论法则的结果时，我们就相当于把它当作了永恒。这两个因子之间的差别永远都不可能完全消失，它们之间的永恒同化构成了知识的全部运动。经验材料的易变性并不是一个障碍，而是知识的一个积极推动力。如果数学理论和任意时间点所知的全部观察资料都包含了一些不变的信息，那么它们之间的对立将是不可缩减的。当我们意识到我们的经验认知是有条件的，认识到我们所使用的经验材料是有弹性的，我们才仅仅是有可能消除这种对立而已。我们只能站在理论要求的角度来研究给定内容，并因此扩大和深化它的概念，这样才能建立给定内容和要求之间的和谐。理想形式的不变性不再具有一个纯静态的含义，而是具有一个动态的含义，它与其说是存在的不变，不如说是逻辑用途的不变。逻辑和数学所说的理想联系是永恒的航线，通过它们，我们在科学处理经验时才能给经验定向。这些联系的这种功能是它们永恒的、不可摧毁的价值，无论偶然的经验材料发生什么变化，它们都保持不变。

经验的双重形式。 从这个方面看，同一性和多样性、不变和变化，也是相关联的逻辑环节，要在它们之间确立一个绝对的真正对立，不仅会摧毁存在的概念，也会摧毁思维这一概念。因为思维的活动并不局限于用分析的方式从多个元素中挑选出共同的元素，而是还要在其从一个元素转向另一元素的必然过程中揭示出它的含义。原则上，差异和变化这两个角度对思维来说并不陌生，从它们的基本含义来看，它们属于知性的独特功能，并能完全代表这个功能。如果我们误解了概念的这种相关联的双重形式，那么知识和现象实在之间必然会产生一个缺口。我们就会再次触及埃利亚形而上学的基本观念，实际上这个观念已经在现代知识批判论中得到了有趣且重大的复苏。要通过"数学—物理"概念来理解实在，就必须毁掉实在的真正本质，也就是毁掉它的多样性和易变性。思维不允许元素具有任何内在异质性和变化，因为它正是从这些元素中构建出了它的存在形式。事物的多种物理性质变成了另一个事物的概念，而这另一个事物只不过是虚无空间的实体化，这种虚无空间没有任何特性。直觉能捕捉到瞬间的事件流，而这种活生生的直觉内容则被思维固定了下来，进入了终极常量的永恒。所以，解释自然就是不把它当成自然，也就是不把它当作一个多样多变的整体。所以，一切自然科学都无意识地以永远匀质的、静止的"巴门尼德世界"为目标。因此，实在才经受住了一切思维活动并设置了思维不可逾越的特定界线，才未因自身内容的逻辑平齐化而消失。正是通过与实在的这种对立，存在本身才未在知识的完善过程中消失。这个看似矛盾的结果其实是从对知性及其独特功能的解释中准确演绎出来的。但是这个解释需要一个界限。思维逐渐趋向的统一性不是终极本质事物的同一性，而是功能顺序和关联关系的统一性。然而，这个功能性关联并未排除多样性和变化这一要素，相反，它们只能在这一要素中被该要素规定。思维要求的不是去除一般意义上的多样性和变化，而是通过序列法则和序列形式的数学持续性来掌握这种多样性和变化。在确证这种持续性时，思维既需要多样性这一角度，又需要同一性这一视角。多样性绝对不是从外部强加于它身上的，而是深植于科学"理性"的特征和任务中的。当我们把给定的感官特性分解成许多基本运动时，当"印象"的实在变成了"振动"的实在时，我们可以看到这一过程并不只在于变复数为单数，它也沿着相反方向前进，我们会看到丢弃感知事物表面上的不变性和简单性也是同样必要的。只有通过丢弃感知事物的简单性，我们才能得到同一性和永恒性的新含义，而这个含义是科学法则的基础。思维的完整概念就这样重建了存在的和谐。科学问题的不可穷尽性并不能表示它的基本绝对性，它只是包含了一种条件和刺激，在它们的制约和促进下，问题才能逐步完美解决。

第八章　关系心理学

一、　逻辑关系和自我意识问题——柏拉图的关系心理学——亚里士多德的集合学说——现代心理学中的"关系思想"——实体的概念——现代心理学中的"形式—性质"说——艾宾浩斯对关系的心理学认识——对关系概念生理论的批判

逻辑关系和自我意识问题。知识问题并没有把我们引入主观世界和客观世界这个形而上学二元论，而是使我们接触到了一个关系总体，这个总体预设了"主体"和"客体"的知性对立。面对这个总体，惯常的区分方法似乎是不可行的。对于这个总体，一方面，只要经验知识的一切不变性像依赖客观判断的全部可能性一样依赖它，那么这个总体就是客观的；另一方面，我们只能在判断也就是在思维活动中理解它。在这里，我们可以清楚地看到，我们要使用一个双重方式来描述这个总体。这些关系的纯粹逻辑含义只能从它们在整个科学系统中的含义中得知。在这个系统中，每个具体命题都与另一个命题相联系，而这个命题在一切可能知识中的位置就表示了它的确切度。只要我们想要理解纯粹的基础系统并演绎出它的有效性，那么这个总体是如何在认知个体中实现的就成了一个次要问题。科学发展本身促使我们把这个

问题留在背景中。科学从一个客观有效的命题过渡到另一个具有同样有效形式的命题，同时不会因为心理学考虑和心理学疑虑而偏离这个路径。然而，正是这个独立进程最终创造了一个新的心理问题。很明显，只要心理学分析从简单的感官经验出发，并想要停留在这种经验类型中，那么它就不可能帮我们解决科学所提出的问题。科学呈现给我们的客体是清晰确定的，这个客体需要新的心理学工具来表述它自身。所以关系心理学的一般要求引起了心理方法的转换。心理学原则的这种转变构成了一个重要的认识论问题。我们看到，这里就像在其他领域一样，概念性构建类型经过了一个独特转换。

柏拉图的关系心理学。 现代心理学似乎很长时间都未关注纯粹关系概念的特质，直到不久前，它才通过迂回的方式开始面对这些概念。从历史角度来看，这是很反常的，因为现代心理学家眼中的科学终点实际上构成了科学的历史起点。科学心理学的概念可以回溯到柏拉图。柏拉图认为，灵魂的概念起源于自然的概念，进而才得到独特的独立特征。这里的灵魂不再是包含有自我保存和自我运动原则的单纯生命气息，而是已经变成了具有自我意识的灵魂。然而，要使这个变化成为可能，柏拉图就得在纯逻辑方以及纯几何和算术方面确保他的必然中间项。我们要确立"自己"这一新概念，然而我们不能从感知本身得到这个概念，因为感知只是自然过程的一部分。根据恩培多克勒和所有古代自然先哲们的看法，感知只是一种调整，也就是在我们的身体和我们环境中的物质性事物之间做出调整。为了认识感知中的物质性事物，灵魂必须与这些事物具有相同的本质和构成。柏拉图在

《克提塔斯篇》中阐释了普罗塔哥拉的命题，其中，这一观念得到了清晰的回应。"主体"和"客体"是两种互为基础的运动形式，我们不能分隔开它们，不能让它们分别具有纯粹性和独立性，相反，我们只能在它们的相互规定中来把握它们。我们只能抓住结果，而不能把它分解成它真正的组分。柏拉图只是很有限地遵从这个观念——也就是在他想要分析感觉时，当他去分析纯粹概念时就会把它抛在脑后。现在，我们不得不放弃物理作用和反作用的图像和类比。统一性和多样性、平等和不等都不是物质性客体，不能运用物质性力量而强加到我们身上。它们进入自我的方式是新的独特的。眼睛可能会区分明暗，触觉也许可以辨别轻重冷暖，但是这种感官差异不能穷举所有知识。对于颜色，我们会说任何一种颜色是一，说一种颜色不同于另一种颜色，或说这两个颜色结合在一起是二，这些便是知识。但是尽管存在和非存在、相似性和非相似性、一和多、同一性和对立性是每个命题的客观必然要素，我们却不能用任何感知内容表示它们。这些要素为了在感官内容之间建立一种联系，而超越了它们的特殊性。虽然两个感官内容在同样的意义上参与了这种联系，但我们不能直接在这两个具体元素本身中指出这个关系。对于不同的感官感知领域，如果在它们的具体特征外，也就是在它们的性质对立外没有其他结构，那么它们之间就不能产生联系。这些普遍要素既不需要也没有和任何具体器官有联系，灵魂纯粹是在自身中构建出它们的。意识的统一性这一概念在这里获得了一个稳固的立足点和根基。如果我们依靠具体感觉的内容，那么我们就只能得到混乱的具体经验。感觉内容挤在我们自身中，就像英勇的战士藏在木马之中，但是并没有任何东西可以用它们中的一个指代另一个，不能把它们结合为一个统一的自我。自我的真正概念是关于一和多、像与不像、存在和非存在等这些概念的，并且也只能在它们中真正实现。当我们把感知内容放在这些概念下面时，我们把它们结合成了一个理念——无论我们是否把这个整体称为"灵魂"。所以，在某种程度上说，我们把"灵魂"当作对内容的统一表达，以及对纯关系概念的系统排列。心理学基本问题就是联系纯逻辑和数学的基本问题而定义的，而且，正是这个联系把柏拉图的灵魂概念从俄尔普斯思想和自然哲学思想中解放了出来，其中后者与该概念起初联系得非常紧密。

亚里士多德的集合学说。柏拉图的观念无疑在亚里士多德的集合学说中非常重要，但是它的重心已经发生了迁移。每个具体的感觉内容都属于且只属于一个感官，并借此与其他感觉相区别，这是事实。而亚里士多德在区分感官知觉时，就是以该事实为起点的。所以颜色属于视觉，声音属于听觉，触觉则包括多种性质，但是它与这些性质中每一个的联系，和每个感官与其特定内容的联系是一样的。但是，在确定运动和静止、量和数字等概念的心理学关联物时，这种联系并不充分。这些概念表达了一些真正"共同的"东西，这个东西超越了一切具体差异。正如亚里士多德说，接受性器官的普遍性必须对应对象的普遍性。例如，当我们把白与甜相关联或对立时，必然是感官本身来执行这个对比操作的。不然，我们又能凭借什么能力来抓住纯感官的内容呢？但是在这里，感官不再像单纯的视觉或味觉那样以任何特殊能力而工作，而是广义上的"共同感官"。所有个别的感知信息都指向这个共同感官，它们聚集在这个感官中并彼此形成联系。所以，柏拉图眼中的"意识本身"的自发和自由功能，在这里就成了一种抽象的感官能力，该能力把不同感知类型和感知领域所共同符合的一切东西都结合在了一起。亚里士多德的心理观对应着他的基本逻辑观，他把概念当成只是感官特性的集合，其中这些特性均匀存在于多个客体中。

现代心理学中的"关系思想"。起初，现代心理学只零星地去尝试着解释这个问题。莱布尼茨直接回溯到了柏拉图，他坚称，传统理论认为属于"共同感官"的内容(尤其是大小、形状和运动)其实只是纯粹思维的理念，尽管它们因感官印象而形成，但是它们不能完全在其中找到基础。在现代德国心理学中，提顿斯接受了这个理论，并把它发展成了一个纯"关系思想"理论。但总体上看，始终占据支配地位是洛克的理论。洛克认为，对于一个概念，只有在我们能够指出构成它的感官内容时，我们才能够真正理解它并演绎出它。"思考"而成的理念虽然起初也似乎占据一个特殊位置，但是它们最终也要根据这个标准被评价。它们若要拥有真正积极的内容，就必须能够直接通过个别的、知觉给定的表象而表达。这种对感知标准的依赖最清晰地体现在无限这一概念中，这个概念之所以受到批判，理由只有一个，那就是它所意指的东西从来都不能在真正的表象中实现，只能通过一个可能的、无限的知性过程存在。就算逻辑学和数学认为这个过程的一般法则构成了无限的存在，但是，心理学则认为这个法则还是携带着纯消极的标记。因为在这个心理观中，这些关系的有效性和独特性并未得到充分表达。但是无论怎样压制，我们还是会想到这些关系。这个念头就像一个本质不明和起源不明的幽灵，它混在清晰确定的感知印象以及记忆中。无论人们像伯克利那样怎么把数学的无穷小量嘲笑为是"亡量的幽灵"，这些"幽灵"却仍然不能被安静制服。此处的分析对象是最后的残渣，它既不能被理解，又不能被废置。这些概念在真正的科学用途方面是有效的，但是它们并不包含在心理学认为具有客观性的元素中。这些科学概念的意义在于，它们不断超越一种实在类型，其中这个类型在此处被当作一个模式。

实体的概念。然而，这个冲突的深层原因在于，心理学批判并未摆脱它所对抗的预设。洛克批评最猛烈、最彻底的概念是实体的概念。他想方设法抨击一个假定，这个假定假设存在一个独立的、不具任何特性的东西，并把这个东西当作感官特性的"承担者"。他反复指出，知识的真正有效性就被这个假定给毁掉了，因为当我们假定出物质时，就是在用一种没有内容的未知物来解释我们在经验中最为熟知的东西。结果，一切可知性质和特性的概念性基础就成了一个神秘的"我不知道是什么的东西"。在对物质概念的批判中，洛克认为他触碰到了一切形而上学和一切学术实在理论的真正核心。当休谟把批判结果从外部经验转到内部经验时，批判工作似乎就结束了。现在，就像消除了事物的实体一样，我们已经通过解释消除了自我的实体，取代它们二者的是表象的单纯联系。尽管如此，物理和心理实在观都是建立在这些基础上的，这个实在观包含了具有决定意义的一般实体范畴。虽然这个范畴的应用发生了改变，但是它原有的位置和地位则暗暗保留了下来。"灵魂"的实体性消失了，因为它开始依附于感官

"印象"的实体性。和以前一样，我们相信，只有真正"真实的"东西和它的基础才能代表自身，并且纯粹凭借本身而成为一个独立的存在。在这里，我们看到了已知实在中不变的、基本的东西，而随后在具体内容间形成的联系则是单纯附加给思维的。所以，它们只是表达了一个随机的想象倾向，而不是事物本身的客观联系。某种程度上，这个结果消极地证明了实体观仍然具有的稳定性。当我们不把纯粹的联系概念(尤其是因果概念)理解成印象和客体的复制体时，它们的逻辑意义就消失了。不是"印象"的东西就只是虚构。这个虚构虽然建立在思维"本质"的基础上，并且在特定条件下具有一种普遍性和常规性，但是它不能因此获得任何内在价值。

现代心理学中的"形式—性质"说。现代心理学摸索了很久，想要避免休谟的怀疑论结果，又不想彻底改动自己的基础。在它自己的概念中，提出了一个新的"实在"形式，人们一开始草率地信任并接受了这个形式。于是，心理学分析的一切特质都可以直接作为物理客体的特性。但詹姆斯发现，这样就会产生自我欺骗。他把这种自我欺骗称为"心理学家的谬论"。用以表达一个特定心理事实并使它变得可传达的方式，被当作这个事实本身的真正环节。不知不觉地，分析和思考性观测的立场代替了真实经验的立场。一个典型例子就是"简单"元素学说，认为每个意识状态都是由这些元素合成的。我们可以在理论上区别的最基本部分是绝对原子，物理存在就是由它们构成的。但无论如何，这个存在仍然是模糊的，其中经常会出现一些我们无法从其具体部分的合加中推导出来的特性和特征。越是反思，越是无偏见地往前走，看到的新问题就越多。起初，这些问题只是从一个有限的角度和一个特殊的兴趣中产生的。纠集在心理学"形式—性质"概念下的问题，率先激励了对这些概念的修正。通过一些特别醒目的例子，我们看到，经验提供给我们的空间性或时间性整体，不是每一个都可以表示为其具体部分的简单集合。当我们的意识捕捉到一支简单的曲子时，起初会觉得所有的内容都在于对具体音调的感知；但是进一步观察会发现，这样的描述并未触及真正的事实。我们可以让一个音调转换为另一种音调，而使原来的所有音调都消失，也可以用其他音调来替换原来的音调，即便如此做后，我们也还能认出这整个曲子本身。所以对我们来说，它的具体个性和特征并非取决于元素的特质，因为无论这个特质如何发生变化，这个曲子仍在。一方面，两组完全不同的音调，可以给我们组成同一支曲子；而另一方面，拥有相同内容的两组音调，如果其中元素的相对次序不同，则会给出两支完全不同的曲子，这一来自"音调—形式"统一的认识也可应用到"空间形式"的统一。对于两个空间图形，如果它们对应相同的几何概念，那么即使它们是由完全不同质的空间感觉内容构成的，我们也仍然说它们是相似的。这种对整体的同一性认识——也就是把具有不同具体内容的两个整体当作一样的，就算不需要一个特殊解释，也至少需要一个特殊的心理学名称。"形式—性质"概念包含了这个名称，尽管起初它只是定义了这个问题，而并未给它一个特定的答案。把多种表象内容联系成一个心理形式的东西，既不存在于这些内容本身，也不存在于它们作为一个集合的简单共存。这里有一个新的功能，这个功能的具体体现就是一个由特定性质构成的独立结构。无论从什么理论预设中解读，这种结构的存在和其内容的独特增加都被认为是一种经验信息。[①]当一个人在解释复杂物理结构的统一性时，不从它们部分的简单共存处着手，而从这些部分的相互作用着手时，我们就能看到这样的一种理论解读。毋庸置疑，我们不能把这支曲子当作一个独立的内容，认为它与构成这支曲子的具体音调不同。在解释这个事实时，我们不需要在普通感觉和表象元素的基础上再引入全新的元素。在心理学上，组成一个整体其实就是作为一个整体行动。

不只是这些部分本身，就连整个复合体都能对我们的感觉和表象产生特定的影响。这些影响来自这个复合体，因此也就与其中的元素顺序无关。而我们正是凭借这些影响，才得以判断整体的相似或相异、相等或不等。在普遍应用这种解释时，我们需要假定出特殊的关系性表象和关系性概念。所以，简单的感知不仅规定感官特性如颜色和音调、气味和口味，还告诉我们内容的一和多、变或不变、空间次序和时间永恒性。所有这些规定性与简单感官印象的区别仅仅在于，它们不是单一刺激的"效果"，而是刺激复合体产生的"效果"。以太的特定振动会在我们自身内

①对"形式—性质"问题的心理学解释如果能更深入相应的、直接出现在这里的逻辑问题，那么它无疑会具有更广泛的意义。此处引证的心理学例子已经表明，这里要面对的是一个解放和思考关联性内容的普遍过程，该过程是许多数学领域的特征，并对它们具有重要意义。只有在一个新的纯心理思考方面，我们才能解释和确证把一个关系当作一个不变式保留下来的可能性。无论这个关系的各项发生什么变化，这个关系依然不变。

产生一特定颜色的印象；同理，影响我们意识的刺激因素的特定结合和联系，会在意识中产生一种共同点或差异、变化或不变的印象。例如，当我们在相隔特定时长的不同时间听到了不同的音调，我们可以测量这个时长，然后相应地说节奏快或节奏慢。为了比较"时间间隔"，我们不需要进行任何特殊的思维操作，而只需要简单地假定节奏快的音调集合与节奏慢的音调集合会产生不同的效果。然而，如果我们彻底分析这个解释，我们立即会发现它包含了一个认识论循环。所有纯关系思想简化成了一个由特定杂多产生的真实效果，然而因果观的应用则包含了一个特殊的关系思想。我们不能从特定因果联系的知识中去理解一般关系概念，相反，为了能说起实在的因果联系，我们必须提前预设这些概念。当心理学以真实的元素，以这些元素对整体心理过程为起点来解释时，它就已经把那些还缺少逻辑支持的东西当作理所当然的了。它把存在有不同客观关系的事物世界作为其思考的起点，好像我们不需要假定任何其他元素，就可以从简单的感觉内容中把这整个实在种类作为纯经验信息而演绎出来。这个逆转实际上并不奇怪，因为它实际上只是重建了问题顺序，这个顺序在这个问题的首次处理中就被颠倒了。我们在意识领域中所真正知道的经验给定内容，不是形成不同可观测效果的具体元素，而是一个杂多，这个杂多被各种各样的关系分割和排序。我们只能通过抽象才能把这个杂多分割成具体的内容。所以，问题不是我们应如何从部分中得到整体，而是从整体中得到部分。元素不能脱离联系形式而存在，所以要想从元素中演绎出可能的联系方式就是在循环。在经验和心理过程的意义上，只有总结果自身是"真实的"，它的个别组成部分才具有作为假设的价值。相应地，这些部分的价值和正当性也取决于它们是否能通过组合来表示和重建全部经验。

艾宾浩斯对关系的心理学认识。所以在心理学研究自身内，人们不再去否认纯粹关系的具体特征，不再用感觉内容的简单集合来代替这些关系。这里大体上保留了理论解释的理想，这个理想在此被当作一个标准。但我们也认识到了，我们的真实经验和真正的经验心理知识会阻止这个理想的实现。我们必须把某些简单的感觉内容种类假设为最终的事实，同理，我们也必须把某些具体的关系如一和多、同和异、空间共存和时间持续等当作是根本的意识信息。一个持有这个观点的人说道："当然，这并不等于我们要解释事物，而是说，我们喜欢贫瘠的里子胜过丰富的面子。"我们似乎仍然可以通过一种方式把概念性的关系杂多变为一个拥有唯一起因的整体。纯粹心理的思考类型所未得到的东西在此似乎有了一个生理学解释。对于一切感觉内容，无论它们具有什么质的差异，我们都可以在它们中同样地发现一般关系性规定性。结果证明，这些规定性就是感觉的一个共同条件，因为这个条件，在相应的生理过程中就需要一个相应的一致性。每种感知的物理基础中都有这种一致性，无论这个一致性属于哪个具体领域，我们可以很容易地指出它。起初，感觉器官和它们相应的神经中枢是非常不同的机制，尽管如此，只要它们是根据相同的原理用相同的材料也就是用相同的神经元素建造的，它们就构成了一个整体。"如果外部刺激影响了它们，那么只要刺激和刺激接收机制的功能具有不同的'物理—化学'性质，那么该刺激在这些器官和中枢中所引起的过程必然是不同的。同时，那些过程也必须是相似的。在这些过程中，我们通过一种方式把多个刺激连接为外部世界中的一个整体，而这个方式与感觉器官内的神经物质特性，以及与该器官的一般构建原理都是相同的……正是由于见、闻和尝等动作中所含刺激的特殊特征，我们才感觉到一些完全不同的神经效果，如明、响和苦等。正是由于相同刺激具有相同的特征，我们才能意识到这些印象是不变的、断续的或多变的。"神经过程是时间和空间、一和多、常和变等直觉的基础，它们"完全存在于与感觉相关联的过程中。但是这些神经过程并不具有这些感觉过程的全部特征，而只具有它们的普通特点，但是，到目前为止，我们还不能详细地指出这些特点"。

对关系概念生理论的批判。起初，生理学对关系概念的这种解释似乎使用的完全是现代科学研究手段，但是，它在原理上让我们回到了亚里士多德的"共同感官"理论。我们的感觉器官可使我们抓住具体的感官特性，但我们确实没有一个特殊的器官可帮我们理解关系。但是，存在某种共同器官，通过它我们可以把外部客体的真正关系带入意识。然而，如果这种因果解释也是对关系概念有效性的一种逻辑演绎，那么它本身也会包含前面所述的那个倒逆论法。因为，为了解释相等性或不等性、同一性或相似性的出现，这种理论必然回到事物的相似或相异，尤其是边缘或中心感知器官的相似或相异。我们起初假定的存在概念，已经内在包含了那些我们会在随后的"心理—生理"演绎过程中得出的绝对规定性。我们不得不预先假定这些规定性是确实有效的，尽管我们还不清楚它们是如何抵达个别主体的意识的。实际上我们只能假设性地对上述抵达方式做出解释。此外，对这一问题的每个纯心理表达都未能澄清最突出的那一点。外部刺激的同一性或一致性并不足以解释这些关系在这些意识中的相应表达。我们假定可以把感觉的一般内容与具体内容区别开，为了完成这个区别，我们必须把物理上的相似当作相似，把实际上的不同当作不同。所以，我们不能丢开纯意识性的统一和区分功能，也不能用对客观生理原因的参考来代替这两个功能。我们需要给出一个在物理现象领域范围内的解释类型，而不是要返回到它们的假设性基础。所以，我们在各个方面都越来越清楚地跨入了第二大心理研究领域，起初我们认为它不重要而忽略了它。与感觉心理学相对立的是思维心理学。自一开始，这个思维心理学就受一个完全不同的问题阐述方式支配，受"绝对的"和"关系的"意识元素的新价值顺序支配。

二、 迈农的"基础内容"理论——"更高级的客体"——经验主义和先天论之间的冲突——空间理念的心理学——思维的心理学

迈农的"基础内容"理论。"形式—性质"学说在"基础内容"理论中经历了一系列变化，而该学说所包含的一般问题在此变化中得到了更为清楚的表现。这里已经清楚表明，这些被引入心理学的问题并非要单纯扩展该领域，而是要内在地改变其概念。我们现在区分开了两种心理"客体"形式。在简单的感觉内容和不同感官的特性上，我们建立了更高级的客体。这些客体来自那些基本内容且需要它们的支持，但是不能变为它们。实际上，我们必须通过某种东西的等或差、一或多来说等或差、一或

多。但是这个东西可以任意变动，它可以是颜色或音调、气味或口味、概念和判断等所有可以以差或一为谓词的东西，但同时差或一的真正含义不会发生变化。这种依赖关系属于确真发生和具有心理存在的纯粹关系，但它并不否认它们具有完全独立的独特含义。普遍有效的关系并不是作为受时间或空间限制的物理或心理实在部分而存在，而是通过我们在特定断言中识别出的必然性而绝对存在。无论谁把四个真实的客体呈现给自己，都不能用具体的一份实在来表示"四"，尽管他认为他对这种数值关系所做的判定是客观有效的。所以，除了存在间的关系，这里还出现了纯粹的理想关系，这两种关系是不同的，它们的区别对应了这些客体在认知价值上的一个独特区别。只要这个判断指的是一个具有真实实在的客体，只要给了它一个独特的规定性，那么这个判断就被限制在此时此处，因此也就只具有经验有效性。在这个情况中，我们只是确证了一个个别事物具有一个个别的经验特性，与此相反的情况是，两个元素 a 和 b 的关系类型是由这两个元素的本质准确规定的。对于这种理想关系，我们可以做出一些判断，不需要用连续的例子来检验这些判断的有效性，而只需要通过看它们对联系必然性的认识而一步就位地肯定它们。除了这种关于经验客体的经验判断，还有关于"基础客体"的"先验"判断。对于颜色或音调等心理"现象"，我们可以简单地通过它们作为一个发生事实的特性来确证，但对于"超现象"客体——如等和同，我们对它们做出判断时意识到了永恒必然的有效性。我们不能只单纯确证一个事实，而是要建立一个理性联系的系统整体，在这个整体中，元素们彼此需要且彼此限定。

"更高级的客体"。 尽管该理论可能会大大扩展这个心理问题领域，使其超越一般的界线，但是它在其中一点上仍然要受传统概念理论的影响。该理论把感官内容当作已知信息，然后在这个基础上去获取更复杂的结构。一方面，"更高级的客体"离不开作为它们基础的感知元素，一旦离开，它们就会失去一切含义。另一方面，这个命题的反命题不成立。尽管"高级"必然对应着"低级"，但低级元素之所以低级是因为它们是自在的，它们完全依赖自身存在。建立在感知元素上的关系是一个后来的结果，它们的存在和非存在并不影响这些元素的存在，既不能捍卫也不能危害它们。然而，更尖锐的分析毁掉了简单元素这最后一丝的独立外观。分析并未确定元素间的递进顺序和上下位关系，而是确定了一个具有严格关联性的关系。关系需要参考元素，同理，元素也需要参考一个关系形式，因为只有通过这个关系，它们才能获得稳定不变的含义。关于"低级"的每个概念性断言都是从某些关系的角度来认识这个低级的，其中，这些关系与我们所说的内容相关联。"基础"只能作为可能关系的基础，才能变得可规定以及被规定。个别元素可具有的一切关系规定性都内在地包含于该元素，并且从一开始就不能在现实中实现，这是一个事实。而起初，我们就是受这个事实蒙蔽。为了把"潜在的"逻辑含义变为"确真的"含义，我们需要一系列复杂的知性操作和不断更新的概念性工作。但如果我们能把一个内容与这个或那个概念规定性分开，并且在这个规定性前认识这个内容，那么我们绝不能因此而剥夺该内容的一切规定性形式。当我们认为应该把"超现象"客体如多和数、同和异除去时，意识将不再是意识。

意识的存在完全扎根于两个元素的关联性中，我们不能把其中任何一个元素当作"第一"和原始的。

经验主义和先天论之间的冲突。 从这个角度，我们可以重新审视"经验主义"和"先天论"之间的古老心理学矛盾。这个矛盾根植于一个模糊的问题声明中。该声明如此提问：与感觉一起出现的一般规定性是不是这些感觉的直接特性呢？它们的一和多、空间排列和时间上的长短是否与感觉本身的差异一样直接呢？它们是否同时还作为感觉而被理解呢？抑或，它们是不是思维对比后的产物，该产物率先在杂乱的感觉材料上印上了一个确定的形式？换句话说，是一个特殊的智力活动产生了这些规定性，还是这些规定性是在感知动作中作为元素而给出的呢？然而这里存在两个不同的论点，它们在这些问题中悄无声息地混淆在一起。某些心理内容在发生时间上的区分取代了知识环节的逻辑区分。对于这两个完全异质的问题，我们开始尝试着利用其中一个来同时解决另一个。根据先天论的观点，我们可以假定或设想的最早意识也显示了一些"空间—时间"或概念性联系形式，所以，联系的逻辑价值就只是单纯感知的逻辑价值。先天论的结论便是，存在对关系的直接意识，就像我们对颜色和音调有直接意识一样。我们通过内在知觉，通过单纯"感觉"，理解了"并且""但是""如果"和"因此"的含义，就如我们通过对"蓝"或"冷"内容的感知获得信息一样。因此，理解力不必是纯现实的，因为它所产生的一切事物都包含在第一手感知信息中。如果我们要正确评价这个认识，就必须把支配它的一般倾向与它的特殊产生方式区分开。我们要首先强调的是，顺序元素与内容元素的联系并不是时间上的先后关系。只有分析可以在原始统一的给定材料中发现这个区分。在这个意义上，即使是最基本的心理状态也包含了一般的形式元素。但是，这些元素属于单纯被动的感知这一推论是站不住脚的；而相反的推论是成立的。没有任何意识内容不是根据某些关系而塑造和排列的，这是一个事实。这个事实证明了，感知过程与判断过程是分不开的。具体内容正是通过基本的判断操作成了某一序列中的项，并且首次确定了自身。当我们否认了这一点，就相当于把判断本身只当作一种可以进行比较活动的外部官能，通过这个比较活动给一个已经确定和给定的"主词"添加一个新的谓词。这个活动相比它所连接的材料而言，是偶然随机的。无论这种活动是否发生，这个材料仍然是它所是，并且仍然具有它在一切逻辑活动之前就已经具有的特性。相反，具有真正形式的判断并不是一个随机的动作，而是具有一般客观规定性的形式，通过这个形式，一个具体的内容才能作为本身而被认识，并且同时系统性地从属于一个杂多。当我们从这个形式中抽象时，我们必然失去内容上的一切定量差异。所以，当我们考虑纯粹的时间关系时，我们会同时把"发现"的关系当作感觉内容，尽管这个"发现"自身确实包含了知性活动的基本形式。如果我们认为这些形式被去除了，那么，进一步应用意识内容的一切可能性就都消失了。无论内容自在自为地具有或可能具有什么含义，对于我们和统一的自我来说，这个内容并未出现。因为自我只在一些活动形式中来理解和构成自己。对客体间特定关系的理解总是需要在心理上与某些"统一的统觉"类型相联系。感觉与纯粹的关系之间存在着密不可分的关联性，当我们持续追溯该关联性的结果时，就会发现这种关联性所意指的东西与起初从其中演绎出的东西正好相反。只要每个感知过程不是单独代表自己，而是属于全部的经验和意识，那么属于该过程的就不是自我在理解这些思想中的被动性，而是参与理解活动的元素。实际上，我们可以从感觉中演绎出关系，但若如此，就相当于已经把那些超越孤立印象的规定性放在了感觉中。它再不是抽象的"简单"感觉，而是指初始的、杂多的意识内容。但是，这个内容是特定联系和关系的基础，在这个基础上，才能从它过渡到其他元素。

空间理念的心理学。当我们思考了经验主义和先天论之间的核心问题时，这一点就更加清楚明了了。关于空间理念的心理学起源和心理学意义的问题，将决定不同理论的命运。如果我们可以从绝非空间的、只具有性质和强度区别的感觉中演绎出空间，那么原则上说，我们就可以把这一解释应用到所有关系类型上。然而，我们立即就可以看到，当经验主义理论想要从简单的感知材料和简单的关联力量中演绎出空间顺序的起源时，它就必然违背其自身在方法上的理想。因为无疑，我们不能在我们的实际经验中指出这个起源，当然前提是我们要假设有起源。每个经验，无论其具有什么特点，都揭示了具体元素的一些原始"共存"形式，因此，也就揭示出了最先孕育出每个空间构建过程的特殊元素，无论这个构建过程多么复杂。如果我们想要深究这个心理学事实，想要知道顺序本身是如何从绝对的杂乱中产生出来的，就必须把自己交给一个假设，这个假设在两个方向上都超越了经验的界限。灵魂具有一个特殊的功能，也就是在无意识"推断"的基础上把原先无形式的东西变为一个形式；而在经验中，我们对一个简单的、绝对原初的感知的理解，就如我们对这个功能的理解一样少。无论我们如何评价这种概念的方法论价值，如果我们把它们误解为具体事实的表达，那么这种误解就是危险和容易引起误导的。在这里，现代心理学中对空间"经验"理论的批判（尤其是斯顿夫和詹姆斯）如果认为单纯"关联"本身不能产生任何新的心理内容，那么这种批判就是正确的。如果内容本身中不含有空间性，那么对内容的简单重复和排列就不能给这些内容空间性。但是在这里，两个不同因子的联系无法证明它们具有逻辑等价性。当知识批判把时空形式与感觉内容区分开，并把它当作一个独立的问题时，它在一些虚构的意识阶段就不需要设想这两者是真正不同的。它所确认和捍卫的只是一个简单的思想，即建立在这些关系形式上的判断具有它们自己独特的有效性，但是就此时此处所给感觉的存在所做的断言则不具备这种有效性。对于原始统一的内容，如果我们把它当作两个不同判断系统的起点，并根据它们的价值区分它们，那么我们就在这个内容中创造了差异。根据我们是强调了一个具体感觉（如蓝和红、粗糙和顺滑等）的特定环节还是强调了这些具体元素之间的普遍关系，会出现完全属于不同类型的命题。实际上，心理学在其任务范围内是不能追溯和调查其总体内的这个概念性区别的，因为心理学只能把思维当作一个瞬时过程来描述和分析，而不是去处理被思考的内容。我们只能在该过程的最终结果中看清其趋势，并且只有根据统一理性原理构建出的完整几何系统才能包含对空间元素的确切特性描述。尽管心理学不能确证这种描述，它也不需要在哪一点上推翻它。它自己对关系问题的处理，就内在必然地引向了一个新类型和新思考方向的起点。心理学被迫区分开了关系元素与内容元素，但这个区分在心理学中预先就有描述，它只是在更大的范围内得到了充分阐明而已。

思维的心理学。就连思维现象的"纯经验—实验"观念都揭示出了这个问题倾向。我们越来越多地使用实验方法，且不仅把它们应用于感官知觉事实，还利用它们来发现复杂概念性理解过程的基本特征。但在应用实验方法时，我们越来越清楚地看到，承担和支持这个理解过程的既不是直觉的事实性表象，也不是直接的感知图像。在理解最简单命题的特定逻辑和语法结构时，我们需要绝对不同于直觉表象的元素。断言所指具体客体的画面表象可以发生很大变化，甚至是全部消失，而与此同时，对该命题统一含义的理解却依然如故。所以，这个含义所依赖的概念性联系，就必然是通过独特的绝对操作而被呈现给意识的，我们应该把这些操作当作每个知性理解过程独立的、不可进一步化约的因子。心理学获得其认识的方式实际上非常显著，这个方式指出了心理学问题和方法的历史性关系。我们并不是在"思维"的独立活动中来认识和观察思维的，而是在它对外部完整内容的接收中来确立它的独特特征的。相应地，如此获得的新因子更像一个矛盾的、不能充分理解的分析残余，而不像一个积极的独特功能。知识批判颠倒了这个关系，对于它来说，那个存在争议的"残余"才是真正原初的、"可理解的"，才是分离点。它对思维的研究不是看思维对一个完整判断性联系含义的接受和复制，而是看思维对一个有意义命题系统的创造和构建。当心理学沿着这个探索路线坚持行进，并且在思维的全部具体生产性功能中同等地去认识思维时，方法的初始对立就逐渐变为一个纯粹的关联。在这个意义上，心理学给出了解决这些问题的方法，其中这些问题的答案只能在逻辑和它们的科学应用中去寻找。

补充：从认识论角度看爱因斯坦的相对论

前　言

　　本文不会全面解释相对论引发的哲学问题，这一理论的知识批判所呈现的新问题只能通过物理学家和哲学家们的不断努力来解决。在此我仅抛砖引玉，激发大家讨论的热情。或许我可以有幸将其引到确定的方法的路线上，毕竟如今判断的不确定仍然盛行。物理学家和哲学家在很多问题上存在巨大分歧，如果本书可以为他们在这些问题上的相互理解做准备，那么它的目标就实现了。即便面对纯粹的认识论问题，我仍希望和科学物理学保持密切的联系，而且过去和当今许多杰出的物理学家的著作都极大地帮助了本研究的定向。对此，本文将一一阐述。最后的参考文献并不全面，我只是列出了本书多次引用和重点考虑的部分。

　　艾尔伯特·爱因斯坦先生亲自阅读过本书手稿并提出了宝贵意见，在此，我必须向他表示衷心的感谢。

恩斯特·卡西尔

汉堡大学

第一章 量度及事物的概念

　　康德在1763年发表的《尝试将负值概念引入哲学》的序言中写道:"哲学中可以使用的数学一方面是模仿其方法,另一方面是将数学命题应用到哲学对象中。"到目前为止,前者的作用虽没有显现出来,但很多有利条件由此产生。但是,后者对于哲学产生的影响非常大,数学方法的应用使它们达到了一定高度。不过,这些仅属于自然理论。就形而上学来说,这门科学不但没有利用一些数学概念和学说,而是时常警惕地对抗它们。当它可以为其理论寻求一个稳固基础时,它却致力从数学家的概念中制作出精制的图像,而这些图像在数学范围之外并没什么真实性可言。对于这两门相互冲突的科学,人们可以很轻松地判断出孰优孰劣,一个是在确定性和清晰性方面超越了其他学科,而另一个还在追求确定性和清晰性的路上。形而上学的目标是发现空间的本质及其根本基础,从这个基础,我们才能理解空间的可能性。现今如果能从其他学科引进充分而有力的资料作为思考的基础,那将再好不过。几何学可以提供一些关于空间基本特性的信息,例如,空间并不是由简单的部分构成的。但是这些知识已为人忽略。人们只信任对概念的模糊意识,而概念只不过是通过一个完全抽象的方式被人构想出来的。联系空间知识,人们对运动进行了数学思考,这个思考就提供了许多信息,可以指导形而上学对真理的追求。著名的哲学家欧拉，已经为我们提供了这样的机会。但是比起拥有仅仅可理解的简单认识的科学，我们停留在晦涩难懂的抽象中反而感觉更舒服，虽然这些抽象很难得到检验。

康德在此提到了欧拉这位形而上学思想家，欧拉在 1748 年发表了《空间与时间的映像》，此论文是柏林科学院的伟大成就之一。实际上，这篇论文不仅制订了力学构建计划，而且在大体上确立了自然科学认识论的蓝图。它不仅定义了数学物理中的真理概念，而且把这种定义与形而上学思想家的真理进行区分。不过，欧拉的理论实质上完全建立在牛顿经典力学的基础上。牛顿的绝对空间和绝对时间概念不仅作为数学物理学自然知识的基本概念，而且作为真实的物理实在。正如欧拉解释的，在认识论的大背景下否认这些实在，就意味着否认力学基本定律尤其是惯性定律的真正物理意义。在这种选择下，结果不容置疑：一旦证明时间与空间的实在是运动基本定律的有效性的直接结果，哲学家们必须撤销他们对绝对空间和绝对时间的怀疑。这些规律要求的是"在"，是具有人类能够达到的最大程度的感官性和客观性的"在"。在运动所代表的自然实在及其经验定律面前，所有的逻辑上的怀疑都不得不取消。思想的任务就是接受运动及其基本法则的存在，而不是通过抽象地思考什么可以被构想或不可被构想去规定自然。

虽然这一要求在出现之初颇具启发性，并作为欧拉的方法刺激在康德的问题阐述中得到证明，然而从现代物理学和认识论的角度来看它是有问题的。康德相信自己在牛顿的著作《自然哲学的数学》中找到了物理"真理"的固定密码，并相信他能够将哲学知识建立在数学自然科学的"事实"基础上。不过从那时哲学与具体科学的关系已经发生了根本改变。康德给自己的理论找了一个"阿基米德支点"，并打算通过这个支点来撬起整个知识体系，但我们今天越来越清晰强烈地意识到，这个支点再也不能提供一个无条件的稳固基础。几何"事实"已经失去了清晰的确定性。除了欧几里得几何，我们还有许多同样合理的几何知识体系，它们都宣称自己的必要性，正如广义相对论展示的那样，对于物理来说，它们在实际应用和贡献上可以与经典几何相媲美。经典力学经历着更大程度的转变，因为在现代物理学中，力学世界观越来越被电动力世界观取代。牛顿和欧拉眼中确信无疑的、坚不可摧的物理学定律，他们认为定义了我们这个物质世界，以及定义了物质和运动概念也就是定义了自然本身的定律，在我们今天看来都只是抽象概念。通过它们我们最多能掌握一定领域的知识，也就是掌握存在的一部分，通过它们我们最多也就是初步近似地描述这个部分。哲学很早就提出绝对空间和绝对时间的本质的问题，对于这个问题，当代物理学的答案与欧拉150年前给出的答案正好相反。很多哲学家仍然是牛顿绝对空间和绝对时间概念的追随者，但是它们已经确实不再是物理学方法和经验基础。广义相对论在此似乎只是一个知性运动的最终结果，它的认识论动因和物理学动因几乎同时存在。

在理论物理学的发展关键点上，认识论与物理学的合作变得分外清晰。纵观物理发展史，它最主要的成就往往与对认识论本质的思考息息相关。伽利略的《关于两个世界体系的对话》中充满了这样的(认识论)考虑，那些拥护亚里士多德的对手则可以批评伽利略说他花费许多年时间研究哲学，而只用了数月来研究物理。开普勒以火星运动为其理论基础。作为他的主要成就，《向第谷说抱歉》则建立在自然和谐的基础上。在这部作品中，开普勒就假说和它们的基本形式做出了完备的方法论阐述。通过这个阐述，他创造了物理理论的现代概念并赋予了其确切具体的内容。同样，牛顿在思考世界结构的时候，也回到了物理知识的最基本规范，发表了《规范哲学》。近年，亥姆霍兹介绍了他的成果 *Uber der Erhaltung der Kraft* （1847），其中，他把因果原理当作"自然可理解性"的普遍预设。海因里希·赫兹专门在《力学原理》一书序言中说，本著作的新颖之处以及他唯一重视的是"整体的顺序和安排，也就是主体的逻辑方面，如果你愿意，也可以说是主体的哲学方面"。但是历史上这些反映认识论问题和物理学问题之间真实内在联系的著名例子，几乎被这个例子在相对论基础中的验证方式所超越。爱因斯坦本人——尤其是从狭义相对论向广义相对论转换时，主要诉诸认识论动因，他认为这个动因具有纯经验的和物理学的基础，且具有决定性的意义。狭义相对论相比其他学说如洛伦兹收缩假说的优势，更多的是建立在纯逻辑形式而非经验材料的基础上，以及一般系统价值而非物理价值的基础上。普朗克比较了相对论与哥白尼的天文学改革，而在这个联系中，这个比较是有效的。哥白尼学说不仅指向单一事物，也几乎颠覆了早期的所有天文学解释。哥白尼观点不是针对某一项新发现的事实来推翻早期的天文学解释，它的价值和说服力在于基础的、系统性的清晰性，这个清晰性应覆盖了整个自然知识体系。相对论起始于对时间概念的批判，并且从一开始，其应用和影响就延伸到了认识论领域。科学尤其是诸如数学和具体的自然科学为知识批判提供了基本材料，这一观点在康德以后就很少受质疑。科学把这个材料以某种形式呈递给了哲学，而这个材料形式本身就包含了某种认识论解读和处理。因此，相对论作为与经典力学相抗衡的理论，带来了新的科学问题，我们必须用这个问题来重新检验批判哲学。如果康德（像科恩赫尔曼在康德问题研究上强烈要求的并从各角度证明的那样）想要在哲学上使牛顿自然科学变为一个系统，那么他的学说一定会卷入牛顿物理学命运的旋涡吗？牛顿物理学的所有变化一定会直接作用于批判哲学的基本理论形式吗？超验美学能提供一个足够广泛足够经得住推敲以至于既能包容牛顿力学结构又能包容现代物理学结构的基础吗？未来知识批判的发展取决于这些问题的答案。如果现代物理学的时空观最终像超越牛顿那样超越了康德，那么我们就得在康德假设的基础上超越康德。《纯粹理性的批判》并不是要把哲学建立在完全僵化的教条性概念体系上，而是要为它开启"科学的持续发展"，它的发展没有绝对的终点，只有相对的终点。

虽然认识论的命运与具体科学的进步紧密相连，但它必须用完全独立的方法来处理具体科学产生的问题。认识论正是在这个关系中遵循着物理学，正如康德解释的，理解力需要遵循经验与自然。它不得不接近自然，目的是成为自然的学生，但绝不是成为对老师言听计从的小学生，而是要像法官那样，提出问题然后让证人回答。物理学就其基本概念的特性与特殊本质给出的答案，对认识论来说，都必然是另一种形式的问题。例如，爱因斯坦把"物理客观性的最后一点残渣来自空间和时间"当作自己的基本理论成果，但这个结论对于认识论哲学家来说则是确切表述了他们自己的真正问题。在此，我们认为空间概念和时间概念不具有物理客观性，但我们又该怎样理解物理客观性呢？对于物理学家来说，物理客观性可能是一个固定确切的起点，也是一个完全确定的比较标准，但认识论要求精确定义它所要表达的含义。因为通过认识论思考可知，各种科学所谓的客体并不是自在的，也不是一直固定不变的，而是首先由某些知识观规定的。因为具有不同知识观，所以也就有不同类的客体和不同的客体系统。所以，我们需要知道，各个科学都是以什么作为它们的客体和"事物"的，这些客体和事物是它们成为科学的基础。每门学科都有自己的客体，实际上，它们是根据自身所特有的某种形式概念而从多种多样的给定物中选择了自己的客体。数学研究的客体和力学的不同，抽象力学的客体和物理学的不同，因为每门科学包含了不同的知识问题，它们通过不同的方式而把一个杂多变为一个概念，并用这个概念来组织和驾驭这个杂多。因此，每个具体知识领域的研究内容都是由判断和疑问的特有形式决定的，而知识正是源自判断和疑问。特殊的公理以判断和疑问的形式首先被规定，各个科学正是通过这些公理而彼此区分。如果我们尝试从这一观点得到物理客观性的确切解释，我们将发现消极特征。无论这种客观性意味着什么，它都不是朴素世界观所习惯认为的那样，也就是说不是事物和感官物体的实在。科学物理学有自己的客体，并为它们确立了定律，这些客体则凭借自己的基本形式与这种实在相区别。物理学中的概念，如质量和力的概念、原子和以太的概念、磁场和电势的概念，甚至像压力、温度这样的概念，都绝非简单的事物概念，不是构想内容的复制：这几乎不需要进一步的解释，毕竟认识论自身已经建立了这些概念的含义和起源。我们从这些概念中得到的东西不是事物或感觉内容的简单复制体，而是理论假设和构建物，这些假设和构建物的目的是将单纯可感知的东西变为可测量的东西，变为"物理对象"，也就变为物理学的客体。普朗克的客观的物理标准有一个简洁清晰的陈述，即所有能够被测量的物体一定存在，从物理学角度看这是很充分的。然而认识论角度则会涉及如何发现可测量性的基本条件，如何系统完整地阐述它们。即便是最简单的度量也必须建立在确定的原则、假设或公理的基础之上，它们不是来自感官世界的，而是以思维公设的身份进入了这个感官世界。在这个意义上，物理学家眼中的实在与直接知觉的实在不同，与后者相比，它就完全是间接的。它作为一个系统，不是现存事物或特性的系统，而是抽象的知识符号系统，为的是表述量与度量的某种联系，表述现象的某种功能性协调与关系。杜亥姆通过分析物理概念构建而在物理学中格外阐明了这个一般认识，在这个认识之下，相对论就获得了它全部的逻辑确定性。这个理论否认了空间与时间的物理客观性，现在看来，这个否定一定还意味着别的，意味着比朴素的实在论的"二不是事物"这一知识更深刻。因为，在阐释精确科学物理的判断和假设时，我们就已经把这类事物留在了该科学的门槛前。时间和空间与其他本真的物理概念一样，具有的都不是事物概念的特性，而是纯粹的度量概念。如果与别的物理概念对比起来，空间与时间还有一个特殊的逻辑地位，那么，在以事物概念为参考原点时，它们与这些物理概念就具有同样的方向，只是它们离这种事物概念更远了一步，因此，它们也就代表了更高级的度量概念和形式。

相对论建立之初就首先考虑到，作为物理学家不应仅仅关注被测量的物体本身，而且应密切注意具体的测量条件。参考静止或运动参考系进行测度时，分别会产生物理测定和物理判断，对这两者，相对论都做出了区分。它强调在不同参考系得到的测定结果能够互相比较之前，必须首先给出变换和置换的普遍方法原理。我们必须为每种客观测度，增加某种能说明该测度的具体条件的主观指标，只有这样，它才能与其他测度一起科学性地构建实在的全部图景，一起确定自然律，并与它们统一为一个结果。对物理测度条件的纯认识论思考是很有好处的，回顾历史，正是由于人们在哲学与精确科学上缺乏这种思考，才引起了种种冲突。每一个新颖有效的测度概念都会立即变成一个事物概念，这似乎是科学方法不可避免的命运。它一直相信，只有允许某种绝对实在与物理学量概念对应，这种概念的有效性和意义才能得到保证。物理学的每个辉煌时期都有衡量所有存在和所有自然过程的独特量度，但是每个这样的时期都有可能把这些初步的、相对的量度，这些临时的知性测度工具，当作本体论实在的确切表达。物质、原子、以太、能量等概念的历史就为我们提供了典型的证据。所有的唯物主义，不仅是物质的唯物主义，同时是力、能量和以太的唯物主义，都可以回溯到这个认识论角度，回溯到这一动因。物理计算的终极常量不仅被当作实在的，而且被提升到了可自在的高度。理念哲学自身的发展也不能逃脱这种趋势。笛卡儿是理念数学家，也是"力学世界观"的创始人。因为只有大小能够给我们提供准确清晰的概念，而且既然所有可以被清晰理解的真理也是关于存在的真理，所以，笛卡儿认为我们一定要识别数学和自然、识别测量系统和全部物质存在。从逻辑数学概念到本体论概念，相同的步骤在现代能量学的发展过程中一再被重复，而我们已经知道这种重复方式。自从我们把能量当作一个不受物体运动现象限制并能横跨一切物理领域的量度后，它就成了一个无所不包含的实体，开始能够与物质抗衡，并最终把后者也完全纳入自身。不过整体上，我们在此面对的还是一个形而上学小道，它还没有将科学引进稳靠的方法道路。因为，能量概念属于一般的物理思维，也就是属于"关于原理的物理"，而这种物理与关于图像和力学模型的物理不一样。然而"原理"与事物和事物关系并不直接相关，它的目的只是为复杂的功能关系和它们的相互联系确立一个普遍法则。事实证明这种法则是永恒且基本的：能量学的认识论价值和物理价值，不在于用一个新的画面性表象来代替原有的"物质"和"力"概念，而在于获得等价数，罗伯特·梅耶尔明确认为这种等价数是"准确研究自然的基础"。

从这两个例子中我们就可以看出整个物理学发展史中有某种知性运动，自始至终与认识论运动保持平行。其中，认识论在知识"主体"和"客体"之间做往复运动。物理学思维总是想要在一个客观的物理概念某个物理常量中，确立一个独特的度量标准。随着进一步发展，它便希望更清楚地理解包含在这种原始常量中的构成要素，同时希望认识到该常量自身的有条件性。因为不管它们有什么特性，没有任何常量是直接给出的，而只能把它们先构想出来，然后在经验中寻找它们。最有意义的一个例子是原子概念的发展历史。德谟克利特假定原子为最小的自然常量，而当时的思想还远没有方法证明这种猜想。基本上，如此严格的原子定量分析只是在现代化学倍比定律的出现后才达到的。然而只要我们不断扩大原子概念的外延，使得该概念可以描述和知性地组织极为不同的领域，那么它的纯原理特征就逐渐与事物特征分离出来了。物理和化学发展进程中原子的定义在改变，并在不同地方转换，但是它作为当下最小的测量单位的功能则得以保持。当我们的思考对象从可称量的物质变为如今的以太，当我们想要找到一个能够把力学、光学和电学现象一并解决的单位时，物质的原子变成了电的原子，即电子。最新的物理学甚至走得更远，普朗克的量子理论中，原子结构不仅适用于物质，也适用于能量。如果人们想要把原子概念在化学、气体动力学理论、光与热辐射学说中的所有应用整合进一幅图画中，那将徒劳无果。其实，原子概念含义的统一不需要这样一幅图画。如果我们能证明存在一个共同关系，也就是一个独特的联系形式，其中该形式可以在不同的内容中得到验证和表示，那么统一性就在更为严格的逻辑意义上实现了，实际上也就是得到了验证。原子不是存在的绝对最小单位，但是是一种相对的最小测量单位。尼古拉斯是现代哲学的奠基人之一，他具有高超的推断能力，他预期并宣称这是原子概念的功能，而这一功能实际上将只能在自然科学的发展历史中实现。他的无限和无限中的对立统一学说，就建立在对一切量规定性的相对性的认识上，建立在"最大"与"最小"的共存上。对于尼古拉斯最小理论一直试图解开的谜，现代知识批判给出了简单的表示。只有当我们像统一事物那样试图在不同领域统一"最小"思想的不同形式时，矛盾才会产生。但是一旦我们发现真正的统一不可能在事物本身中找到，而是存在于我们根据被测领域的特质所选择的知识构建物中，矛盾便消失了。原则上来说，这种构建物具有无穷的多变性。所以，由于被测量的对象有多种多样的无限性，测量单位就也可以有无穷多的表现方式。换句话说，我们不得不寻求的统一既不在这个事物中也不在那个事物中，而仅仅在它们的相互联系形式中，也就是在测量操作本身的逻辑条件中。当我们从物质概念、能量概念、原子概念转到现代物理学的客观性概念和运动概念时，这一点就得到了新的确认。现代运动理论始于伽利略，它直接指向了一个认识论问题，该问题在广义相对论中已经得到确切的阐述。伽利略通过他的相对性思想取消了地点的绝对实在，对他来说，这第一步包含了重大的逻辑结果，也就是得到了自然合法性这一新概念，并全新阐述了具体的动力学定律。伽利略的运动理论无非就是选择新的观点，从此出发估算和测量宇宙的运动现象。通过这个选择，他得到了惯性定律——这个新自然观的真正基础。古老的观念认为地点里有某种物理特性，该特性会产生特定的物理作用。根据这个观念，"这里"、"那里""上""下"不只是关系，根据这个观念，一个空间点是一个独立的实在，它可以被特殊的力作用。当物体追寻它们的自然位置，在把空气和火往上压时，在质量大的物体下沉时，这些力对我们来说就是经验实在。只有当我们考虑古代天文学和宇宙学的基本特征以及古代物理的基本特征时，我们才能认识到哥白尼学说给出的新知性方向有多么大胆。古希腊思想把自己的世界观建立在某些最稳定的实在上，然而这个实在之一现在变成了一个幻象，变成了一个纯"主观"的特征。就连这个新学说的第一批追随者都通过联系地点学说而得出了这个关键结论。例如，吉尔伯特就是主要用这个认识论特征来批评、质疑亚里士多德物理学和宇宙学的，也就是说，他认为亚里士多德混淆了理想和真实。差异仅是对我们的思维和主观思考而言的，现在则变成了客观对立。但是实际上，没有哪个地点与其他地点是相对立的，本质上只有两个物体的相互位置才能是不同的。"在事物的本质中，不是位置在发挥作用，不是它决定了物体的动和静。因为它自身既不是一个存在也不是一个有效的因。相反，是物体自身凭借它们固有的力决定了它们的相互位置。地点什么都不是，它不存在，也不能施加力，而所有的自然力量都包含在物体自身之中。"这意味着我们所说的"真实地点"并不是作为直接的感官特性提供给我们的，而是只能在计算和"力的算术"基础上被我们发现。地点的确定，就像开普勒明确表述的那样，是思想的工作。对于他来说，这一认识同等地来源于自天文学观念、生理光学及对知觉的问题分析。从这一点看，它为伽利略的动力学基础开辟了道路：由于地点不再是真实的东西，关于物体为什么在一地点以及为什么恒在同一地点的问题就消失了。客观物理实在从地点变成了地点的变化，变成了运动，变成了作为量而被规定的要素。如果想要通过一种确定的方式使这样的规定成为可能，那么，到目前为止都是属于地点的一致性和永久性就要交给运动。运动一定拥有存在，从物理学家的角度来说，就是数字恒定性。惯性定律就表达和满足了运动的数值恒定性这一要求。我们今天再次认识到，在伽利略身上，数学动因和本体论动因联系得多么紧密，存在概念和量度概念的相互作用有多么密切。这种新的量度体现在惯性和匀加速概念中，它包含了一个新的实在规定性。单纯的地点极其模糊，它随着选择的参照系不同而不同，相比之下，惯性运动则似乎是物体的真正内在属性，它们属于"物体"本身，不需要参照一个特定的比较和量度系统。物质系统的速度不只是一个计算因子，它不仅真正属于这个系统，而且定义了它的实在，因为它决定了该系统的活力，这种活力是动态有效性的量度。在对运动的测度中，在空间对时间的微分商中，伽利略物理学宣称达到了所有物理学存在的核心，宣称自己已经定义了运动的强烈实在。通过这个实在，动力学思考就与运动论思考区分开了。运动状态的概念不仅是可用来比较的量，也是运动系统的主要内在元素，现在，它成了物理实在的符号和特征。莱布尼茨的力学基础一直都建立在这一点上，对他来说，这一点是力的形而上学的开端。在纯运动学的意义上，运动只是一个地点到另一个地点的改变，是相对的，只有我们在其上增加了一个内在动力原则，添加一个作为"持久和变化的原始植入原则"的力，它才能表达真正的物理和形而上学实在。在所有的例子中，我们已经清楚看到，现代物理学一方面抓住了运动的时空相对性，另一方面放弃了对它的追随，而转向它的最终结果。如果物质系统的速度也像地点一样只表示一个量，这个量完全取决于参照物的选择，故而是无限变化、无限模糊的。那么，我们似乎就不能够精确测定这个量，也不能精确客观地测定物理实在的状态，因此就没有物理实体状态的精确测定的可能性。我们可能认为纯数学是关于量比较和联系的理想理论，认为它是一个关系和函数系统，且它也许会更加清晰地标识出自身，但是，如果物理学不完全放弃任何实在基础，它似乎就必然会达到一个最终极限。

经典力学在阐述惯性定律时所面对的困难表现为一个认识论循环，其中没有出口。要理解惯性定律的含义，我们需要"等时"概念，但是，正如我们所知，要想在实际中测量相等的时间，必须在其内容中预设惯性定律。卡尔·纽曼发表了《对伽利略—牛顿理论的研究》，其中他开启了对惯性定律的现代讨论，自此之后，力学习惯把两个相等的时间段定义为一个不受外力的物体跨越相同距离时所需要的两个时间段。麦克斯韦在解释牛顿力学时，把惯性定律当作了一个纯量度定义。他清楚意且味深长地解释道，牛顿第一定律告诉我们在什么条件下才不存在外力。所以，在力学的发展中，人们越来越把惯性原则当作伽利略理论的基础。我们不再把这个原则当作对给定自然过程的直接经验描述，而是把它当作这一领域的公理或一个基础假设，而动力学这门新科学正是凭借这个假设给自己规定了某个度量形式。惯性不再是事物和物体的一个内在特性，而是自由确立的某个量度标准和符号，通过它们，我们可以尝试得到对运动律的系统认识。它的实在，也就是它的客观和物理含义正是基于此。所以，在物理自身的历史发展中，量度与被量度物越来越区分开了，虽然乍看之下二者是共存的。另外，可观测的经验信息也与观测条件越来越区分开了。在这里，我们看到的似乎是某一小范围内的一个具体例子，但进一步检验，我们会发现它出现于所有具体的物理领域。无论在哪里，物理学思想在进行观察前，应首先确定自己的量度标准。我们必须定下一个立足点，用于比较量并确定它们之间的联系。在进行具体的量度前，我们必须以假设和预备的方式来确立某些常量。在这个意义上，每一量度标准都包含了一个纯粹理想的元素，这个量度与我们测量自然过程时所采用的感官工具无关，而是关于我们自己的思想有关。量度工具在某种程度上只是这些思想的可视表现，因为它们每一个都包含了它自己的理论，并且，只有认为该理论是有效的，它才能提供正确和有用的结果。真正的量度工具不是钟表和物理测量杆，而是原理和公设。因为在多样多变的自然现象中，思维只能拥有一个个相对固定的立足点，然而对立足点的选择并不是由现象绝对确定的。这个选择只是它自己的行为，它最终只能自己为其负责。选择是通过参考经验也就是参考观测资料做出的，但是经验资料的简单合加并不能用确定的方式规定它。因为这些观测资料本身只能用许多知性方法来表示，要在这些方法中做出选择，我们必须参考逻辑"朴素性"，也就是说，必须参考科学阐述的系统统一和完整。当思维根据自己的要求和主张而改变了"简单"基本的测度关系的形式时，我们会看到关于内容的世界"图像"也变了。原先得到的经验关系并不会失去它们的有效性，而是用另一种概念语言表达了，为此，它们进入了一个新的意义系统。原先世界观的那个固定的"阿基米德支点"移动了，思维原先的 $\pi o\acute{v}\sigma\tau$？则似乎被超越了。但是我们很快就发现，思维凭借它的独特功能，只能通过用一个更普遍和包容的构建物来代替原先的构建物，才能超越这个原先的构建物。它只是把现象中的不变性和同一性转移到另一个更深的地方，毕竟，它离不开这种不变性和同一性。思维要求终极常量，但是这些要求在经验世界中的满足都是有条件的和相对的，只有要求具有无条件性和根本性才能保证它的实现。知识批判论不只是抽象地指出了这个联系，对于它来说，具体的思维运动，物理过去在经验和概念之间、在事实和假设之间的持续摇摆，构成了一个永不枯竭的知识源头。无论特定的理论量度工具发生了什么变化，批判论都坚持量度统一性的思想，这一个思想对于它来说不是一个实际的教条，而是一个理想的目标，是一个永无终结的使命。在某种程度上，每个物理假设都确立了一个逻辑坐标系，我们根据这个坐标系来定位现象，尽管如此，"所有系统收敛于某一特定极限值"这一原理则作为一个规定性研究理念而得以保留。在现象的合并和持续合流中，思维起初看起来几乎是随意地对某些点进行固定和区分，以期通过它们认识这一特定变化规律。但是，它在这个意义上被认为是确定且有效的一切东西，随着知识的进步，最终变成了只是一种近似确定且有效的东西。第一个构建物在逻辑上既要被第二个构建物限制又要被其精确定义，同样第二个也是如此受制于第三个。所以，随时间而选择的理论思维中心不断迁移，但是在这个过程中，存在的范围和客观知识的范围，也越来越多地为思想渗透。当思维被新的事实和观测内容推翻，也就是说这些事实和观测内容不符合它原先阐述的规律，那么实际上，思维就是在它们上面发现了一个新的支点，而经验可证明的全部"事实"都围绕这个支点运动。对每个物理新学说的认识论阐述和评价总是想要指出，所有现象所有真实可能的观测内容是围绕什么理想中心和转折点旋转的，无论这个点是否被明确标出，也无论该学说是否只是通过其全部命题和演绎的知性倾向间接指出了该点。

第二章 相对论的经验和概念基础

如果经验确如《纯粹理性批判》开篇所说是我们知识的起点，那么当我们探究物理理论的起源时，这一说法尤其成立。在这里，问题从来不在于理论是否从经验中来，而仅仅是经验怎样支撑理论的，以及赋予"经验"概念特征和构成其内容的不同元素之间的关系。因此，就无须用特殊的认识论分析来阐明狭义相对论和广义相对论与经验、与整个观测过程以及与物理实验之间的关系。这样的分析将不得不确定理论的起源与发展是否能例证批判经验概念或感官经验概念。这里的"经验"仅仅是指着具体观察内容的简单总和吗？它含有一种独立的知性形式吗？理论构建是否仅仅只是把事实与事实，感觉与感觉结合在一起，或者说，在具体项的联系中，是否存在某些一直有效的一般和特定标准，存在某些方法预设呢？经验主义，尽管再极端，都不能去否定思想在确立物理学理论过程中所扮演的角色。另外，也不存在一个逻辑理念论，能使"纯粹思维"不用参照真实世界以及免受其约束。区分两种观点的问题是：思维是否只是简单地制约事实，或者，它在确立和阐述"特定事实"的过程中是否也能表现出其独特力量和功能？它的任务仅仅是编排来自于感觉的具体信息，就像把珍珠用线穿起来一样吗？它在处理这些特定信息时，是否把其原始的度量标准当作独立的判断标准使用了呢？在柏拉图学说中，这个问题首次得到轮廓分明且清晰的阐述。对于柏拉图的理念论来说，我们只能在一些感知的基础上才能进行思考。但是我们的逻辑功能不在于得到具体感知的和，不是从"木头与石头数量相等"中推理演绎出"平等思想"，而是在于区分和判断在感知中什么才是给定。这种区分过程是思维的根本特征。不是所有的感知内容和观察内容都能给思维的批判和区分活动同等的刺激。其中一些内容就不需要启用思维去思考，因为只去感觉它们就可以了，但有些则一直会需要思维，因为对于它们而言，感知本身并不牢靠。换句话说，不能变为与之相矛盾的感知内容的内容是没有激励作用的。因为对于一个特定客体，知觉对它的认识和对其对立客体的认识在详细度上是一样的，所以我称那些能给出相反知觉内容的客体为刺激客体。大部分知觉都是思维的倡导者，但另外一些则不是。思维的这种警醒者，是以自己对立面而进入感官中的一切内容。（《理想国》）柏拉图对于思维与感觉、理性与感性的认识，正如科恩推崇的那样"是认识批判的发展过程中最为基础的思想之一"。对于柏拉图，思维在断言和矛盾中、在辩证法中成了它所是，同样，只有与该特征相对应的一个感知内容才能成为思维的倡导者与警醒者。感知的对立统一把思维的对立统一召到判断与裁决前。当这些感知内容和平相处时，当它们之间没有内部张力时，思维就也静止不动。而当它们之间相互矛盾时，当他们之间具有相互抵消的趋势时，以统一性为根本公设的思维就会站出来无条件地要求统一，要求对经验本身进行重塑和改变。

相对论的发展为这个一般关系提供了新的典型证据。实际上相对论始于物理实验间的基本冲突。一个是菲佐的研究，另一个是迈克尔逊的研究，两者在结果上存在不可调和的矛盾。两者皆想要找出运动介质中的光速和静止介质中的光速之间存在什么关系，但得到的答案完全相反。菲佐的研究表明光在流动水中的速度较在静止水中的大，然而，并不是运动水速度的全部而是其一小部分增加于静水中的光速上。如果我们假定流动介质中的光速为 W，在静止介质中的速度为 ω，流动速度为 v，那么我们得到的结果并不是简单的 $W=\omega+v$，而是 $W=\omega+v（1-1/n^2）$。其中 $n=c/w$，代表液体的折光指数。该结果通过洛伦兹理论的阐述，直接假定静止的以太并不随物质的运动而运动。但迈克尔逊在参考该静止以太来解释地球的运动时，则失败了。地球运动并未对光速产生任何影响，而越来越多的证据则表明，从所有光学现象的发生来看，地球好像并未参照以太平移。我们越来越得承认，该"事实"冲突的背后是普遍原理的冲突，这个冲突是机械、光学、电磁现象理论必然会产生的。后来的实验可最终被归纳为一个单独的命题，即光在真空中的传播速度不变。麦克斯韦和赫兹的电动力学基本方程假定光在真空中始终以一个确定的速度 v 传播而不受该发光物体运动状态的影响。无论通过任何系统观测以及无论光从任何光源发出，都可发现光传播速度具有一个确定值。电动力学原理坚持光速在所有系统中始终恒定的假定，但这个假定却与伽利略－牛顿力学相对性原理相冲突。伽利略——牛顿力学相对性原理要求，当给出任意一特定参照物体时——也就是说相对于这个物体，另一个不受外力的客体才处于静止状态或做匀速直线运动——，相对于这个参考物体 K 而成立的所有定律，在参考物 K 变换为另一参照物 K′ 时，也依然有效。在 K 向 K′ 转换的过程中，"伽利略变换"方程方程是成立的（v 表示 K' 的恒定速度，其中 $x' = x - vt$，$y' = y$，$z' = z$，参照物 K 平行于 x 和 x' 轴），同样需要增加时间的等同变换 $t' = t$，而这在经典力学中并未被特殊考虑。如果我们继续探索，将力学相对性原理应用于电动力学，即根据伽利略变换公式重新计算它的方程式，那么我们就会发现这是不能完成的：相比牛顿运动公式，当我们根据伽利略变换法则在电动力学等式中插入坐标 x'、y'、z'、t' 来代替 x、y、z、t 时，这种电动力学等式的形式就发生了改变。因此，我们不能通过把力学相对性原理转入电动力学相对性原理统一力学和电动力学：赫兹理论便是这一努力的一个代表，它最后与假定的实验结果产生了不可调和的矛盾。是放弃经过证明在所有运动现象中都成立的并作为经典力学奠基石的原理，还是承认其适用于原领域而不适用于光学和电磁现象呢？对此，物理研究陷入两难。在上述该两种情况下，自然阐述的统一性以及自然概念本身的统一性似乎都破裂了。此处，柏拉图为经验的知性有效性提的条件则得以满足：经验面临着确定的观察内容直接变为其对立内容的趋势。光速不变原理和力学相对性原理间的冲突成了"思维的倡导者"，是相对论的真正唤醒者。

然而物理思维如何能够克服这个冲突呢？它受限于观察本身的结果，既不能撇开真空中光速恒定原理所表示的事实，又不能不顾力学相对性原理表示的事实。如果回顾相对论的发展史，我们便可发现，相对论听从了歌德给出的建议。"理论和实践生活中最伟大的艺术"，歌德在给泽尔特的信中写道："在于将问题转化为一个假定，这是成功之道。"实际上，这也是爱因斯坦在其

1905 年的论文 《 论动体的电动力学 》 中所遵循的路线。光速不变原理首先是作为一个预设而给出的。但是，所有参考一个绝对不变的参考系也就是静止的以太来确证绝对"运动"的努力都失败了，这也促使我们假设，力学或电动力学现象都具有与绝对静止这一概念对应的性质，而对于满足力学方程的一切坐标系，电力力学和光学法则都是成立的。这个"假定"不会一直是假设，而会被表明确表述为"预设"，换言之，我们需要建立一个同时满足相对性原理的条件以及光速不变原理的条件的理论。根据相对论建立之前的被广泛认可的运动学思维的方法和习惯，这两种假定实际上并不兼容，但现在它们则可以兼容。我们要求物理理论通过批判思维的这些方式和习惯来消除不兼容性。通过对空间和时间概念的分析，我们实际上不能发现相对性原理和光速不变原理间的互斥性。我们仅仅需要对这些概念进行转化，从而得到在逻辑上无可非议的理论。当我们发现通过特定物理测量方法和应用量杆和时钟而得到的量度结果具有任何"绝对"含义时，就可以采取这一决定性的一步。这些量度结果取决于参考系的运动状态而且根据后者的不同而不同。那么现在就产生了一个纯粹的数学问题，即确立排列法则，当一个参考系转换至另一个相对于它做均匀平移的参考系时，某一事件的时空值就根据这些排列法则而发生改变。我们知道，该问题通过"洛伦兹变换"方程而解决：

$$X' = \frac{x-vt}{\sqrt{1-\frac{v^2}{c^2}}}$$

$$y' = y z' = z$$

$$t' = \frac{x - \frac{v}{c^2} x}{\sqrt{1 - \frac{v^2}{c^2}}}$$

在这些方程的基础上，我们可以看到对于 K 和 K' 这种正当成立的参照系，光在真空中的传播法则得到了同样的满足。另一方面，可以发现将洛伦兹变换而非伽利略变换应用于麦克斯和电动力学方程时，这些方程的形式保持不变。这就是广义的相对性原理，它解释了所有的物理现象。物理参照系按照法则不受所选坐标系的影响，只要这些参考系相对于彼此做均匀平移运动。该普遍原理与经典力学相对性原理甚为一致，所以我们可以把后者当作是它的一个特殊例子。若所考虑速度 v 与光速相比非常之小，以至于 $\frac{v}{c^2}$ $\frac{v^2}{c^2}$ 可忽略不计时，伽利略方程可由洛伦兹方程直接产生。由此可知，将电动力学的相对性原理应用于力学时，可与经验结果符合良好，而将力学的相对性原理反向应用于电动力学时，正如赫兹理论的失败所显示的那样，是不可能的。然而，进一步研究发现，在狭义相对论中，当我们不把电动力学过程当作力学的一个钥匙，而只作为它真正普遍的原理时，我们就确立了一个启发式公理，该公理声称自己包含一个可以衡量所有物理领域和理论的有效性和可接受性的一个标准。因此我们可以发现，力学原理和电动力学原理的最初冲突，指出了一条通往更完美和更深刻统一的道路。该结果并不是完全建立在新研究实验的累积上，而是建立在基础物理概念系统的基本变换上。

　　在纯粹认识论方面，相对论所源自的知性过程则越来越清楚地出现了"哥白尼革命"，出现了自然理论概念基础的变化，我们在经典力学和老物理学中已经发现了这个变化。其成就的一个关键部分建立在一个事实上，即它将原有的物理知识的逻辑常量放置于不同于先前的另一个地方。对于经典力学，固定不变的一点是假定不同系统测定出的时空值是一致的。这个一致性被看作一般客观性概念的牢固基础，因为它最先使自然客体变为一个几何和力学客体，并将其与多变的感觉资料区分开。

　　德谟克利特将该命题引入他的原子论；伽利略也用它来支持"初级"性质和"次级"性质的基本划分，进而支持整个力学世界观。尽管已经证明这个原理是非常有效的，且在数学物理中屡被确证，但物理学的现代革命则显示，该理论太过局限在哲学和方法论上了。亨利·庞加莱在阐述现代物理公理时说，科学的真正目的并不在于机制而在于统一。但对于该统一性，物理学家们不必问是或者不是，而是怎样是。也就是说，能够精确阐述总体经验及其系统联系的最小必要和充分预设是什么。光速不变原理和力学相对性原理间的冲突威胁着这种统一性，但是为了保持这种统一性并更可靠地固定它，相对论抛弃了时空值在不同系统中的统一性。它不再假定两个事件间的时间间隔是一个与参考物运动状态无关的固定值，同样，它也不再假定两个固定物体间的空间距离是与参照物运动状态无关的固定值。通过追溯测量时间的方法以及光速在所有的物理时间测量中所扮演的重要角色，发现了两个事件同时发生的相对性，并进一步发现，物体的长度、形状、能量和温度作为洛伦兹变换公式的结果，因测量所选的参考系的不同而不同。但这些"相对化"并不与自然的不变性和统一性原理相冲突。相反，它们正是在这个统一性的名义下才被需要和被找到的。空间和时间的测量差异构成了一个必要条件，通过它我们才能发现新的理论不变量。这些不变量存在于不随系统而变化的光速大小中，存在于其他一系列量（如物质的熵、热能、电荷或机械能）中，这些量不随洛伦兹变换而改变，并在所有合理的参考系中都具有相同的值。然而最为重要的是，我们必须将自然法则的普遍形式视为真正的不变量，视为自然真正的一般逻辑构架。狭义相对论局限于一个认识，即认为，相对于一特定的合理参考系 K 做匀速直线运动的所有参考系 K' 都可以同等阐述自然法则，而广义相对论则将该命题延伸，认为所有的参考系 KK'，无论其运动状态如何，都能同等地描述自然。只有通过一个路径，我们才能得到自然观念和自然法则的真正普遍性，也就是说不受参考系选择影响而给出确定的、客观有效的现象描述。而正如该理论显示的，这条路径必然得完成个别参考系中的时空值"相对化"。将这些作为可变、可转化的，就是要竭力得到自然和自然一般法则真正普遍常数的不变性。关于光速不变的假定以及关于相对性的假定是相对论的两个固定点，就像两个知性极，所有现象都围绕它们旋转。如此还能够发现原有的自然理论的逻辑常量，迄今一直被作为完全确定、固定不变的数值，现在必须作为变量，从而满足在物理思维中对于统一性越来越严格的需求。因此，对经验的参考、对现象及其统一阐述的考虑，其实都是基本特点。但同时可以看到，在歌德的学说中，经验通常只是一半的经验，因为其不是观察材料本身，而是它得到的理想形式和知性解读，这种形式和解读是相对论真正价值的基础，并是其优于其他类型解释之处。众所周知，迈克尔逊和莫雷的研究已经奏出了相对论的序曲。洛伦兹早在 1904 年就对这些研究进行阐述并实现了所有纯物理需求。洛伦兹假设，每个参照静止以太以速度 v 运动的物体，其在与运动方向平行的维度上会有某种程度的缩小。实际比率 $1 : \sqrt{1-\dfrac{v^2}{c^2}}$ 就足以完全解释所有已知的观测资料。通过实验而在洛伦兹和爱因斯坦理论间进行检验选择是不可能的，它们之间根本不存在决定性实验。这个新学说是物理学历史上的一个奇观，而它的倡导者在为其辩护时，必须诉诸普遍的哲学原因，诉诸其在系统性和认识论方面胜过洛伦兹假说的地方。"实际上，我们并没有得到洛伦兹理论和爱因斯坦理论之间的真正实验较量，"1911 年，劳厄在其相对性原理说明中如是说道，"尽管如此，洛伦兹理论还是逐渐退入了背景，这主要是它虽然已经很接近相对论，但依然缺少一个普遍的原理，而正是这个原理才使相对论深入人心。"洛伦兹的假说在认识论上无法被人认可，因为它把一些效应归结在以太这个物理对象身上，然而同时，从这些效应中我们又得出，以太是一个不可观察的对象。闵可夫斯基也在其关于时空的演说中说到洛伦兹的假说听起来就是一个空想，因为收缩并能作为阻抗以太的物理结果，是纯粹的作为"一个天赋"，即运动状态的一个附加物。因此最后的分析认为，该假说的缺点不是经验主义缺陷，而是方法论缺陷。它与一个普遍原理严重冲突，该一般原理被莱布尼茨用于反对牛顿的绝对时空观，并被他称作"可观测性原理"。克拉克作为牛顿的代表，当即提出了一种可能，即宇宙相对于绝对时空运动时可能承受一种通过我们的测量方法无法发现的减速度或加速度；莱布尼茨则说，任何处在观测范围以外的物体在物理学中都不能称作"存在"。正是这个"可观测性"原理，被爱因斯坦放在了其理论中一个重要的、决定性的位置，放在了狭义相对论向广义相对论转变的地方。他也试图将该原理同因果关系的普遍原理建立一个必然联系。他认为，所有对自然现象的物理解释，只有在深入一个无法观测的元素时，才能满足认识论的要求。因为因果律只有当可观测的事实作为原因和结果发生时，才是关于经验世界的断言。这里，我们正站在相对论的一个基础知性动因面前，该动因不仅使相对论与洛伦兹的相似假设相比更具优势，而且将狭义相对论中关于相对性公设较为局限的解释发展为完全普遍的解释。

这种发展方式特别适合用于阐明该理论的概念性及经验性的假定，以及它们之间的相互联系。我们已经知道，狭义相对论建立在两个不同的假定上，这两个假定同样有道理：一个是假定光在真空中的传播速度不变；另一个是假定所有相对于合理参考系 K 做直线匀速非旋转运动的参考系都能同等阐述自然律。如果我们站在方法论的角度来考虑狭义相对论经验结构中密不可分的这些假定，就会发现它们属于不同的层级。一方面是关于光学和电动力学实验发现的一般事实、自然常量的断言；另一方面是我们对自然法则形式提出的要求。在第一种情形中，我们在经验中确证了，一个具有明确数值的具体速度在任意参考系中都保持这个数值不变，无论参考系的运动状态如何。在第二种情形中，我们确证了一个研究自然的普遍公理，并以它为"研究自然普遍法则的启发式辅助"。这个公理对自然律形式的限制，被爱因斯坦称为相对性原理的独特"穿透力"。然而这两个原理，"物质"和"形式"在狭义相对论中并未被区分开来。从认识论的角度看，做出该区分且使普遍和"形式"原理高于个别和"物质"原理，是广义相对论的一个重要步骤。该步骤似乎引起了一个奇怪的、自相矛盾的结果，因为个别结果并未被纳入普遍中，而是被普遍消除了。按照广义相对论的观点，真空中光速不变原理不再具有无限的效力。根据广义相对论，光速取决于引力势，因此，如果位置不同光速便会发生变化。当有引力场存在时，光速必须始终取决于其坐标；只有当引力势保持恒定时，才能将光速视为不变。广义相对论的这个结论曾一度被认为推翻了狭义相对论基本预设，这些预设是狭义相对论的起点，也是其演绎基础。但爱因斯坦对此结论的否定是充分合理的。他如此解释，狭义相对论并不因它只限定于一个狭窄范围(即引力场大约恒定不变的现象)而失去其价值。"电动力学理论建立之前，静电学法则被看作电学的普遍法则。今天我们知道静电学只适用于电气质量相对彼此完全静止和相对于坐标系完全静止的情况，而这个情况永远也不能实现。然而麦克斯韦的电动力学方程是否推翻了静电学？答案是完全没有！静电学被纳入电动力学作为一个限制性特例。当电场不随时间而变化时，电动力学的法则可直接变为电动力学的法则。一个物理学理论最奇妙之处在于指出了建立一个更包含理论的方法，而它自己则在其中作为一个特例而存在。" 实际上从狭义相对论向广义相对论发展的过程中，我们只是证明了自然科学概念构建原理，该原理也存在于经典力学向狭义相对论发展的过程中。量度常数以及一般自然理论常量发生了改变，因为引入了一个新的量度单位，先前的常量便成为了相对的规定性，变得只有在特定条件下才有效。经典力学如狭义相对论，区分了自然规律在哪些参考系下是有效而确定的，在哪一些参考系下是无效和不确定的，但现在，这个区分被取消了。普遍物理规律的表达不受某个坐标系或某一群坐标系的影响。要表达这些自然规律离不开一个参考系，但是这些规律的含义和价值不受参考系的个性的影响，无论参考系发生何种变化，这些规律都保持自身同一。

只有通过这个结果我们才可以直抵广义相对论的真正中心。现在我们知道了它的根本自然常量，也知道了它的基点，而所有的现象都围绕这个基点。我们不能在给定的事物中寻找这些常量，因为这些事物只是被选作与其他事物相区别的参考系，如哥白尼学说中的太阳，伽利略和牛顿学说中的恒星。没有什么事物是完全不变的，完全不变的只能是某些基本关系和函数关系，它们只存在于数学和物理符号语言中以及某些等式中。广义相对论的这个结论与知识批判的立场存在很小的冲突，因此可以将其视为所有现代哲学和科学思维的独特知性趋势的一个自然逻辑结论。对于现存的广受人们接受的思想来说，将"事物"在根本上变为单纯的关系依然无法令人信服，因为该观点认为，这样一来我们除了失去"事物—概念"外，还会失去一切客观性、一切科学真理的稳固基础。因此，这里更多地强调了相对论的负面而不是其正面，更加关注它所毁坏的东西而不是它所建设的东西。然而我们发现，这种解读不仅存在于对相对论的流行阐述中，还存在于对其普遍"哲学"意义的研究中。在后一种哲学研究中，有人指出，相对论把主观任意性引入了对自然法则的阐述，而且它不仅摧毁了时空统一性，还摧毁了自然概念的统一性。然而实际上，进一步的研究表明，相对论正好与上述说的相反。它提出，为了客观准确地表示自然过程客观，我们不能二话不说就把从一个别参考系中测量得的空间和时间值当作唯一普遍的值，我们必须考虑其所使用参考性的运动状态再对这些测量进行充分判断。只有完成这些我们才能对在不同参考系中获得的测量结果进行对比。只有能经受住批判性实验检验的关系和量，也就是说不只适用于一个参考系，而是适用于所有参考系的关系和量，才是真正客观的。相对论的公设是：一门自然科学内必须存在这种关系和数值。如果我们使用一特定测量系统，就如我们的实际操作，那么我们必须谨记，在此处获得的实验数值并不代表最终的自然值，要成为这样的值，它们必须经过知性修正。只有将这些从个别参考系中获得到测量结果与从其他参考系中获得的结果结合，原则上说，也就是与从所有可能参考系中获得的结果结合，而最终理想地得到一个统一的结果后，我们才能得到所谓的自然系统。我们目前还不清楚如何在这个断言中发现物理知识在客观性上的限制，显然它只是指对这种客观性进行的定义。康德说："显而易见，我们只需要处理我们的表象杂多，而与这些表象(客体)对应的 X，因为它不同于这些表象，所以对我们来说就什么也不是。只有意识在合成表象杂多时的统一性，才能使客体成为必然。因此我们说：当我们在直觉杂多中产生了一个合成性整体时，我们才知道了这个客体。"从经验规定性到非经验的、绝对的和超验的规定性，并不能使我们得到客体，只有把经验给出的全部观测结果统一为一个整体时，我们才能得到这个客体；相对论展示了该任务的全部复杂性，它尽量保留了"可能存在这样一个参考系"这一公设，并指出了一个实现它的新方法。经典力学很早便认定了这个目标。它抓住某些参照物，并且相信通过这些参照物，它拥有了在某些方面确定的、普遍的和绝对"客观"的量度。相反，新的理论认为真正的客观绝不存在于经验规定性中，而是存在于规定本身的方法和功能中。每个特定参考系统中的空间和时间测量值都是相对的，但是，我们仍然可以通过物理知识得到真理和普遍性，这种真理和普遍性在于，所有这些测量结果都根据特定的法则相互对应。知识也只能得到这些，且如果它理解自身，就不能再要求更多。独立于任一参考系而去了解自然过程的法则，只是一个无法实现的并且是自相矛盾的愿望。这种观察者随机观点的特性正是我们所说的自然客体和自然法则本身的确定性。我们能够要求的，也只是这些法则的内容不依赖于参考系的个性。在一个系统或无限多个合理参考系中可得到的测度结果，最终也只会给我们客体的特例而不是其真正的"合成整体"。首先，从洛伦兹变换方程到广义相对论的替换公式，相对论指导人们如何从每一个特例中找到绝对的整体和所有的不变规定性。物理知识的真正任务是克服对自然感官世界图像的拟人化，在此，这个拟人化再次被迫倒退了一步。机械的世界观将所有的存在和自然过程分解为运动，并用纯粹的量来代替感知中的定性元素，这样它就克服了这种拟人化。它把这些值或测量结果应用于运动，但是现在我们发现，对这些值或测量结果的确定仍然受限制性预设的制约。通过思考我们在经验中测量空间和时间的方式，我们会看到，拟人论是如何进入这个被我们认为已经在原则上撤离它的领域。这个物质性残余依旧属于经典力学的范畴，依旧假定有限固定的参考物体和静止惯性系，而这些正是相对论试图摆脱掉的。由数学方程确定的联系单位在这里取代了由感官给出并受感觉约束的测量单位。正如我们所看到的一样，这里并非取消了经验客观性概念，而是对其进行了批判性修正，并由此修正经验空间和时间量度并实现它们向一个自然法则系统的转变。

相对论起源于某些历史性问题，通过对这些问题进行思考，我们得出了同样的结果。对于抽象力学命题特别是惯性原理，历史上曾多次尝试着指出一些严格支持它们的经验系统，而给它们一个明确的物理意义。进而这些尝试无一例外地都遇到了挫折，特别是当发现了太阳系和恒星的运动以后。我们无法给伽利略—牛顿力学方程一个固定而明确的经验意义，除非我们像卡尔·纽曼那样假定在未知的空间还存在完全静止的物体。按照认识论的观点，如此假定存在一个特殊的、不能被观测到的物体，仍然是荒谬的。完全静止的以太，过去一度被认为填补了伽利略—牛顿力学物理参考系的空缺，现在也不在适用于该目的。之前迈克尔逊的研究得出了否定结果，而现在，这个问题似乎在此有了定论。相对论正是以此作为出发点的。哲学思想在寻求一个特许坐标系时陷入了一个困难，而相对论把这个困难变成了一个优点。经验表明不存在这样的参考系，而该理论在其最为普遍的解释中则假设绝不会存在这样的一个参考系。对自然过程的物理阐述，任何一个特定的参考物都不应优先于其他参考物，这在目前已经成为一个原则。爱因斯坦说："经典力学以及狭义相对论都会区别两种参考系，即自然法则相对于其有效的参考系 K 和相对于其无效的参考系 K′。任何一个惯于思考的人都不会满足于这个事态。他的疑问是：一个特定的参考物（及其运动状态）怎么能优先于其他参考物（及其运动状态）呢？物体行为在参考 K 和参考 K′时不同，但是我们在经典力学中找不到什么真实的东西可以解释这个不同。"根据不充分理性原理，物理学家们似乎处在一个不可信的层面。一方面我们不可回避欧拉命题，他认为，如果一个物体在没有外力影响的条件下改变了自身的运动状态，则它就没有任何理由选择量和速度方向的特定变化，欧拉认为这解释了经典力学的惯性原理。假定物体的"运动状态"是一个特定的量，而运动状态又是由惯性原理本身定义的，在此，我们很容易看到一个循环。但是爱因斯坦对于"理性原理"的诉求，毫无疑问涉及一个更加普遍和深入的认识论动因。如果我们假定我们的物理知识所能得到的最终客观规定性，也就是自然法则，只相对于部分参考系有效并可为其证明，那么由于经验提供不了标准能说明我们得到了这种参考系，所以我们就无法实现对自然过程的真正普遍和确定的描述。只有当一些规定性不会受到所选基础参考系中任何变化的影响时，才能得到上述描述。假设四个表示空间和时间参数的变量 $x1$、$x2$、$x3$、$x4$，对它们任意一个进行经验测量时，只有那些形式独立于这些测量结果特质的联系，才能被称作自然法则，才能被认为具有客观普遍性。在这种情况下，我们可以把广义相对论原理，也就是说将"普遍的自然法则不因时空变量的任意变化而发生形式变化"当作一个分析断言，并用它来解释"普遍"自然法则的含义。但是"必然存在这种终极不变量"这一要求是合成的。

相对论率先给出了特定值的不变性和确定性这一普遍原则，这一原则必然会在其他自然理论中以一定的形式再现，因为它属于这种理论的逻辑和认识论本质。莱布尼茨的广义能量学世界观建立了"活力守恒"的自然法则，其中就提到了该逻辑元素。他第一次将物理系统中的活力定义为功的量。对于几个力，只要它们能产生同样的机械功，我们就说它们是相等的，无论它们的具体性质如何。因此，如果它们能使同样数量的弹簧产生同样的张紧力，或者将同等质量的物体提升到相同的高度，或者是让同样的物体产生相同的速度，则它们相等的。在这种定义下，在不同系统中进行活力测量得到的结果视为相互等同。因此，当使用一定的效果作为测量力的标准时，如果测量得出两个力是相等的或存在特定的大小关系，那么当用别的效果作为测量标准时，这个关系仍然有效。如果情况不是如此，也就是说，用不同的测量标准会得到不同的力间关系，那么自然就是没有规律的，整个动力学也就变得多余，而力的测定也是不可能的，因为力将变得含混不清和相互矛盾。同样的思维进程还存在于更广泛的物理领域中，存在于现代能量原理的发现和论证中。这里同样把处于一定状态的物质系统的能量定义为作用效果的量，并用功的机械单位表示，当系统以某种方式从其状态进入一个明确的但任意指定无效状态时称作离开系统，它就会对外做功。这个解释一开始并未确定此处所说的"能量"是否存在确定值，或者说当某个系统通过一定的方式从一个固定的状态过渡到一特定零状态时，系统做功的测量结果是否随这个过渡方式而变化。但实际上确实存在这个确定性，且无论我们采取何种方式测量功或者无论选择何种转换方式，得到的能量结果总是相同的，而这正是能量守恒原理所确证的一点。该理论的意义仅仅在于确证了，当一个物质系统从一个确定状态进入任意形式的零状态时，它对周围环境产生的所有作用效果也就是用机械功为单位表示的总功量有一个确定值，该确定值不因状态转换方式的不同而不同。如果不存在这种独立性——且其只能以经验告诉我们的方式存在，那么能量便不是一个精确的物理规定性，就不能作为一个普遍的测度常量。我们必须寻求其他经验数值来满足确定性这一基本公设。但与之相反的是，一旦我们把能量确证为一个测度常量，那么它也就成了自然常量，成为了一个"特定的客体概念"。现在，从物理学的角度来看，我们可以提出一个毋庸置疑的基本能量概念。我们可以把能量当作物理系统的"备用电源"，能量的大小由系统的全部状态量决定。按照认知论的观点，我们必须谨记，这种阐述不过是用一种简单的方式表达了度量关系，这种表达并未增加任何本质上的东西。测量的统一性和确定性可以迅速地被理解和表示为物体的统一性和确定性，这完全是因为经验主义客体只是指一个关系总体。以此类推，相对论中的"相对化"并不与客体化这一普遍任务相冲突，而是代表了其中的一步，因为，根据物理思维的本质，物理知识只是关于客观关系的知识。我们可以引用《纯粹理性批判》中的话："关于物质，我们所知道的都只是关系而已。其中一些关系是独立永恒的，我们凭借这些关系才能抓住一特定客体。"广义相对论通过打破经典力学的物质概念以及电动力学的以太概念，而把该"独立永恒的关系"移送到另一个地方。它并未对这些观点进行反驳，而是利用自己的不变量特别确证了它们，这些不变量不受参考系中任何变化的影响。物理客体概念产生于一个科学思维方法，而这一方法也促使相对论对物理客体概念进行批判，这一批判则又把这个方法向前推进了一步，把它更进一步从朴素的感官和"感觉论"世界观的预设中解放了出来。要掌握事态的全部意义，我们必须回到相对论提出的普遍认识论问题，必须回到物理真理概念的变换中，正是因为这个变换，它才直接接触到基本的逻辑问题。

第三章 真理的哲学概念和相对论

知识相对性这一普遍原理最先在古代怀疑论的历史中得到了完整阐述。根据怀疑论的基本特性，它包含纯粹的否定意义。原则上，它为知识设定了界限，并借此与"真理是绝对的"这一认识相区别。怀疑论认为感官性知识和概念性知识是不确定的，而在所有表达这一不确定性的怀疑论"比喻"中，$\pi\rho\acute{o}\varsigma\ \tau\iota$ 居于首位。为了认识一个物体，我们的知识应首先掌握其纯粹的"本质"规定性，并将其与只相对我们和其他事物才属于它的规定性区分开。但是这种分离是根本无法实现的，不光是实际上不能实现，在原则上也是如此。因为我们在实际中在一定条件下得到的给定东西，绝不可能作为纯粹本质的东西被逻辑地辨识出来，也不能通过抽象而与这些条件相分离。在一个事物的知觉内容中，我们无法区分开哪些属于客观事物，哪些又属于主观知觉，也不能把它们当作两个独立的因子。主观组织形式作为必要的元素而构成了我们对于事物和属性的所谓客观知识的一部分。"事物"不仅因感官的不同而不同，即使对于同一器官，它也随时间或感知条件的变化而无限变化。因其整体特征取决于它们是在什么条件下呈递给我们的。我们在经验中得到的任何内容都不是百分百纯正的，它总是一个由多个印象构成的混合物。我们知道的也是唯一可知的，不是一个或另一个、"这个"或"那个"性质，而是这些性质间的相互关系。怀疑论反对知识的可能性，现代科学并未质疑这些反对意见的内容，而是从这些反对意见中得到了一个完全相反的逻辑结论，借此，它克服了这些意见。现代科学把朴素世界观认为是固定和绝对的事物"特性"变成了一个单纯的关系系统。"关于外部世界客体的特性，"亥姆霍兹的《生理光学手册》一书写道，"我们会很容易发现，我们认为它们具有的一切特性，只是指它们在我们的感官上和其他自然物体上产生的作用效果。颜色、声音、味觉、嗅觉、温度、光滑、坚硬这些属于第一级别，代表它们对我们的感知器官产生的作用。同样，化学性质与化学反应即化学作用相关，也就是自然物体对其他物体产生的作用。物体的其他物理特性如光学、电气以及磁性质，也都是这样。无论在哪里，我们要面对的都是物体间的相互联系，是不同物体对别的物体施加力时所产生的作用效果……由此产生了这么一个事实，即自然物体的性质无论具有什么样的名称，它们都不是指该物体自身，而总是指与第二个物体（包含我们的感知器官）的关系。作用的类型必须自然地取决于作用物体的特性以及被作用物体的特性。询问朱砂是否是真正的红色，是否只是我们感官幻觉，是没有意义的。对红色的感知是正常构造的眼睛对于朱砂反射光线的正常反应。色盲的人会将朱砂看成黑色或者深灰，而这也是其特殊构造眼睛对于光线反射的正确反应……一个感知内容本身并不会比别的感知内容更加正确或更加错误。"旧的怀疑论"比喻"，也就是关于 πρός τι 的论点，再次清晰出现在我们面前。但否认事物的绝对性并不等于否认知识的客观性。现代自然认知中的真正客观元素并不是法则中的事物。因为在现代知识中，真正客观的元素是法则而不是事物。只要这些法则确证了关系本身，那么经验元素的变化以及它们不是以自身呈现而是参考其他事物而呈现的这一事实，就不能否定客观知识的可能性。这些元素的恒定性和绝对性被牺牲用来获得法则的永久性和必然性。我们获得了后者，就不再需要前者。怀疑论反对科学说我们永远无法知晓事物的绝对特性，因为科学对特性概念的定义中就包含了关系概念。克服怀疑的方法就是超过它。当我们认为，"蓝"仅仅意味着一种与眼睛的关系，"重"意味着一种相对加速的关系，而对特性的"占有"可单纯简单地变为经验元素的"被联系"，那么，想悄悄地在怀疑论的基础上得到事物的根本绝对性质便失去了意义。怀疑论被推翻，不是通过指出一种能满足其要求的可能方法，而是通过理解这些要求本身的教条意义并使其失效。

现代科学和现代逻辑学都涉及了这种普遍知识理想的变换，二者的发展紧密相连。古逻辑学完全建立在"主语"和"谓语"间的关系上，建立在给定概念和它同样给定的根本性质间的联系上。它尝试最终抓住绝对自存实体的基本性质和绝对性质。现代逻辑学则与之相反，在其发展历程中，越来越倾向于摒弃这种观念并逐渐成为关于形式和关系的纯粹理论。知识内容如果有可能具有确定特征，那么这个可能性也存在于这些形式的法则中，这些法则不能被归结为单纯的包含关系，它们同等包含了所有可能的关系构建类型和思维元素关系类型。但这里，怀疑必须出现在一个新的、更深刻的意义上。如果把事物的知识理解为法则的知识，把前者建立在后者中而使它免受怀疑论的攻击，那么，又如何保证这种法则知识具有客观性、有效性和普遍性呢？我们是否在严格意义上获得了关于法则的知识或者我们所能得的一切是否会在某些情况下分解成关于具体例子的知识呢？这里我们可以看到，在现代法则概念的基础上，怀疑论的问题颠倒了过来。古代怀疑论者寻求事物的实体，一切现象的无穷相对性使他们迷惑。事实上，现象不再是固定的个别资料，而是已经为了知识的目的而变为了单纯的关系和关系的关系。对于现代怀疑论者来说，我们所能得到的客观真理是关于一切过程的无所不包的必然法则，他们的怀疑源自一个事实，即实在并不能以这种普遍形式给我们，它总是分解为单纯精确的特例。我们只能抓住一个"这里"和"现在"，一个在空间和时间中孤立的特例，我们不知道应如何把这种个别感知变为对一个整体的客观形式的认识。把没有大小的点简单地加在一起无法建立连续统，同样，把多个特例简单地累积在一起也得不到、演绎不出一个真正客观和必然的法则。这就是休谟的怀疑论的形式，与古老的怀疑论有着明显的区别。古老的怀疑论者因为现象世界的相对性而不能得到绝对的实体，现代怀疑论者则因为感觉的绝对特殊性而得不到作为普遍关系的法则。对于前者，可疑的是事物的确定性；而对于后者，可疑的则是因果联系的确定性。过程之间的联系成了一种错觉，留下来的只是它们的特殊原子，是直接的感觉资料，这些原子和资料则最终构成了关于"事实"的知识。

要克服这个更根本的怀疑论形式，就必须指出它的基础中含有一个教条性的假定。实际上，该假定指的就是经验"给定性"概念本身。纯印象是给定的，原则上，我们通过这种给定性而从一切形式和联系元素中抽象，但更深刻的分析表明，这种给定性是虚构出来的。理解了这一点，我们怀疑的就不是知识的可能性，而是测定知识所用的逻辑测量杆的可能性。我们要质疑的不是使知识关系的普遍形式和知识公理变得有问题的"印象"标准，而是要在这些关系的基础上质疑这个标准的有效性。要避开这种激进的怀疑，我们需要的不是不理会它，而是在质疑的过程中加强它，把作为最终的、凭其自身而被认知的知识元素。这些元素不只是"事物"和"法则"，还尤其是感知内容。休谟的怀疑论将"简单"的感觉当作完全确定的，当作对"实在"进行的简单的、不容置疑的表达。古老的怀疑论完全建立在对绝对事物的假设上，而休谟则将其建立在对绝对感觉的假设上。一种情形中的实体化是关于"外部"存在的，另一个情形中的实体化则是关于"内部"存在的，但是这种实体化的一般形式相同。只有通过这种实体化，知识相对性原理才获得了其怀疑论特征。怀疑并不是直接由该学说的内容产生的，相反，它取决于一个事实，即该原理并未真正被彻底思考过……只要思维满足于参照现象及自身形式的要求，把它的逻辑公理和真理解释为一个纯粹关系系统，那么它就一定会在自身的循环内运动。但当其断言绝对经验时，无论是外部或内部经验，它就被迫因参考这个绝对经验而以怀疑方式消灭了自己。它一次次撞击事物的绝对性或者感知的绝对性，仿佛在撞击羁绊它的墙壁或监狱。相对性，作为其内在力，则变成了其内在限制。它不再是使知识进步成为可能并指导这个进步的原理，而是一个必要的思维工具。通过这个工具，它承认自身不足以作为绝对客体和绝对真理。

当我们拿理念论的真理概念与建立在同样基础上的教条主义

真理概念和怀疑论真理概念进行比较时，这个关系实际上就改变了。因为理念论的真理概念不用超验客休来衡量根本认知的有效性，相反，它把客体概念的意义建立在真理概念的意义上。只有理念论的真理概念克服了知识只是复制体这一认识，无论它复制的是绝对事物还是瞬时"印象"。知识的"真理"从一个单纯的画面式表达变为一个纯粹的功能性表达。在现代哲学和逻辑学的历史中，这个变化第一次由莱布尼茨完整清晰地呈现出来，尽管这一新认识出现在他用单子论世界观的语言建设一种形而上学系统时。每一个单子及其所有内容都是一个完整封闭的世界，它不复制或反映任何外部存在，而只单纯地包含它的所有表象并依据自身法来指导这些表象。但这些不同的个别世界具有一个相同的宇宙和一个普遍真理。之所以出现这个共性，不是因为这些不同的画面作为一个共同"原物"的复制体而相互联系，而是因为它们的内部关系和一般结构形式在功能上彼此对应。按照莱布尼茨的观点，对于两个事实，如果它们之间存在一个不变的常规关系，那么其中一个事实就可以表达另一个事实。因此，透视投影可表示对应的几何图形，代数方程可表示一个确定数字，一个画出的模型可表示一台机器，但这并不是因为它们之间存在什么真实的相似，而在于一个结构的关系与另一个结构的关系以特定的概念形式彼此对应。莱布尼茨的真理概念被康德继承和发展，康德试图将它从其所包含的所有未经证明的形而上学的假定中解放出来。他通过这种方式形成了他自己对批判性客体概念的阐述，相比古老或现代的怀疑论，他在更广泛的意义上确认了知识的相对性。另外，该相对性在其中也得到了一个新的积极解读。现代物理的相对论可以很轻松地置于这个阐述下，因为在一个普遍的认知论方面，我们可以越来越清晰地看到，相对论已经从知识的复制论前进到了知识的功能论。只要物理学仍然保留关于绝对空间的假设，那么我们依然要问，当我们从不同的参考系观察一个移动物体时，在我们所观察到的不同路径中，哪一个才能代表它的真实运动。因此，我们必须声称，从某些所选参考系中获取的空间和时间值，比从其他参考系中获得到时空值具有更高的客观有效性。但相对论不这么做，它不给某些参考系更高的地位。但这并不是说，它否定了自然过程的确定性，而是因为它具有了新的知性方法来满足该要求。只要所有可能的参考系都通过一个共同法则而相互联系，那么它们的无穷多样性就不能意味着从它们中得到的值是不确定的。在这种情况下，物理学的相对性原理与"相对实证论"除名称类似以外，几乎没有任何其他共同点。如果我们在前者中看到了古老诡辩论的复苏，看到了它确证了普罗泰戈拉的"人是万物的尺度"，那么，我们就错解了相对性原理的基本成就。相对性物理理论告诉人们的不是每个人所见的相对于他自己都是真实的，而是告诫人们不要将从一特定系统中看到的东西当作科学真理，也就是不能把它当作根本经验法则的表示。这种真理不能通过一个特定参考系或许多这种参考系中的观测结果获得，而只能通过所有可能系统的所得结果的相互对应获得。

广义相对论的目的在于展现我们如何能够获得关于所有这些系统的断言，以及如何超越个别认识的碎片性而得到一个对自然过程的总体认识。它不用任何画面性特性（如能在表象中显示）的特性来定义物理学中的"客体",而是用自然法则的统一性来专门定义它。例如,当一个物体从一个参考系中观察为圆,而在另一个相对于这个参考系运动的参考系中观察为椭圆时,相对论会告诉我们,问题不在于这两个形状哪一个才是该物体的绝对形状,而是必须要求把这里出现的多种多样的感知资料整合为一个普遍的经验概念。批判性的真理和客体概念不再要求其他更多内容。根据批判观点,客体不是一个绝对的模型,其中感官表象作为其复制体而与其或多或少的对应,相反,它是一个概念,通过参考这个概念,表象获得了合成统一性。相对论的这个观念不再表示为图片形式而是作为物理理论,以方程或方程组的形式表示,其中,这些方程或方程组随着代入变量的变化而变化。因此,完成的"相对化"成了一个纯粹的逻辑和数学类型。借此,物理学中的客体实际上被确定为现象世界中的"客体",但是该现象世界不再具有任何任意性和或然性。物理学作为一门科学,是建立在知识形式和条件的理想性上的,这个理想性确保了它所确证事实的实在,且把这个实在称为客观有效性。

第四章 物质、以太和空间

在物理学的结构中，我们似乎必须将两个不同类别的概念区分开。其中一类概念只涉及次序的形式，另一类则涉及该形式所包含的内容。前者确定了物理学所使用的基本图式，后者则负责真实事物的具体特性，这些特性是物理客体的标志性特征。纯粹的形式概念似乎是相对固定的整体，不受物理理想的细节变化影响。在所有物理学系统概念的多样性和冲突中，空间和时间被当作最终的、一致的整体。在这个意义上，它们构成了所有物理学的先验实在，构成了物理学作为一门科学的可能性预设。但是从纯可能性到达实在的第一步，不是"时间—空间"形式的问题，而是在空间和时间中"给予"我们的某种东西迫使我们脱离了先验的范围。康德在《自然科学的形而上学基础》中尝试把"物质"概念先验地演绎和构建为一个必然的物理概念。但是很容易就能发现这个演绎与《先验美学》和《纯粹理解力分析》并不在一个平面上，也不能声称具有后者的效力。他坚信自己在这些演绎中哲学地论证了牛顿科学的预设。而今天我们越来越清楚地认识到，他只不过对这些预设进行了哲学性的迂回解释。作为物体客体概念的基本定义，经典力学系统只是一个结构，而在它的旁边还存在其他结构。海因里希·赫兹在其关于力学原理的论证中区分了三种结构：第一个结构是在牛顿体系中作为表象给出的，它建立在空间、时间、力量和质量概念之上。第二个是保留了对空间、时间和质量的预设，但是把作为力学"加速原因"的力概念替换成了普遍的能量概念，其中能量分为动能和势能。这里我们同样拥有四种相互独立的概念，它们之间的相互联系构成了力学的内容。赫兹的力学公式提供了第三种结构，他不再将力或者能量作为独立的概念，而力学的构建则只由三个独立的基本概念即空间、时间和质量完成。如果相对论没有重新解释纯形式概念和物理客体和实体概念之间的相互关系，并因此既在内容上又在原则上改变了这个问题，那么我们可能已经完全研究了可能性的范围。"自然概念"的获得是真正的物理学方法问题，正如物理思维发展史所展现的那样，它为预设的二元论留出了空间，而这个二元论似乎是必然的、不可回避的。甚至在真正的自然科学第一次在古希腊思想中开始逻辑地建立时，该二元论就已完整地出现。古老原子论作为概念性和科学性世界画面的第一个典型例子，只能从两个异质元素中形成自然"存在"而对其进行描述和统一。它的自然观建立在"满"和"空"的对立上，而"满"和"空"被证明是构成物理学客体的必要元素。德谟克利特把原子和物质与非存在对立起来，对于他来说，这种存在和非存在都拥有毋庸置疑的物理真实性和物理实在。运动的实在也只能通过这个二元预设被理解。如果我们不对虚空和充满物质的实空进行区分，并认定它们之间存在密不可分的关系并是所有自然过程的基本元素，那么运动就会消失。在现代之初，笛卡儿就曾经在哲学上尝试克服物理思想基础中的这个二元性。从意识统一的思想出发，他还假定一个新的自然统一。在他看来，只有抛弃物质和大小的区别、"满"和"空"的对立才能够实现这个新统一。物体的物理存在和大小的几何存在构成了同一客体：物体的"实体"变成了它的空间和几何确定性。因此出现了一个探究物理学的新途径，它在方法上更加深刻也更加有效，而它的具体实现则不能由笛卡儿的物理学完成。牛顿在反对笛卡儿物理学的假设性和推断性前提时，也放弃了这个途径。他的世界观源自二元观并强化了这个二元观，另外，这个二元观还确立了他关于自然和宇宙的普遍法则。一方面，空间作为一个大的容器存在；另一方面，物体、惰性质量和引力质量进入该容器并根据普遍的动力法则确定相互间的位置。一方面是"物质的数量"，另一方面是特定物质间的纯粹空间"距离"，它们给出了普遍的物理作用法则来指导对宇宙的构建。作为一个物理学家，牛顿总不愿意进一步问"为什么"，不愿意深究这个法则的原因。对于他来说，统一的数学公式包含了所有经验过程，因此就已经完成了精确认知自然的任务。这个公式隐藏了两个完全不同的元素(在对宇宙物质的表述和它们之间距离的表述中)，这一点似乎不再是物理学家的任务，而是数学家和理论哲学家的研究目标。"我不杜撰假说"这一命题中断了在这个方向上的所有进一步研究。对于牛顿和德谟克利特，物质和空间、满和空，构成了物理世界中的根本的、不可缩减的元素，是一切实在的奠基石，因为经验告诉我们，它们作为同样正当和必然的因子参与了最高运动法则。

　　如果我们将该世界观与近现代物理学的世界观相比，会惊讶地发现，后者似乎再次倾向于笛卡儿的观点，不是在内容上，而是在方法上。它同样试图从不同的方向获得一个取消了"空间"和"物质"二元对立的世界观，在这个观念中，空间和物质不再是物理学"客体－概念"的不同种类。在"物质"和"虚空"之间，现在出现了一个新的中间概念，即"场"的概念，自此以后，它就成了物理实在的真正表达，因为它完美表达了物理作用法则。从认识论角度来看，这个场概念最为清楚地表现了现代物理学的一般思维方式。自电动力学开始，物质概念不断发生变换。法拉第从"磁力线"中构建出了物质，他认为，力场并不取决于物质，而是相反，我们称之为物质的东西仅仅是该场的特殊位置。在电动力学的发展过程中，该观点得到了进一步证实，并具有了更加激进的表达。这个观点越来越多地用于"场－物理学"，这个物理学既不承认单纯无区分的空间本身，也不承认随后进入该空间的物质本身，它只把对一个空间流形的直觉作为基础，其中，这个直觉由一定的法则规定，并被这个法则限定和区分。例如，米氏建立了电动力学的一个更加普遍的形式，在这个形式的基础上，似乎有可能从场中构建出物质。在这种处理方式中，实体的概念和电磁场的概念似乎是不必要的，根据新的观念，场无须为了自己的存在而把物质当作自己的载体，而是相反，它应把物质当作"场的副产物"。这是相对论通过这种思维类型得到的最终结果。对于它来说，虚空和布有实体(无论我们把这种实体成为物质还是以太)的实空之间的差异消失了，因为它在执行同一个方法规定操作时，已经包含了二者。根据爱因斯坦引力论的基本原理，当我们去分析和思考"四维时－空流形"的内在测量关系时，便破解了"重量谜题"。在确定广义相对论的线性元素时出现了几个函数 $g_{\mu\nu}$，这几个函数也代表了爱因斯坦理论中引力势的几个分量。因此，这些规定性一方面指明并表示了四维空间的度量性质，另一方面表示了引力场的物理性质。量 gμv 的时空多样性和这种场的出现被证明为同等的假定，只是在表达方式上有所不同而已。因此我们可以清楚地看到，这一新物理观既不是源于"空间本身"这一假定，也不是源于"物质"或者"力本身"这些假定。它不再认为空间、力或物质是相互分离的客体，它认为只存在某些函数性关系的统一性，这些函数根据表达它们的参考系不同而有不同的名称。所有动力学都越来越倾向于变为纯粹的计量学，与经典几何学相比，它变得更宽泛和普遍，结果，欧几里得几何学变成了整个一般量度系统中的特例。卡尔在阐述广义相对论时极为清楚地指出了这一发展过程，在他看来，"世界是一个（3+1）空间量度流形，所有物理现象都是世界度量的表达……笛卡儿梦想得到一个纯粹几何的物理学，他的这个梦想似乎正在以一种奇异的方式实现，这是他始料未及的"。

正如物质和空间二元论被统一的物理观念取代一样，"物质"和"空间"的对立也将被新的物理学法则所克服。自从牛顿作为一个物理学家在《自然哲学的数学原理》中提出"惰性质量"和其所受外力间存在对立，人们就一致试图在哲学上和纯理论上解决该问题。莱布尼茨首先解决了这个问题，尽管他在形而上学理论中把实体分解为了力，但在构建力学理论时，他保留了"作用力"和"反作用力"的二元论，借此，他把物质包含在了后者的概念中。物质的本质在于它固有的动力学原理，这一方面表现在主动作用和求变中；另一方面表现在物体根据其性质而对外加变化的抵抗中。对于牛顿来说，他所认定的基本概念间的对立，最终会破坏他的物理结构的统一性。他只能通过在特定的地方引入形而上学因子来保证这种统一。他反对能量守恒原理，因为所有的物体都包含"绝对坚硬"的原子，而在这些原子弹回的过程中，能量必然发生损失。力的总量不断减小，而要保持该力，世界就时不时地需要一个神圣的刺激。康德在其1756年的早期著作《物理单子论》中试图对莱布尼茨的哲学理论和牛顿的力学理论进行协调，但在《自然科学的形而上学基础》中他又再次回到曾经尝试过的纯粹动力学演绎和物质构建。物质的"本质"，抑或说它对于经验的纯粹概念，只是一个外部关系总体，它现在变成了远距离作用力的纯粹相互作用。但由于力本身以两种形式发生，即吸引力和排斥力，因此，该二元论并未得到根本克服，而只是返回到了力概念本身。近代物理学从迥然不同的立场和动机出发，想要克服物质和力之间古老的对立，这种对立在经典力学系统中经久不衰，似乎成了神物一样的存在。海因里希•赫兹在《力学原理》采取与原先哲学思考相反的方向去寻求质量概念的统一，而不是力概念的统一。只有质量概念与基本的时空概念一起参与了力学的系统性构建。要推进该观念，我们就必须预设，我们不执着于原始的感知质量和感知运动，而是通过假定存在某些"隐藏"的质量和"隐藏"的"运动"来补充这些感官给定的元素，因为这些元素本身并不构成一个有规则可依的世界。出于描述和计算的需要，可使用该补充，且如此做时并不会引发任何质疑，因为从一开始赫兹就只把质量作为一特定的计算因子。它的目的只是表达空间和时间值之间的特定对应关系："质点"被赫兹定义为一种"我们用来清楚地把空间中的某一点与时间上的某一点对应，(以及)把空间的某点与其他任一时间点对应的一个特性"。一般能量学也试图为物理学和力学找到一个统一基础。惰性质量在这里只是一种特定能量因子，这些因子与动能或其他能量如电能的容量因子一样，都具有数量守恒的经验特性。能量学拒绝将该守恒原则置于重要的位置，也拒绝将物质和能量同样视为一种特殊实体。但是在这之中我们可以非常清晰地看到逻辑上说不通的一点，即守恒原理指的是完全不同的、彼此之间没有显然联系的时刻。

相对论在此处做出了一个重要的澄清，即它将两个守恒原理——能量守恒和质量守恒结合为一个原理。它通过应用其特有的思维方式来获得该结果，通过对测量条件的一般思考得出了该结果。相对论(首先是狭义相对论)要求，能量守恒法则不仅对任何坐标系 K 有效，而且对于所有相对该参照坐标系呈均匀直线运动的参考系都有效。根据该预设，同时结合麦克斯韦的电动力学基本方程，当一个运动物体吸收了辐射能 E^0，其惰性质量会增加一定的数量(E/c^2)。因此，一个物体的质量是其所含能量的量度，如果其所含能量发生明确的量变，则其质量也相应发生成比例的变化。其独立的恒定性因此只是一种表象，只有当系统不吸收也不放出任何能量时才成立。在现代电子理论中，根据考夫曼的著名研究，电子的"质量"并非恒定不变的，而是当电子的速度接近光速时，其质量会迅速增加。早先曾对电子的"真实"和"假想"质量做出了区分，也就是区分一个来自于可称质量的惯性和因运动和电荷而产生的惯性，现在则认为，所谓的电子的可称质量应严格地视为 0。

物质的惯性似乎因此被能量的惯性所取代，电子以及作为一个电子系统的物质原子不具有物质质量，而只具有"电磁"质量。原先认为的是物质本质内核的根本特性，现在则变成了电磁场方程。相对论在这个方向上走得更远，但它也展现出了它独特细微的差别。它特别地出现在获得其根本前提的过程中，出现在惯性和重量等同现象的确证过程中。这里，首先指出一条道路的是一个单纯的计算，是从不同的参考系中对同一现象进行的思考。根据所选择的角度不同，我们可以将一个现象视为纯粹的惯性运动，也可以把它当作一个受到引力场影响的运动。对于爱因斯坦来说，此处所显示的判断等价性决定了惯性和重量现象的物理同一性。如果观测者观测到了特定的加速运动，他可以将之归因于引力场的作用，或者认为他测量所用的参考系也存在一定的加速度。这两种假定在描述事实方面不谋而合，因此可无差别地应用它们。正如爱因斯坦指出的一样，我们可以通过变化坐标系而产生一个引力场。因此，为了获得一个普遍的引力理论，我们仅需要假定参考系发生了这种转变，并通过计算确证其结果。通过以一种理想的方式把自己置身于另一立足点，我们就能从这种立场的变化中演绎出特定的物理结论。牛顿引力论中运动力学所做的事情，在爱因斯坦的理论中由纯粹的运动学来承担，即考虑不同参考系间的相对运动。

在强调爱因斯坦引力理论中的这个理想元素时，我们不能忘记作为其基础的经验假定。通过单纯地把一个新的参考系、一个惯性场引入引力场，把一个具有特殊结构的引力场引入惯性场，我们改变了思维。正如厄特沃什理论所确证的那样，这个变化建立在物体惰性质量和引力质量相等同的经验基础上。对于存在于一引力场中同一地方的物体，引力给了它们同样的加速度，并且对于一特定物体，作为常量的质量决定了它的惯性作用效果和引力作用效果。只有这一事实才使这引力和惯之性间的切换成为可能，而这个切换也是爱因斯坦理论的出发点。但是非常有趣和重要的是，从普遍的方法论观点看，爱因斯坦对这个基本事实的解读完全不同于牛顿力学对它的理解。爱因斯坦理论对牛顿力学的批评是，它只记录引力质量和惰性质量同等性的现象，而不对其进行解释。被牛顿作为事实确证的观点，在这里则要从原则上来理解。在这个问题中，我们可以看到关于"物质"实质和"引力"实质的问题是如何改换了另一种认识论阐述方式。在这个新的阐述中，物理过程的"实质"完全由其定量关系和其数值常数表示。关于实质的问题不断出现在牛顿面前，也不断被他驳斥，他说物理的任务只是"描述现象"，这一表述首次出现在其学派中，并成了其方法的代名词。既然不能逃避这个问题，牛顿便坚称，普遍的引力本身并不存在于物体的本质中，而是作为一种新的外来物到达了它。他强调，重量实际上是物质的一个普遍但非根本的性质。物理学家的任务只是找出现象法则，也就是确证支配现象的法则的普遍性，但对于他们来说，普遍和实质之间的区别是什么呢？这个问题依然没有答案。物理学家和哲学家间关于远距离作用力的真实性和可能性进行了一次又一次的论战。在他们的论战中，我们一次次感觉到了这里存在的一个困难。康德在他的《自然科学的形而上学基础》一书中反对牛顿的观点，他认为，如果不假定一切物质都只是凭借其基本特性才产生了我们称之为引力的作用力，那么，物体普遍引力与其惰性质量成比例这一命题就是一个完全或然的、神秘的事实。解决这个问题时，相对论遵守了物理方法特点所规定的路线。惰性质量和引力质量间普遍存的数值比例，表达了二者的物理等同性和实质相似性。相对论的结论是，物体的一个性质，在不同条件下被表达为"惯性"或"重量"。同理，在光的电磁理论中，我们认为光波和电波是"同一"的。因为，这个同一性也只是指，对于光现象和电介质极化现象，我们可以采用相同的方程和数值来表示它们。这些数值的等同性对于物理学家来说意味着实质的相似性，因为对于它们来说，实质是由明确的量来确定的。在通向这个认识的路上不仅，有一系列的历史阶段，还有一个物理理论的顶点。18世纪的物理学基本上是建立在一个实体观上的。在萨迪·卡诺关于热力学的基础研究中，热量仍被当作一种物质，在解释特殊导电和磁性"物质"的电力和磁性时，这个假定似乎不可避免。从19世纪中叶开始，出现了代替该"物质物理学"的"原理物理学"。这里的出发点并不是某些物质的假设性存在，而是某些普遍关联，这些关系被当作解释特殊现象的标准。广义相对论是这一系列理论的终点，因为它收集了所有特殊的系统原理并整合成统一的最高公设。它所假定的不是事物的恒定性，而是假定特定的量和法则不因参考系的改变而发生改变。

这种演化过程是物理概念构建的标志性特点，当我们从物质概念到达现代物理学的第二个根本观念也就是以太概念时，我们会发现同样的演化过程。对于作为光学作用和磁性作用载体的以太，我们对它的认识一开始非常接近关于经验给定材料和事物的表象。在对它进行感官描述时，我们既可以把它比作不可压缩的液体，也可以把它比作具有完美弹性的物体。越是去详细刻画它，就越发现它所要求的是我们的表象能力所不能及的，它要求的是统一绝对冲突的性质。因此，现代物理学被迫放弃这种感官描述和说明。但当我们研究以太运动的抽象法则，而非其任何具体性质时，这个难题仍然存在。要建立一个以太力学，就会逐渐牺牲掉经典力学的所有基本原理。我们可以看到，要推行这个力学，我们需要放弃的不光是作用等于反作用的原理，还需要摒弃不可渗透性原理(在该原理中，欧拉找到了所有力学法则的中心和概括性表达)。用普朗克的话说，以太是"力学理论的一个悲伤稚子"。我们假定，对于发生在纯以太中的电动力学过程，麦克斯韦－赫兹的微分方程具有精确的有效性，这一假定也排除了其力学解释的可能性。只有将处理方法颠倒过来才也有可能避免这个矛盾。我们不应该问以太作为真实事物具有什么样的性质和构成，我们需要弄清楚的是，我们凭什么要寻求一种具有特殊物质性质和特定力学构成的实体。如果问题本身没有清晰确定的物理含义，而作答的困难都基于这个问题本身，又该如何呢？实际上，这是相对论针对以太问题而采取的一个新立场。根据迈克尔逊的研究成果以及光速不变原理，每一个观测者都有权利将他的系统视为在"以太中静止的"。我们必须因此认为，以太相对于三个完全不同的坐标系 K、K'、K'' 是同时静止的，其中，这三个坐标系相对于彼此做匀速平移运动。这显然是矛盾的，为此，我们必须停止认为以太是一种运动或静止的"实体"、是一种具有一定"运动状态"的事物。当物理学变为一个纯粹的"场物理学"时，它就不再去为现象想象出某种假设性基础，不再在考虑这些基础的性质时迷失了自己，它开始满足于场方程式本身以及它们可用实验验证的有效性。吕西安·庞加莱说："用物质性特性来定义以太是荒谬的，另外，不用已通过实验直接和准确地认识到的特性，而用其他特性来描述它，从一开始就注定会失败。电场和磁场是可以存在于以太中的两个场，当我们认识到了它们在每个点上的大小和方向时，我们就定义了以太。这两个场能够发生变化，通常我们说一个运动在以太中传播，而实验能够发现的现象实际上是这些变化的传播。"这里我们再次看到了批判性、功能性概念相对于事物和实体这种朴素概念取得的胜利，这种胜利越来越多地出现在精确科学的历史中。在阐述电动力学法则时，如果以太没有作为一个条件参与这个法则，那么以太的物理功能便就此终结。相对论的一个代表者说：相对论建立在对电磁效应在真空中传播的一个全新的理解上。这些效应并不通过一个介质传播，也不是通过远距离的无媒介作用而发生。但是电磁场在真空中是一种独立于所有实体并具有自存物理实在的事物。实际上，我们必须首先习惯于这个观念。也许这种习惯会变得更加容易，如果我们注意到，这个场在麦克斯韦方程中表达最为充分的物理性质，较之任何实体的性质，都能更为确切和完美地被我们所认识。适应"独立于任何实体的事物"既不是人类普通理解力能做到的，也不是经过认识论训练的理解力所能做到的。因为对于后者，实体指一种范畴，在这个范畴的应用上，建立有假定"事物"的一切可能性。但是显然，在这里我们只有一个不够精确的表达，而且电磁场的"独立的物理实在"也只是指麦克斯韦和赫兹方程所表示关系的实在。由于它们对于我们来说是物理知识的终极可得目标，因此，它们也被当作终极可得的实在。为了给经验知识的纯粹性质一个概念性表达，相对论排除了以太是一个不可试验的实体这一观念。

然而为了这个目的，根据相对论，我们并不需要使用经典力学中需要参照的固定不变的刚性参照物。广义相对论不再使用欧几里得几何学和经典力学中所使用的刚性参照物，而是从一个新的、更包容的角度来确定普遍线性元素 ds。代替原先所认定的在所有时间和地点以及所有测量特殊条件下都保持长度不变的刚性杆，现在出现了高斯的弯曲坐标。如果时空连续区域内的任意一点 P 都是由四个参数 $x1$、$x2$、$x3$、$x4$ 决定的，那么它与相对它的一个无限接近的点 P′ 之间存在着一定的距离 ds，其由以下公式表示：

$$ds2 = g11dx12 + g22dx22 + g33dx32 + g44dx42 + 2g12dx1dx2 + 2g13dx1dx3...$$

其中 $g11$、$g22$、$g44$ 所代表的值随着连续区域内的位置不同而不同。在这个一般表达中，欧几里得连续统的线性元素公式被当作一个特例。这里不再讨论该规定过程的细节。它的本质结果是，时空连续域内不同地方的测量结果不同。每个点都在一定程度上参照自身及与自身无限接近的点，而不是参照外面的固定不变的刚性参考系。因此，与欧几里得几何中的刚性直线相比，所有测量结果都是无限可变的，这些刚性直线在空间内可移动但形式保持不变。另外从另一方面，这些无穷多变的规定性都被收集到了一个真正普遍和统一的系统内。我们现在用爱因斯坦称为

"参照软体"的东西来代替给定的、有限的参照物，但所有这些"软体"的概念系统都满足精确描述自然过程的要求。普遍相对性原理要求，在阐述自然普遍法则时，所有这些系统都有同样的权利作为参照物并具有同样的地位。法则的形式应完全独立于"软体"的选择。这里再次表达了广义相对论的独特方法。它推翻了有限刚性参照物的事物形式，并由此向更高的客体形式、自然及其法则的真正系统性形式进发。一切运动都是相对的，这一事实甚至为经典力学都带来了困难，要想在原则上远离这些困难，就只能强调和超越它们。麦克斯韦在其篇幅不长的著作《物质和运动》中曾经指出："时空的概念越清晰，我们越能发现动力原理所参照的所有事物都属于同一个系统。一开始我们可能会认为，作为有意识的生物，我们必须把关于我们所在地点和我们移动方向的绝对知识当作必然的知识元素。但是这个被远古圣贤们奉为真理的观点，却逐渐从物理学家的思想中消失。空间中并不存在里程碑，空间的一个部分与其他部分完全相同，因此我们根本无法知道我们自己所处的位置。我们在一个平静的海洋上，没有星星，没有罗盘或太阳，没有风或潮水，不能分辨自己的移动方向。我们没有能用于计算的测程仪，实际上我们只能通过与相邻物体的对比来确定我们的运动，但我们也不知道空间中这些物体的运动是什么。"物理学越来越陷入这种"我们不知道，也无法知道"的情绪，只有通过一个抓住了其根本问题的理论，它才能获得解放；该理论不去修正原有解决方案，而是从根本上改变了对这个问题的阐述。绝对空间和绝对运动的问题，只能得到永动机和变圆为方的这些问题所得到的答案。对于这个问题，如果要揭示其隐藏在其中的哲学意义，它必须从一个单纯的否定表达转变为一个肯定表达，从物理知识的限制转为这种知识的原理。

第五章 批判理念论的空间和时间概念与相对论

到目前为止，我们主要从物理学角度去理解狭义相对论和广义相对论。事实上，这也是评价相对论的必然立场，如果谁贸然从纯粹的"哲学角度"，更确切地说从纯理论和形而上学的角度来阐释该结论，谁就轻视了相对论。相对论并不包含一个不能用数学和物理学知性手段演绎出来又能被其完美表示的概念。相对论只是寻求充分理解这些智力手段，不仅要表达物理测量的结果，而且要在根本上清晰认识一种物理测量的形式和它的条件。就此，相对论实际上就非常接近批判超验论，后者的目标是"经验的可能性"，不过二者在总体趋势上仍然不同。因为用这个超验批评的理论，相对论所阐释的时空是经验时间和纯粹时空。在这点上，很少有人提出异议。事实上，所有比较康德时空和爱因斯坦－闵可夫斯基时空的批评家，都得到了基本一样的结果。从严格的经验主义立场来看，我们可以尝试对"纯粹空间"和"纯粹时间"学说的可能性提出质疑，但是必须承认，如果该学说成立，我们必然得出一个结论，即它独立于所有具体测量结果和具体的测量条件。一般用相对论的理论，如果纯粹空间和纯粹时间有什么特定合理的含义，那么这个含义必须不受经验时空测度的变换的影响。这些变换可以完成也将完成的唯一一件事便是，教我们清楚地区分什么属于时空概念的纯哲学和超验批判论，以及什么属于这些概念的特定应用。在此，如果我们抵挡住诱惑，不将相对论的命题直接转化成知识批判论的命题，那么相对论就会对一般知识批判发挥间接而重要的作用。

康德的时空学说在很大程度上是依赖物理学问题而发展起来的，18 世纪自然科学领域关于绝对时间与绝对空间的存在而产生的争议从一开始就深深地影响了康德。在他以批判哲学家的身份处理时空问题之前，他就彻底思考过各种正反解决方法，这也是当代物理学给出的方法。在此，与主流经院哲学家观点相反，他自始至终站在相对性观点这边。在他 1758 年著的《运动和静止的新学说》一书中，34 岁的康德大胆地提出一切运动状态下的相对论原理，该原理冲击了传统的惯性理论。他用众所周知的例子演示了"绝对运动"概念的难点，然后说道："现在我发觉，我在对运动与静止的表达上有所欠缺。当我说一个物体是静止的时，我必须补充说明它是相对什么静止。当我说一个物体是运动的时，我必须补充说明它是相对什么而运动。就算我想象出一个不含任何东西的数学空间，把它当作物体接收器，也并不能对我有所帮助。因为，我又该如何区分这个不含任何物质性东西的空间的局部位置呢？"但是在康德后来的思想发展中，他并没有一开始就坚持他大胆设立的标准，而这一标准曾被一位现代物理学家评价说，应该将它装裱在每一座物理学报告厅上。他敢于摒弃惯性力概念；他不愿将自己对力学原理的看法注入"沃尔夫的磨"以及其他有名的原理系统。但是当他用这种方式来挑战哲学家领袖的权威时，他做不到完全脱离他那个时代伟大的数学物理学家的权威性。1763 年，他在《将负值概念引入哲学的尝试》一书中选择和欧拉站在同一立场上，与之一起捍卫牛顿学说关于绝对空间和绝对时间的概念。6 年后，也即 1769 年，他就空间中不同区域的划分理由而写了一篇文章，旨在为欧拉从力学原理中推出绝对空间的尝试提供支持，为此，他进行了纯粹几何学思考，他认为这个思考"将给实用型几何学家充分的理由认为，他们可以用习以为常的证据来证实绝对空间的实在"。尽管如此，这只是康德学说发展的一段插曲，因为仅仅一年之后，空间与时间问题上具有决定性意义却带着讽刺意味的转折点就出现在他1770 年的就职论文中。空间和时间问题在此完全展现出新形式，它从物理学领域转移到超验哲学领域，而且必须根据后者的一般原则来思考与解决。

可是，先验哲学不必非得处理空间和时间的实在，不论时空是形而上学意义上的时空还是物理学意义上的时空，相反，它需要研究这两个概念在我们经验知识的整体框架中具有什么客观意义。超验哲学不再把空间与时间看成事物，而把它们当作"知识的源泉"。在时间和空间中，它看到的不是以某种方式呈现的、可以为我们的实验与观察所掌握的独立客体，而是看到了"经验可能性的各种条件"，看到了实验和观察本身的条件，这些条件本身也不能被当作事物。

把客体放在我们面前的东西，例如时间与空间，自己本身却不能作为一个独特的具体客体给我们。可能经验的形式、直觉知识的形式以及认识的纯粹概念不再是真实经验的内容。这些形式要想具有"客观性"，唯一的方法就是引出某些客观必然的判断。这里指明了时空客观性的含义。无论是谁，追求绝对事物就等于在追逐影子。因为，它们的全部意义都在于它们为判断复合体也就是科学所发挥的功能以及相对于它具有的意义，这里的科学包括几何、算术、数学或者经验物理。只有超验批判才能精确规定它们在这个联系中能得到的预设，至于它们作为事物本身是什么，只是一个毫无意义的、根本上无解的问题。在其就职论文中，这一观点也被明确传达出来。甚至在这个论文中，拥有不同于经验物体和经验事件的存在的绝对时空，就被驳斥为非实体，是概念上的虚构之物。空间与时间，仅仅意味着一种思维中的固定法则，一种联系图式，根据它，我们把感官感知到的东西放在某种共存和顺序中。因此，撇开它们的"超验理想性"不说，这二者具有"经验实在"，但这个实在是指它们对于所有经验的有效性，我们不能把这种实在当作它们作为独立客观经验内容的存在。"空间只不过是外部直觉形式(形式性直觉)，而不是一种可以被外部直觉感知到的具体客体。空间，先于所有规定它或给出了被空间形式规定的经验直觉的事物，其受以绝对空间之名，仅仅只是外部现象的一种可能性。"如果我们试图区分这些现象，试图让空间置身于所有现象之外，我们就会得到许多空虚的外部直觉规定性，这些规定性永远也不能成为知觉。例如，世界在一个无限真空中的运动或者静止，也就是两个事物之间相互关系的决定性，是绝不可能被感知到，所以，所谓的静止或运动也不过一个纯概念的谓词罢了。相应地，爱因斯坦认为相对论的一个基本特点是，它从空间与时间中得到了最后一丝物理客观性的残渣，这时候很明显，相对论只是在经验科学范围内完成了最确定的运用并贯彻了批判理念论的立场。在批判学说中，空间与时间凭借它们的有效性而被区分为内容的顺序类型。但是对于康德来说，这些形式既不在主观意义上又不在客观意义上拥有一个独特的存在。空间与时间作为一种盛装感觉内容的主观形式，在经验之前就已经作为心理实在而非物理实在而存在于我们思维中了。对于这个观点，我们今天看来几乎无须反驳。即使费希特对它进行了严厉而恰如其分的嘲讽，这个观点依然坚不可摧。时空问题的形而上学阐述与心理学阐述相对，对于那些弄懂了形而上学阐述的首要条件的人来说，这个观点就自然消失了。顺序原则的意义只有在它所排序的东西中并利用这些东西才能弄清楚。尤其是在测度时间时，具体经验物体和经验过程的时间顺序不能通过它们与绝对时间的关系来确定，相反，它们在时间中的位置只能由它们彼此确定。"时间规定中的这种统一性只是动态的，也就是说，我们不能认为经验直接给每个实在分配它在时间中的位置，因为这是不可能的，因为绝对时间不是能将经验聚集在一起的知觉客体。多个现象的存在只能通过思维法则而得到其在时间中的综合统一性，这个法则决定了每个现象在时间中的位置。所以，这个位置是先验的，是对于所有时间都有效的。"

这个思维法则表达了多个现象的综合统一和它们相互之间的动态关系，物质世界中的所有空间顺序和客观关系都建立在这个统一和这些关系上。康德把先验的共存形式当作"纯粹直觉"，正如他明确指明的，这个直觉只能通过可在经验中指出的全部物理效应才能变为经验可知的。《纯粹理性批判》有一段内容对于现代相对论的发展举足轻重："*communion* 可以有两种理解，即 *communio* 和 *commercium*。我们在这里取第二种意思，也就是动态的交流，没有这种动态交流，我们就永远也不能经验地理解公共空间。"从我们的经验中，我们很容易认识到，持续的影响只能在整个空间范围内，将我们的感觉从一个物体引向另外一个物体；存在于我们眼前和天体之间的光为我们和天体之间建立了沟通桥梁，同时证实了天体的共存；我们不能经验地改变任何位置(意思是感知到这样的位置变化)，除非物质使我们感知到我们自己的可能位置。只有依靠交互影响，物质才可以证明其同存性，证明它与别的物体的共存，甚至与遥远物体的共存。我们绝不能从感官中直接获得物质世界的空间顺序，这个顺序其实是一种知性构建的结果，这个构建起始于现象的某些经验法则，然后从这个起点出发朝着更为普遍的法则升级，而只有在最后的普遍法则中，我们才能得到作为一个时空整体的经验整体。

在这个最后的表述中，难道没有发现，批判理念论的空间与时间理论，和相对论之间的典型性及决定性对立吗？相对论的基本结果难道不正摧毁了康德要求的时空统一性吗？如果所有对时间的度量都依赖于参照系的运动状态，我们似乎就会得到无穷多的"位置—时间"，而它们永不能结合成为一个统一的时间整体。有人认为空间与时间的实体统一性的破裂并没有破坏其功能统一，而是为其打下基础并确证了它，对于这个观点，我们已经认识到它是错误的。事实上，这个事态不仅被物理学家中的相对论代表所承认，而且被他们明确地加以强调。劳厄在其作品中写道："爱因斯坦学说的勇敢之处和高度的哲学意义在于，它扫除了一个时间在所有系统中都具有效力的传统偏见。"尽管强加给我们整个思想上的这个变化很伟大，但我们在这个变化中没有发现一丝认识论的困难。按照康德的表述，时间就像空间那样，是我们直觉的纯粹形式，是一个图式。我们在这个图式下将事件排列妥当，以期使它们获得客观意义而不是主观和高度或然的知觉。这种排列只能建立在关于自然法则的经验知识上。观察到的天体变化的位置与时间只能在光学法则的基础上确证。所以从逻辑上来说，对于两个都把自己看成处于静止状态移动观察者，他们根据相同的自然法则会做出不同的排列。虽然如此，两种排列都具有客观含义，因为我们可以根据衍生的变化规则从一个观察者的排列中演绎出对另一个移动观察者有效的排列。"时间统一性"这一概念指的是一对一的关系，而不是从不同系统中获得的值是一模一样的。正是在此处，那个基本观点得到了越来越突出的表达：这种统一性的表现形式不是特定的客观内容，而只能是一个有效关系系统。"时间规定性的动态统一"作为一个公设被保留了下来。但是我们看到，如果我们遵守牛顿力学定律，就无法满足这一公设。我们看到，我们不得不进入一个崭新的、更具普遍性的、更具体的物理形式。"客观"规定性也显示出自身在本质上比经典力学假设得更为复杂。其中经典力学认为，它可以在它的特用参考系中亲手抓住这个客观规定性。必须承认，这一步已经超越了康德。康德在牛顿三大定律的基础上（惯性定律、力与加速度成比例，以及作用力与反作用力相等定律）形成了他的"经验类推"。但是在这一步中，我们再次验证了一个认识：正是思维法则构成了时空规定性的样式。在狭义相对论中，光速不变原理就是这样一个法则。在广义相对论中，这一原理被适用范围更广的原理取代，也即，所有高斯坐标系在普遍自然规律的阐述中具有同样价值。很明显，这里我们不是要表达一种凭经验观察到的事实，而是表达一个原理，思维假设性地把它当作阐述经验时使用的一个研究标准。毕竟，一个有无限多事实构成的总体又怎能被观察到呢？这一标准之所以具有意义和正当性，只是因为只有通过它的应用，我们才能重新获得客体已经失去的统一性，也就是现象在时间上的综合统一性。朴素世界观建立在一些客体上，而这个物理学家，他既不依赖这些客体的不变性，又不依赖从特定系统中所得具体时空量度结果的不变性。他把普遍常量和普遍法则的存在当作其科学的前提，这些常量对于所有测量系统都具有同样的值。

在《自然科学的形而上学基础》一书中，康德回归到绝对空间与时间的问题上，明确提出了一种令人满意的术语区分，这个区分非常清楚地说明了批判理念论与相对论的关系。他在此处强调说"绝对空间本身什么都不是，不是客体。我认为它只是相对于其他空间的一个空间，我认为它在任何给定空间之外。"将它当作真实事物，意味着混淆了可与经验空间相比的空间的逻辑普遍性和实际空间的物理普遍性，误解了这一理性概念。空间概念真正的逻辑普遍性不仅不把其物理普遍性当作盛装事物的包容性容器而包含它，而是排除了它。我们应当构想出一个绝对空间，也即，包含所有空间规定性的终极整体，这样不是为了认识经验物体的绝对运动，而是为了把"物质的所有运动都当作是相对的、互相作用的，而不是分为绝对运动或者绝对静止"。由此，绝对空间不是一个真实客体的概念，而是一个理念，这个理念相当于一个规则，根据它我们把所有运动当作对的。要想把同样的现象收于一个特定经验概念中，一切运动或静止都必须化简为绝对空间。这种理念的逻辑统一性与相对论并不相悖。它认为所有空间内的运动都是相对的，只有顺着这种思路它才能把这些运动纳入一个经验概念，进而统一所有现象。在对规定性总体的要求基础上，它不允许把一特定参考系当作其他参考系的标准。唯一的有效标准只是自然统一性这一理念，是精确规定性本身的理念。从这一立场来看，我们克服了机械世界观。

广义相对论在新的意义上定义了"自然的统一"，因为它把传统力学的引力现象和电动力学现象一同放在了最高的知识原则下。有人认为为了向"该理念的逻辑普遍性"迈进，必须放弃很多可信的表象性画面。对于这一观点，我们不必理会。只有这个普遍性被误解为一个画面，而不是作为一个构建手段而被理解和评价时，它才会影响康德的"纯粹直觉"。

实际上，我们可以指出广义相对论会在哪一点上认可康德称之为"纯粹直觉"的方法性预设。它建立在"共时"的概念之上，广义相对论最终把所有自然法则的内容和形式都归结为这个概念。如果我们用时空坐标 $X1$、$X2$、$X3$、$X4$、$X1'$、$X2'$、$X3'$、$X4'$ 等来描述事件，我们就会发现，物理学能教给我们的所有关于自然过程的"本质"，仅仅是由关于这些点之间的共时或交汇的断言。我们也只能通过这种方式构建物理时间与物理空间。因为时空杂多也不过是这个坐标整体。这也是物理学家与哲学家的分歧之处，为此而避免了冲突。

在物理学家来看，"空间"和"时间"的东西只是一个具体可测量的杂多，可根据法则从具体点的配位中得到。相反，对哲学家来说，空间与时间意味着这种坐标本身的形式与方法，因此也就是它的预设。它们并非从坐标中得来，它们正是这一坐标及其基本方向。正是从共存和邻近的立场或者前后相继的立场，他们通过时空把坐标理解为"直觉形式"。康德在他的就职论文中非常详细地定义了二者。认可这一法则和图示，承认把点彼此联系起来是可能的，便能承认空间和时间的"超验意义"，因为我们可以在此从直觉形式概念的心理学副意义中抽象出来。我们由此可以构想出"世界点"$X1$ $X2$ $X3$ $X4$ 和它们产生的世界之线，它们太抽象了，以至于我们在 $X1$ $X2$ $X3$ $X4$ 数值下看到的只是特定的数学参数。只有把我们称之为时间的"连续性可能"当作基础，那样的世界点的交汇才具有综合的意义。共时并不意味着同一和统一，它仍然是分离的，因为同样的点归属于不同的线：这一切最后都要求合成杂多，而"纯粹直觉"这一术语正是为这个合成提出的。康德并没有以同等的敏锐性掌握这个名词的最一般意义，因为他总是不自觉地就取用了其特殊意义，并对它进行了特殊运用，而它的最一般意义不过是共存和相继的序列性形式。因此，关于两个事物的特殊测量关系，我们并没有做出任何预设。只要这些关系取决于物理事物在空间中的关系，我们就得谨防去真实事物关系的单纯"可能形式"寻找一个彻底的规定性。例如，相对论为两个无限接近的点 $x1x2x3x4$ 和 $x1+dx1$、$x2+dx2$、$x3+dx3$、$x4+dx4$ 之间的"距离"而演绎出了作为其数学基础的公式。我们不能把这个距离当成普通意义上的欧几里得刚性距离，因为它还包括了作为第四个维度的时间，所以它不是一个表示空间的量，而是一个表示运动的量。共存和相继的根本形式以及它们的相互关系和"结合"被明白无误地包含在一般线性元素的这个表达之中。这个理论之所以预先假定了空间和时间是既定的，不是像有人偶尔反对的那样是因为我们必须宣称它不在认识论的范围，而是因为它离不开空间性和时间性的形式和功能。

在这一点上物理学家与心理学家难以达成共识，因为这里存在一个共同的问题，而他们则是从完全不同的方面来处理这个问题的。测量过程之所以吸引知识批判者，只是因为他们想要系统、完整地研究这些概念，并尽可能清晰的定义它们。但是，只要这种定义没有指出在具体情况中测量是如何做出的，那么它们对物理学家来说都是无法令人满意的，本质上也是无效的。爱因斯坦曾经在某个场合简洁明了地说："在物理学家眼里，只有有可能知道一个概念能否适用于具体情况，才认为该概念是存在的。"例如，对于同时性概念，若要使它获得某个确切的定义，就必须给出一个方法，以这个方法，我们才可以通过测量和应用某些光学信号来确定两个事件是否同时发生了。测量结果的差异表示了概念的模糊性。哲学家必须无条件地认识到，物理学家渴望得到具体确定的概念。但是他们同时还得认识到，没有根本的理想规定性，也就无法理解具体。要想理解阐述这个基本问题时的矛盾，我们可以拿爱因斯坦的阐述与莱布尼茨的相比较。正如我们所见，物理学家和哲学家的共识在于，他们都要求统一抽象与具体、理念与经验。但是在追求这种统一时，他们一方是从经验走进理念，一方却是从理念走入经验。相对论坚信"纯粹数学与物理之间的前定和谐"。闵可夫斯基在他演讲的著名结语中说道，"空间与时间"再次被使用，并肯定了莱布尼茨的术语。这种和谐对物理学家来说是无可争辩的前提，从其出发，他试图得到具体的结果与应用。但对知识批评家来说，这种和谐的"可能性"构成了一个真正的问题。他最后发现这种可能性的基础在于一个事实，即任何一个物理断言，甚至是由实验和具体测量而得到的量的最简单的规定性，也与在纯数学中被分开对待的普遍条件相联系。也就是说，这种可能性的基础在于，任何一种物理断言都涉及某些"逻辑—数学"常量。如果要将这些常量代入一个简短的公式里，我们可以指出数字、空间、时间、功能的概念并把它们作为基本元素，而这些元素将作为预设参与每一个物理学问题。所有这些概念都不可能被削弱或变为彼此，从认知批判的立场来看，每一个元素都代表了一个具体独特的思维动因。另一方面，每个元素只有与其他元素一起并保持系统联系，才具有一种实际经验价值。相对论非常清楚地说明了，功能思想在每个"空间—时间"规定性上都是一个必要且有效的动因。因此物理学很清楚其基本概念从来不是逻辑"事物本身"，它们只存在于这些事物的相互结合之中。然而，物理学应该放手让认识论去把这个产物分解为它的特定因子。它不会认为一种概念的意义等于其具体应用，相反它坚称，这一意义在任何实际应用之前就已经确立了。相应地，空间与时间作为顺序形式，一开始并不是由测量确证的，相反，它只是通过测量得到了进一步的定义和特定内容。当我们问事件是否同时发生了并用一定的测量手段去确证时，我们就已经认定事件是时空性的，也已经理解了它所表达的含义。

总体来看，物理学被它的基本问题置放在了两个领域之间，它必须认识这两个领域，并且调节它们，同时不去进一步询问它们的"起源"。一方面是多种多样的感官资料杂多，另一方面是多种多样的纯粹的形式和顺序功能。物理学作为一种经验科学，既受制于知觉提供的"物质性"内容，又同等受制于表达了"经验可能性"普遍条件的形式原则。它不需要"创造"或以演绎方式得到二者，即所有的经验内容和所有独特的思想形式，它的真正任务在于将二者联系对应起来，即把形式与经验观测内容对应以及相反。通过这种方式，感官杂多不断失去它或然的、拟人化的特征，而开始得到思想的印记和形式的系统统一性的印记。事实上，正是因为"形式"代表了积极的创造性元素，所以我们不能认为它们是僵化的，而应认为它们是生动活泼的。思想越来越能理解自己不能一下子得到具有特性的形式，形式的存在只会在形式的形成过程和这一过程的法则中慢慢显现出来。所以，物理学史代表的不是一系列简单"事实"的发现史，而是一部更新颖更特殊的思维方式的发现史。然而，只要物理学沿着科学的安全道路前进，那么无论思维方式发生什么变化，这些方法原理的统一性都会逐渐凸显，而这个统一性正是其阐述问题的基础。在这些原理系统中，虽然空间与时间不被认为是固定的事物和表象，但它们都占据自己固定的位置。古老的观念认为它拥有并且完成了表象中的直接存在的时空统一。对巴门尼德以及所有古代哲学家来说，给定的存在就像"一团圆球"。经过哥白尼的改革，这种所谓的拥有就荡然无存了。现代科学明白，对于知识来说，现象有一种确定时空顺序，但前提是知识得逐步确证这个顺序，而确证它的唯一方式就在于科学法则概念。

但是对于思维来说，这种定位仍然是一个问题，并且随着它越来越认识到不能确切解决这个问题，这个问题也变得更为严重。正是因为经验知识的时空统一性永远不能通过测量来发现，思维才认识到它要永远努力寻找这个统一性，并且要利用更为有用的新工具。相对论的价值不仅在于用一种新方式证实了这一切，而且把它确证为一个新的原理，也就是普遍自然法则关于所有随机替代物的协变原理。通过这一原理，思维便可以驾驭它所带出的相对性。

这一基本关系在相对论对空间与时间测量的分析中，可以被详细探究出来。该分析并不把两种过程的"同时发生"概念当作不言自明的已知信息，而是要求对此做出解释。这个物理学解释不能是一个普遍的概念性定义，而是要说明一个可以经验指出这个"同时发生"的具体测量方法。对于两个实际上是发生在空间的同一个点上或者在紧挨着的空间点上的事件，我们预设它们会同时发生。正如爱因斯坦所言，对于空间上紧邻的事件，或者更确切地说，是在时空上紧邻的事件，我们在没有定义"同时发生"这一概念，就已经假定了它们同时发生的可确定性。

事实上，寻求折中的物理学测量方法看似既不能令人满意也不可行，因为任何此种方法都总是预先假定我们可以把不同的事件对应起来，也就是说，确证某一事件会与处于同一位置的钟表指针所指示的位置对应。只有当我们不在时间上连接在空间上相邻的事件，而是在时间上连接在空间上相隔的事件时，相对论的真正问题才开始。假设我们给两个空间点 A 与 B 确立一个"地点－时间"，那么我们只能掌握"A－时间"和"B－时间"，但是没有 A 和 B 的共同时间。任何要建立这样的共同时间来作为经验测量时间的尝试，都一定会涉及关于光速的特定经验预设。关于空间相离事件的共同发生的任何断言，都隐含了光速不变的假设。我们通过定义规定光从 A 到 B 的时间等于从 B 到 A 的"时间"，而得到了 A 和 B 的共同时间。假设一束光在 A－时间 tA 从 A 处的钟表出发到 B，接着，在 B－时间 tB 从 B 反射回到了 A，返回 A 的时间为 tA'，那么根据定义，如果 $tB-t'A=t'A-tB$，我们就认为 A 和 B 处的钟表是"同步"的。如此，对一个事件的"发生时间"和两个过程的"同时性"，我们就首次获得了一个精确的规定性。我们通过一个不移动的钟表来认识一个事件的发生时间，这个钟表在事件发生时与该事件在同一地点，而该钟表与某些不移动的钟表同步转动且永远与之同步转动。

作为不同内容间特定对应形式的空间与时间"形式"，已经构成了物理时间测量方法的规定性，对已这一点，几乎不需要特别解释。在"地点—时间"的概念中我们已经直接假定了二者，因为该概念包含了一种可能，即我们有可能从一特定可辨的"此处"中理解一特定可辨的"此时"。这里的"此时"和"此处"并不是指整个空间与时间，更不用说指二者中待测的具体关系了，它们只是指时间和空间的一个必要的首要基础。相对论仍然无法定义"此时"和"此处"所表达第一个原始区别，而这个不可定义的区别也是时空值的复杂物理定义的基础。相对论为了这些定义而诉诸一个关于光传播法则的特定假设，而这也包含了一个预设，即我们称为"光"的特定条件连续出现在不同地方，并且依循一种特定规则，而这个规则包含了空间与时间作为单纯对应图式的意义。当我们通过物理学基本方程式来思考空间与时间值间的相互关系时，认识论问题似乎得到了加强。这些方程式给出的是四维"世界"，是一个事件连续统。而在这个连续统中，时间规定性和空间规定性并未分开。虽然我们相信自己理解了空间距离和时间段之间的直觉差异，但这个差异在纯粹数学的规定性中也起不到任何作用。根据洛伦兹变换的时间方程式：

$$t' = \frac{t - \frac{v}{c^2}x}{\sqrt{1 - \frac{v^2}{c^2}}}$$

当两个事件间的时间微分 Δt 参照 K 消失时，时间微分 $\Delta t'$ 则不会消失。所以一般地，以 K 为参考系的两个事件的纯空间距离，就具有以 K' 为参考系时的时间顺序。广义相对论更进一步地消除了空间值和时间值的差异。从这里我们可以看到，使用固定的物体和钟表，通过测量杆的相对排列和钟表的固定排列来直接指示时间，是不可能构建出一个参考系的。一个事件序列中的每一点都与四个数字 x^1、x^2、$x3$、$x4$ 相互关联，这四个数字不具有直接的物理含义，只是以某种随机方式列举连续统中的点。这种相互关联不需要具备以下性质：一组值 $x1$、$x2$、$x3$ 必须作为空间坐标而与时间坐标 $x4$ 相对立。闵可夫斯基要求的"空间本身和时间本身完全降级为影子"并且只有"二者的结合具有独立性"，这一点现在似乎已完全实现。对于已经停止将空间和时间当作自在事物或者给定经验物体的批判理念论者来说，这个要求对他们来说并不具有威胁。因为正如席勒所说，理念国度对于他来说是一个"影子国度"，没有任何纯粹理念是直接与一个固定真实物体相对应的，理念只能在其系统共同体中作为具体客观知识的基本环节而被指出。如果因此物理空间和时间测定结果被认定为只能共同发生，那么空间和时间的根本特征或共存和逐次顺序就未被破坏。闵可夫斯基认为，人只能在一个地点上构想一个时间，也只能在一个时间上构想一个地点，但即使他的观点是正确的，时间差异和空间差异之间的区别仍然存在。经验物理测量中空间和时间的实际相互渗透都不能消除二者在原则上的不同，不是作为客体而是作为客观区分类型而不同。尽管不同参照系 K、K′中两个不同的观测者可以认定一系列事件在空间和时间序列上有所不同，但他们在其测量结果中构建的仍然是一个事件序列，也就是一个时空连续统。每个观测者以自己的测量角度区分了两种连续统，其中一个称之为"空间"，另一个称之为"时间"。但是根据相对论，他们不能不做进一步考虑，认定相对于一个参考系，这两个图式中的现象排列是相似的。根据闵可夫斯基的"世界假说"，也许可以在空间和时间中只给出一个四维世界，且"向空间和时间的投射"可能具有"一定的自由"。这只能影响对现象的不同时空解释，而不能改变空间形式和时间形式的区别。

对于其他人来说，变换方程也重建了客观性和统一性，因为它允许我们把从一个参照系中发现的结果带入其他参照系。如果有人在阐释闵可夫斯基的命题——只有空间和时间不可分割的组合才具有独立性时，表示根据广义相对论的结论，这个组合也变为了一个影子和一个抽象概念，并且只有空间、时间和事物的组合才具有独立实在，那么该阐释只能将我们引回第一个认识论观点。因为批判理念论的基本信条是，既不是"纯粹空间""纯粹时间"，也不是两者之间的相互关系，而是它们在一些实证经验材料中的实现才给出了我们所说的"实在"，也就是事物和事件的物理存在。康德不厌其烦地提起经验世界存在和结构中的这个不可融合的联系、时空形式与经验内容之间的关联。我们在他的作品中读到：所谓给出一个客体，如果不是间接的，如果它意味着在直觉中直接表示某种东西，那么就只是意味着把客体表象归于经验。甚至对于空间和时间，无论它们对于经验事物来说是多么纯粹的，无论我们可以多么肯定它们在思维中先验地出现，如果我们不能证明它们对于经验客体具有必然用途，那么它们将失去所有客观有效性，失去所有意义。不仅如此，它们的表象是一个纯粹图式，总是指能够使人想起经验客体的再生性想象，没有它客体将变得没有意义。因此空间和时间"在思维中"所具有的理想意义不包含时空先于事物又独立于事物而具有的任何种类的特殊存在，相反，这一理想意义否定了这种特殊存在。纯粹时间和空间与经验事物的区分(准确地说是与经验现象相分离)，不仅承认而且正要求它们的结合。广义相对论已经通过一种新的方式对这种结合进行了检验和验证，因为它比先前的任何理论都更深刻地认识到了属于一切经验测量和具体时空关系的一切规定性的这个依存关系。该批判原理中的确证经验和思维关系并不与该结果存在任何形式的冲突，而是巩固了该结果并更加明确地表达了它。各种不同的认识论学说——经验论、实证论以及批判理念论都援引相对论来支持自己的基本观念论，乍一看这似乎很奇怪或矛盾。但是如果我们知道，经验论和理念论在对经验空间和经验时间学说上具有某些共同的预设，而这种学说正是由相对论提出的，那么我们就能对此表示理解了。这里，二者都赋予了经验一个决定性的角色，并且声称，每一个精确测量结果都是以普遍的经验法则为前提的。但又出现了一个更为尖锐的问题，即我们如何才能得到这些作为所有经验测量可能性的基础的法则，又该赋予它们何种有效性和逻辑"尊严"。严谨的实证论对此只有一个答案：对于法则的所有知识，如同对于物体的知识一样，都是建立在简单的感觉元素上的，且绝不会超出它们的范围。所以，关于法则的知识在原则上具有所有具体感觉知识所具有的被动特征。事物的特征只能从直接感知中得出，而我们对待法则就要像对待事物一样。马赫坚持不懈地坚持自己的观点，试图把这种思考方式推广到纯粹数学和对其基本关系的演绎中。根据他的解释，我们获得一个特定函数的微分系数的方式，在原理上与我们确证物理事物的一种特性或一种变化的方式没有区别。在一种情形中，我们对事物进行某种操作，然后看它如何反应；而在另一种情形中，我们对函数进行某种操作，然后看它如何反应。对方程 $y=xm$ 进行微分，可得到 $dy/dx = mxm-1$，这一反应是 xm 的一个标志，就像蓝绿色是"铜溶解于硫酸"的标志一样。这里我们可以发现批判理念论和马赫实证论间具有明显区别。这两种理论都认为，支配更大或更小范围的方程应被视为真正固定和实质的，因为它们使得我们能够获得稳定的世界观，并且认为它们因此而构成了物理客观性的核心。问题只是应如何确证这些方程。理念论极力反对认为一切方程都源自于测量的"纯经验"观点，认为它们是单纯源于感觉的。理念论认为，所有的测量都以一定的理论原理为前提，并在该原理中预设了一定的联系功能、塑造功能和对应功能为前提。我们从来不测量纯粹的感觉，也从来不单纯用感觉来衡量，但是一般来说，为了得出一种测量关系，我们需要超越既定的感知，用一种概念性符号来取代它，这个符号并不是直接被感知到的事物的复印体。能够作为这类事态的典型例子，即相对论的现代物理学发展过程。我们再一次确证，每一种物理学理论，想要对经验事实获得概念性表达与理解，就必须摆脱这些事实呈递给知觉时所采取的形式。毫无疑问，相对论理论是建立在经验和观察的基础之上的。但是另一方面，相对论的主要成就在于给了观察事实一个新的概念性解读。在这样的解读中，它慢慢批判地修正了经典力学最重要的思维工具和之前的物理学。爱因斯坦重新诠释了力学最陈旧的经验性事实——惰性质量等于引力质量，已经有人正确指出，正是这个被重新诠释的事实成为了广义相对论的支撑点。等价原理和新万有引力的基础都是从这个事实中演绎出的，这种演绎方式可以作为物理学中纯粹"思维—实验"意义的一个逻辑范例。我们将自己设想为观察者，在一个密闭的盒子里进行实验，那么我们就可以确证，所有不受他物限制的物体都以一个恒定加速度沿着盒子底部运动。对于这一事实，观察者有两种概念性表述：第一，假设他处于恒定的引力场中，在这个引力场中小盒子处于静止挂置状态；第二，假设盒子以一恒定加速度向上移动，据此盒子里物体的降落就代表着惯性运动。因此，惯性运动和引力作用下的运动实际上是我们可以从多个方面来观察和判断的同一个现象。因此，我们为物体运动确立的基本法则是应能同等包括惯性现象和万有引力现象。正如我们看到的，我们并没从具体观察中抽象出的经验命题，而只有物理学概念的构建规则：这个要求不是针对经验直接提出的，而是针对我们知性表达经验的方式。仅凭物理学知识的纯粹经验理论是无法解释和判断具有这种效力的"思想—实验"的。爱因斯坦充满感恩地说，他是受到了马赫的启发，他的说法与上述事实并不矛盾，因为我们必须知道，在牛顿基础概念的批判中，马赫取得的物理成就和他从这个成就中得出的一般哲学结论是截然不同的。众所周知，马赫在自己的物理逻辑中赋予了纯粹"思想—实验"很大的空间，但是仔细思考我们会发现，他已经因此脱离了物理学基本概念的纯感觉基础。马克斯·普朗克是相对论理论的最初拥护者之一，也是现代物理学家中对马赫哲学的预设批判最激烈的一位，据此似乎可以得出相对论与马赫哲学之间并无必然联系的结论。就算有人把相对论看作是纯粹经验思想的成就和结果，那么这也确证了这种思想中固有的构建力量，其中，物理学体系借这个力量与纯粹"知觉的狂想"相区别。

第六章 欧几里得和非欧几里得几何学

在之前的思考中，我们偶有提及广义相对论超越其他理论的成就，即相对论中似乎暗含了一种"思维革新"。研究这项理论时可以看到，之前的欧几里得量度现在已经不能尽情施展了。欧几里得连续统是狭义相对论的基础，相对论的发展只能从欧几里得连续开始，进而到达非欧几里得的四维空间连续统，并寻求在这个连续统中表示现象的一切关系。这似乎从物理上回答了一个认识论问题，这个问题在过去几十年深深地困扰着认识论，并在其中得到了五花八门的答案。现在物理学不仅证明了非欧几何的可能性，也证明了它的实在。物理学表明，我们只能在理论上理解和表示"真实"空间中存在的关系，所用方法就是用四维非欧几何流形的语言来复制这些关系。

物理学一方面长期急待解决该问题，另一方面又强烈否认它得到解决的可能性。就连非欧几何理论的第一批创立者和代表，都通过引证实验和具体测量来证明他们的观点。他们提出，如果我们能够通过精确的地球天文测量而确证，边长非常长的三角形内角和不等于两直角和，那么我们就可以经验地证明，欧几里得几何的命题是无效的，其他命题中的一种才是有效的。例如，罗巴切夫斯基就使用过一个三角形 E1E2S，其底 E1E2 是地球轨道直径，顶点 S 是天狼星，他相信，他能通过这种方式在经验上证明我们空间的恒定曲率。对这个问进行更尖锐分析就会很容易发现，任何此类尝试都是方法上的虚妄，对此，庞加莱已经着重指出。没有任何测量是直接测量空间本身，而只是测量空间中经验给定的物理客体。因此，没有实验可以告诉我们关于理想结构如直线和圆的信息，而这些结构是纯粹数学的基础。实验只能告诉我们物质性事物和过程的关系。几何命题因此既不能被经验确认，也不能被经验反驳。没有实验会与欧几里得公设发生矛盾，但另一方面，也没有实验可推翻罗巴切夫斯基的假说。有些实验诚然可以表明某些大三角形的内角和与两直角的和有出入，但在解释这个事实时，我们不需要在方法上也不能够去改变几何公理，而只能去改变关于经验事物的假设。实际上我们所经验的并不是另一个空间结构，而是一项新的光学法则，它告诉我们，光的传播并不严格走直线。所以，庞加莱总结说："无论如何挣扎，我们都不能在几何中给经验主义附加理性含义。"如果这个结论是正确的，并且我们能在另一方面证明，在所有首尾一致的几何中，欧几里得几何因为定义了经验成为可能的最低条件而具有简洁这一优点，那么，从知识批判的角度来看，它就拥有了一个出色的地位。从纯正式的角度来看，具有同等逻辑可设想性的不同几何，在建设科学方面却贡献迥异。有人说："对于不同几何，原则上，我们只有联系它们与经验这一概念的认识论关系才能区分它们。只有欧几里得几何的这个关系才是积极的。"

然而，对于广义相对论给物理带来的新发展，这种认识论答案就明显站不住脚了。在为不同几何进行认识论辩护时，人们意见不一，辩论者屡次提起一个事实，即我们只能在超验逻辑而非形式逻辑中寻找可以决定价值的东西，以及重要的不是一个几何与经验的兼容性，而是它的正面成果，也就是它要创立经验。这种成果被认为存在于欧几里得几何学中。欧几里得几何是真正的"实在知识可能性的基础"，其他几何则只是关于可能事物的知识的基础。但考虑到黎曼几何的概念和命题是爱因斯坦的引力理论基础，这个判断不能成立。在同一逻辑价值标准的支持下，有人似乎不得不得出相反的结论：只有非欧几里得的空间是"真实的"，欧氏空间仅仅代表一个抽象的可能。无论如何，精确科学的逻辑发现其自身被放置在一个新问题面前。非欧几里得几何给物理学带来了很多成果，这个事实是无可争议的，因为这一点已经在具体应用和一个新的物理体系中得到了验证。现在的问题只是该如何解释这个事实。在这里，应相对论基础原理的要求，我们必须给出一个否定的答案。无论我们为了物理和纯粹经验思考而给非欧几里得思想赋予了什么意义，说所有空间包括欧式空间和非欧氏空间都是"真实"空间的这一断言对我们来说已经没有任何意义。这正是广义相对论的结果，它剥夺了空间"剩下的最后一点物理客观性"。相对论认为时间、空间和物理真实客体之间密不可分的关联性才是终极的。对于不同的测量关系，它们只能在物理流形中、在这个关联性中才能被指出。可以肯定的是，这些关系可以用非欧几何的语言得到精确的数学表达。然而这个语言仍然是完全理想性和象征性的，正如欧式几何那样。它所能表达的实在不是事物的实在，而是规律和关系的实在。从认识论角度看，现在我们只能问一个问题：是否可以在非欧几何的符号和空间"事件"的杂多之间确证一种精确的关系和对应。如果物理肯定地回答了这个问题，那么认识论就没有理由给出否定答案。认识论把空间的"先验性"当作每一个物理理论的条件，正如我们所见，这个"先验性"并没有包含对空间本身的特定结构的断言，它只是关于那个甚至在一般线性元素概念中都有表达的一般"空间性"功能的但完全不考虑该功能的具体细节。

因此我们看到，如果欧几里得几何对这个元素的测定不足以让我们掌握某些自然知识问题，那么从方法论的角度来看，我们就不得不换一种在物理上必然而有效的尺度。随着自然科学知识的不断进步，我们越来越清晰地看到物理和纯数学之间存在着"预先形成的和谐"，而在这两种情况下我们都必须小心，不能把这个和谐当作一个朴素的复制理论。几何结构，无论是欧氏几何还是非欧几何的结构，在存在世界都不具有直接的关联对象。在物理上来看，它们既不存在于事物中又不存在于我们的表象中，它们的"存在"，也就是它们的有效性和真实性只在于它们的理想含义中。通过定义，通过逻辑假定操作而赋予它们的存在，原则上来说不能与某种经验实在相比。所以，我们认为几何命题具有的适用性，绝不取决于一个理想几何流形的元素和一个经验杂多的元素之间的一致性。我们必须用一个更复杂的和更彻底的间接关系系统来代替这样的感官一致性。纯粹几何的点、直线和面在感觉和表象世界中并不存在任何关联物和复制体。事实上，我们不能说经验和理想之间有多大的相似性和不同，因为二者属于两个完全不同的种类。尽管如此，科学还是在它们之间确证了一个理论关系，这个关系在于，它不仅承认并且坚称这两个序列之间在内容上是不同的，它还想确证它们之间还存在一个更精准和完美的关联。几何命题要想在物理中得到验证，就只能走这一条路。特定的几何真理或公理，如平行原理，永远不能与具体经验相比，但我们总是可以把整个物理经验总体和整个特定公理系统相比。康德在谈到一般思维概念时说，它们"只是把现象写成字母，然后我们便它们当成经验阅读"，这段话尤其适用于空间概念。如果我们用它们来表达经验规律，我们就得把这些字母变为词汇和命题。如果不能通过这种间接方式来实现这个和谐，如果不能用给定的公理来精确简单地表达观测到的物理规律，那么我们可以自由决定，我们要改变这两个因子中的哪一个来重建它们之间失去的和谐。思维在去改变它的一个简单几何定律前，会首先把这种不和谐归咎于观测到的复杂物理条件，即先改变物理因素，如果依然不和谐，才会去改变几何因素。如果这不能达成我们的目标，并且如果从另一角度看起来，可以通过改变几何方法的概念重新阐述法则得到出色的一致性和系统的完整性，那么在原则上就没有什么可阻止这种改变。因为，如果我们把几何公理当作纯粹理想的、构建成的结构，而不是当作给定实在的复制体，那么它们就只能受制于思维知识系统给它们的法则。如果从一个相对简单的几何体系进化到一个相对复杂的几何体系可以使这种法则以更纯粹、更完美的形式实现，那么，知识的批评从它自己的立场出发就不能提出反对。它必须确认一点：经验主义在几何中得不到任何可理解的含义。因为在这里，经验并未确证几何公理，而是把它们作为逻辑可能的、严格以理性方式获得的系统，从中选择某些用于对现象进行具体解释。根据柏拉图思想，现象应由理念、几何基础来衡量，而这些理念和基础不能直接从感官现象中读出。

如果有人在这个意义上承认非欧几何对物理经验是有意义和有成效的，那么我们就必须指出它们之间仍然存在方法上的差异。我们不能再认为这种差异是来自它们与经验的关系，而是要认识到它来自某些内在环节，也就是对关系理论的一般认识。我们必须认识到，欧氏几何具有一个特殊而唯一的逻辑地位，有一个基本简单的理想结构，哪怕它必须放弃它之前在物理学中的至尊地位。只有把广义相对论的基本教义翻译回逻辑和一般方法论的语言，我们才能理解和确证这个特殊地位。欧几里得几何的基础是一个它独有的相对性公理。作为空间恒定曲率为 0 的几何，它的特点是所有的地点和量都是相对的。原则上，它的形式规定性独立于量的任何绝对规定性。例如，在罗巴切夫斯基几何中，直线型三角形内角之和不等于 180°，并且越是如此，三角形的表面积越大，欧氏几何就越是无法对线的绝对长度做出判断。我们可以为每一个给定的形状构建一个"相似形状"。无须考虑具体结构的"份额"以及数目和量的绝对值，我们就可以理解这些结构的纯粹"性质"。欧几里得的结构独立于量的所有绝对规定性，欧几里得空间中的具体点不受制于任何规定性和性质，这种独立和自由构成了欧氏空间的逻辑积极的特点。在这里，"一切规定都是否定"这一命题也成立。不确定性假设是可与它相合并的更复杂假设和规定性的基础。从这个意义上讲，欧几里得几何仍然是"最简单的"，其不具有任何实际意义，但有一个严格的逻辑意义。正如庞加莱所说，"欧几里得空间之所以简单，不是因为我们思维习惯或直觉的缘故，而是因为它本身就更简单，就如一次多项式比二次多项式更简单一样"。对于具有某个曲率的给定空间，通过考虑它的充分小的区间也就是不因曲率而不同的区间，我们就可以把它们变为欧几里得空间，而这个事实说明，欧几里得空间在我们的知性含义系统中具有这个逻辑简单性，这种"具有"与它和经验的关系无关。在这里，欧几里得几何是无穷小区域的真正几何，它表达了某些基本关系，我们把这些关系当作思想的基础，当然，有些时候我们会从这个基本关系进步到更复杂的形式。

广义相对论的产生并未影响欧式几何的这个方法论优势。因为欧几里得测量结果并不在物理中绝对成立，而只对某些"基本"区域有效，这些区域由某些简单的物理条件区别。我们看到，欧几里得线性元素不足以阐释广义相对论的基础思想，因为它不能满足一个基本要求，即形式不随参考系的变化而变化。我们必须用满足该要求的一个普遍线性元素（$da^2 = \sum_1^4 g_{uv}\, dx_u\, dx_v$）来代替它。但在研究无穷小的区域时，狭义相对论的预设和它的欧几里得测量结果就仍然是充分的。如果作为特定点坐标函数的十个量级具有特定的常值，那么普遍线性元素的形式就变为了狭义相对论的欧几里得元素。然而对这个关系的物理解释在于指出一个事实，即量级 g、u、v 参考所选参考系而描述了引力场。在有些区域中，我们可以从引力场效应中抽象，只有在考虑这样的区域时，我们才可以用狭义相对论预设替换为狭义相对论理论预设。对于一个无穷小的区域，这种替换是永远可能的，但对有限的场来说，只有选择合适的参照系，我们才能注意不到物体的加速度。正如我们所知，g、u、v 的可变性表示了物体所在空间与欧几里得空间的差异程度，而这一可变性被公认为是基于一特定物理条件。庞加莱认为所有物理理论和物理测量都绝不是关于空间的欧几里得或非欧几里得特征的，而是关于空间中物理实在的特性的，现在，他的这个断言仍然是完全成立的。相对论并未毁坏同质欧几里得空间的抽象概念(或者说它的纯粹功能)，而是使它变得更加鲜明。

事实上，纯粹的几何概念的意义不受限于这一理论提出的测量条件。正如我们重新看到的，这些概念实际上既不是一个经验资料，也不是一个经验可能，但是它们的理想必然性和意义并未因此受到影响。结果表明，在必须考虑一定引力效应的场中，普通测量方法的前提条件就不适用了，在这里我们不能再用"刚体"来测量长度，不能用普通的"时钟"来度量时间。但测量关系的这个变化并不影响空间的计算，但会影响测量杆和光束之间的物理关系，其中这个关系由引力场规定。如果认为这些命题本身不过是我们参考固定物体而得到的经验观察的总结，那么欧几里得几何的真理也会受到影响。然而，这样的假设在认识论上看，相当于乞求论证。亥姆霍兹着重强调几何公理的经验起源，但即使是他也偶尔会参考另一个观念，该观念可能会挽救它们纯粹理想和"超验"的特征。我们不应把欧几里得直线这一概念当作来自某些物理观测，而是要把它当作一个不能被经验证实或驳斥的纯粹理想概念，因为我们正是通过它才能决定自然物体是不是固定的。但是，如他反驳的那样，几何公理就不再是康德意义上的合成命题，因为它们只会确认测量所需的固定几何结构概念的分析结果。然而，这个反对意见没有意识到，除了分析整体这一形式外，还存在有根本合成的整体合成形式。亥姆霍兹拿分析整体形式与经验概念相比较，就好像，分析整体的形式是独一无二的，而几何公理恰恰属于它。只要这类假设总体"构成了"客体并且使这个客体的知识成为可能，那么它们就是指客体。但是就它们本身来说，它们并不是关于事物或事物关系的断言。要确定它们是否履行了其任务，也就是是否完成了经验知识的环节，只能通过下述间接方式：把它们当作一个理论和构建系统的基石，然后比较这个系统的结果和观测结果。我们不能要求这些方法论上的简单元素能够充分解释自然定律。但即便如此，思想也不会被动地把自己交给经验材料，而是从自身中发展出了更复杂的新形式来满足经验杂多的要求。

如果保留这个普遍观念，那么我们就能重新看待相对论产生的一个最奇怪并且乍一看最有异议的结果。相对论明确地告诉我们，不能再说一个永恒给定的测量几何对于整个世界都永远成立。由于测量空间的关系是由引力势决定的，且引力势一般又随地点而变化，那么我们就只能得出一个结论，即对于全体空间和实在来说，不存在一个统一的"几何"；相反，根据引力场的特定属性，不同的地方一定存在不同形式的几何结构。这极大偏离了理想和柏拉图式几何的概念，这个概念认为这种理想几何是"永恒存在的科学"，而关于这门科学的知识是万古不变的。相对主义似乎直接进入了逻辑领域，空间地点的相对性也包含了几何真理的相对性。然而另一方面，这一认识也极为清楚地表达了一个事实，即在相对论中，空间问题已经失去它的本体论意义。纯粹方法论问题已取代了存在问题。我们不再关心空间是什么，不关心它是具有欧几里得特征、罗巴切夫斯基特征还是黎曼特征，而是关心不同几何预设系统在解释自然现象及其关系时具有什么作用。如果我们称此类系统为一个特定空间，那么我们确实不能再试图把所有这些空间作为直观部分而合并成一个直观整体。但这不可能从根本上取决于一个事实，即我们在这里所面对的问题在直觉表象的范围之外。

　　直觉空间是理想的，是根据直觉规则构建出的空间，但在这里，我们关心的不是这些理想合成及其统一，而是要处理经验和物理的测量关系。这些测量关系只能建立在自然律的基础上，即以动态现象间的相互依存关系为起点，允许现象根据这个关系来相互确定彼此在时空流形中的位置。康德也坚称，这种动态规定形式不属于直觉，而是"思维法则"，只有这种法则才能给现象的存在以综合统一性，使它们能够收集到一个明确的经验概念下。我们现在必须在广义相对论结果的基础上来超越康德，这一步取决于一个认识，即非欧式几何的公理和定律可以参与这种思维规定性，而只有在这个规定性中，我们才能看到经验世界和物理世界，并且接纳这些公理不仅不会破坏世界的统一也就是世界总秩序的经验概念的统一，相反，它首次真正地从一个新的角度加固了它。因为通过这种方式，我们用来计算时空所使用的特定自然律就被带入了一个最高原则下，也就是关于普遍相对公设的原则。放弃整个世界的直观简单性，也就因此保证了它具有更高和知性的系统的完整性。从认识论的角度来看，这一步并不使我们感到惊讶，因为它只是表达科学思想尤其是物理思想的一般规律。相对论不再在本体论上说存在或多个异质空间的共存，因为这会产生一个明显的矛盾。相反，它会在纯方法论意义上说应用不同测量方式也就是使用不同几何概念语言来解释特定物理流形的必要性和可能性。这种应用并不能告诉我们关于空间的"存在"的信息，它只是表明，通过适当选择几何假设，某些物理关系如引力场或电磁场就能得到描述。

在阐述一般的流形和顺序学说以及物理经验主义时涉及了纯粹概念性思想间的联系，这个联系在此得到一个令人惊讶的确认。最初只是成长在纯数学思索的内在进展中和几何基础理想的变换过程中的一个学说，现在则直接变成了自然律所采取的形式。以前用来表达非欧几里得空间度量属性的函数，现在则给出了引力场方程。因此，这些方程不需要为了确立自身而引入新的、未知的远距离作用力，相反，我们对一般测量预设进行规定和细化就能得到它。该理论不需要一个新的事物集合，它只需要思考一个新的条件集合便能得到满足。

黎曼在创立他的理论时，在预言中提到了其理论未来的物理意义，这一预言在对广义相对论的讨论中经常被引用。他坚称，关于空间测量关系的内在基础这一问题，我们可以这么说，离散流形的测量原理已包含在该流形概念中，但在连续流形的情况下，它必须来自其他地方。真正的空间基础要么是一个离散流形，要么我们必须在外在作用力中寻找测量基础。要解答这个问题，我们必须以牛顿确立的并经经验验证的现象概念为起点，并逐步用不能用该概念解释的事实来改变这个概念。从普遍概念出发进行的研究，如此处的这一个，只能保证这些工作不被概念的局限性阻挡，以及关于事物联系知识的进展不受传统偏见的阻挠。因此，这里要求的是完全不受几何概念和几何假设构建活动的限制，只有这样，物理思想才能得到充分有效性，并且用一个可靠的、系统性完善的工具来面对经验产生的未来问题。黎曼用赫尔巴特实在论的言论来表达了这个联系：实在是纯几何空间形式的基础，它是空间内在度量关系的终极原因。如果参考问题的这种提出方式，我们发动一场批判的、"哥白尼式"的革命，不认为空间的基础是实在，而是认为空间是实在知识构建和进步的理想基础，我们就会得到一个独特的变换。我们不再把"空间"当作一个需要从"相互作用力"如其他实在中演绎出和进行解释的自存实在，而是要问我们称之为"空间"的先验函数和普遍的理想关系是否包含了可能的公式，这些公式中是否存在某些公式可以精确而详尽地描述一特定"力场"的物理关系。广义相对论的发展肯定地回答了这个问题，它表明，黎曼认为的几何假设，一种单纯的思维可能性其实只是获得实在知识的手段。牛顿动力学在这里分变成了纯运动学，并最终变成了几何。后者的内容确实必须扩大，"简单"欧几里得几何公理的类型必须用一个更复杂的类型代替，而作为补偿，我们进一步地进入了存在领域，也就是说进一步进入了经验知识的领域，但是同时我们并没有离开几何思考的范围。我们不再把欧几里得空间的形式当作一个不可分割的整体，而是把它们分解成了碎片，并且我们研究了特定公理的地位和它们的相互依存或独立关系，借此，我们得到了一个纯先验的流形系统，思维已经为这个系统制定了法则。在这种构建活动中，我们也拥有了可以表达经验流形真实结构的关系的基本方法。

实在论认为，空间测量的关系必须基于一定的物理固定性，基于物质间的"相互作用力"，这一认识单方面地表达了这个独特的双重关系，并且从认识论方面来看，这种表达还是不精准、不能令人满意的。因为，形而上学地使用"原因"这一范畴，会破坏本应具有的方法上的统一。相对物理学是从时空测量理论严格发展而来的，它所能给我们的其实只是度量元素和物理元素的结合和相互规定。然而，这里并没有单方面因果关系，只有理想环节和实在环节、物质和形式、几何和物理等相互关系。只要我们在这种相互关系中做出一些划分，把一个元素当作较先和基本的，把另一个当作较后和衍生的，那么这个区别也只是存在于逻辑意义上而非真实意义上。在这个意义上，我们必须把纯时空流形当作逻辑靠前的，不是因为它在某种意义上存在于经验和物理以外和以前，而是因为它构成了所有经验和物理关系知识的原则和基本条件。物理学家因此不需要思考这个事态，因为在他所制定的具体测量中，时空和经验流形只在统一测量操作本身中给出，而不是在抽象地分离其特定概念元素与条件时给出的。

从这些思考中，我们对欧几里几何和非欧几何之间的关系有了新的认识。乍一看，欧几里得几何的真正优势似乎在于其具体、直观的确定性，面对这种确定性，所有"伪几何"都褪变成了逻辑"可能"。这些可能只为思考存在，而不是为"存在"而存在。当我们关心的是经验和"自然"，以及客观知识的合成统一时，这些仿佛就是玩弄概念的花招，所以不用理会它们。当我们回首看我们先前的思考时，这个认识必然经过一个特殊和矛盾的逆转。我们现在看到，纯粹的欧式空间比非欧几里得流形更加远离经验和物理知识的要求。

正是因为它代表了在逻辑上最简单的空间构建形式，所以它不足以应付内容的复杂性和经验世界的确定性。它的同质性这一基本属性，它所有点都是对等的这一公理，说明了它是一个抽象空间。而具体的经验流形并没有这种均匀性，而是彻底都是不均匀、分化的。如果我们要在几何关系范围中概念性地表示这一分化事实，就只能参照"异质"问题进一步发展几何概念语言。我们在元几何的构建中看到了这一发展。当我们把零曲率的特殊三维流形概念扩展为具有不同曲率的流形系统这一概念，我们就找到了一个可以理解复杂流形的理想工具。我们由此创造出了概念性符号，它们不是事物的表达式，而是可能关系的表达式。只有经验可以确定，这些关系能否在某处的现象范围内实现。经验不能决定几何概念的内容，相反，这些概念却把它当作方法预期而预见到了它，就如椭圆在行星轨道中获得具体应用和重要性之前，就已经有人把它当作圆锥断面预见到了。当它们首次出现时，非欧几何系统似乎缺少一切经验意义，但是它们为经验后来产生的问题和任务做出了知性准备。"绝对微分"建立在高斯、黎曼和克里斯托弗尔的纯粹数学思考上，出人意料的是，它在爱因斯坦的引力论中也得到了应用。为此，即使是纯粹数学尤其是非欧几何的涉及最小的构建物，也应有可能获得这种应用。因为数学历史一再表明，它的完整自由保证了它的效性，并且是该有效性的条件。在具体世界中，思维的进步靠的并不是把具体现象如图画结合为一个单独的马赛克拼图，而是参考经验世界并在

"经验世界是确定"这一公设的指导下不断优化它的确定工具。如果需要证据证明这种逻辑事态,那么相对论的发展就能提供这样的证据。在评论狭义相对论时,有人说它"用数学构建物来代替了最明显的实在,并把这种实在分解成了这种构建物"。向广义相对论的进展使这个构建特征更加突出,但与此同时,我们已经看到,这种化有形实在为无形数学构建物的方法,以一种全新的方式确证了理论和经验的联系。物理思想越是往前走,它越是接近概念的更高普遍性,就越是无视朴素世界观所重视的直接资料。然而,物理学家屈服了于了这些最后和最高的抽象概念,并且坚信能从它们中找到实在,一种对他来说是新的、更丰富的实在。赫拉克利特说,上坡路和下坡路是同一条路,在知识的进步中,这个真知灼见仍然掷地有声。在知识的进程中,上坡和下坡彼此属于对方:思维通向普遍知识原则和原因的道路,最终证明,不仅与它通向特殊现象和事实的道路相容,并且与后者的关联对象和条件相容。

第七章 相对论和实在问题

我们已经尽力展示了相对论确立的自然和客体新概念是如何以物理思想形式为基础，并如何给了这个形式结局和清晰性。物理思想努力地用纯粹客观的方式来规定和表述自然对象，因此必然地表现了它自身及其规律和原理。这里我们再次揭示所有自然概念的"拟人化"，对此，歌德用古老的智慧指出："所有的自然哲学仍然只是拟人的，即，一个人与他自己是一个统一整体，他把这个整体赋予其他事物，并将这个事物纳入他的整体，使它与自己变为一　体……我们能够随心所欲地观察、测量、计算并称量自然，然而那仅仅是我们的测量和称量，因为人类是所有事物的尺度。"经过前面的思考，我们可以看到，这种拟人化不能在有限的心理意义上进行理解，而要在批判和超验意义上理解。普朗克指出，理论物理体系发展的标志性特点是它逐渐脱离了拟人化元素，以期实现物理学体系与物理学家个人特质最大程度的分离。除去了个人观点和个人性格所致失误的客观体系，应具有普遍的系统条件，这些条件决定了阐述物理问题的方式的特质。具体知觉特性的感官直接性和特殊性都被排除了，但是只有通过空间与时间的概念、数目和大小的概念，这种排除才能成为可能。通过它们，物理学规定了最普遍的现实内容，因为它们指定了物理思想的方向，是最初始的物理统觉的形式。在相对论的阐释中这种相互关系已经被彻底证实。相对性原则既有客观含义，又有主观的含义及方法论的含义。根据明闵夫斯基的表述，"绝对世界的假设"归根结底是一种绝对方法的假设。所有地点、时间和量杆的广泛相对性，一定是物理学的定论，因为"相对化"，也就是将自然物体转化为纯粹的测量关系，已成为物理学方法的核心，也是物理学的基础认知功能。

然而，如果我们理解了相对论的确证必然来自这个物理学形式，那么我们就能看到这个确证是具有某种批判限制的。相对性这一公设也许最纯粹、最普遍、最清楚地表达了物理客观性这一概念，但是从一般知识批判的角度来看，物理客体的概念并不与实在绝对符合。认识论分析的进步表现在，我们越来越把"实在概念是简单的和统一的"这一假定当作一个幻想。知识的每一个初始方向，它为了把这些方向统一到一个理论联系整体和一个特定含义整体中而对现象进行的任何一种解读，都包含了对实在概念的特殊理解和阐述。这不仅仅导致科学客体的含义不同，如物理学客体与数学客体不同、物理学客体与化学客体不同、化学客体与生物学客体不同，而且产生了与理论科学知识整体相对立的其他独立类别和法则的不同形式及含义，如伦理的或者美学的"形式"。普遍的知识批判的任务不应该是使这个杂多，以及使世界知识的各种各样的形式变得整齐划一，并将其压缩为一个纯粹抽象的整体，而是要让它们保持自我。只有当我们不再去将这个形式总体压缩为最终的形而上学的整体，或者一个统一且简单的绝对"世界基础"，并从后者中将这些形式演绎出来，我们才能掌握该总体真正的具体含义和丰富性。没有哪一种形式能够宣称自己掌握了绝对的"实在"本身以及完全充分地表示了它。即使终极实在这一想法是可以构想的，它也只作为一个理念，是关于一个规定性总体的，在这种总体中，每种知识和意识的特殊功能都根据自身特征并在自身范围内相互配合。如果紧紧抓住这一基本认识，那么即便是在纯粹的自然概念中也会产生多种多样的方法，且每一种都可以宣称其具有某种权利和特殊效力。歌德的"自然"和牛顿的不一样，因为两者在形成过程中，在对现象的精神和知性整合中具有不同的形式原理和合成类型。当两者在根本思考方向上不同时，得出的结论也无法直接比较并彼此互为衡量。原始世界观的朴素实在论，就像教条的形而上学的实在论，再一次陷入这种错误。它从可能的实在概念中分离出来一个，并将其作为规范和模式。因此，我们用于理解现象世界的某些必要的形式性观点，就变成了事物和绝对存在。不论我们把这种最终的存在描绘成"物质""生命""自然"还是"历史"，最终都会给我们的世界观造成混乱，因为在其构建中协调合作的某些精神功能被排除了，而另外一些则被过分强调。

　　系统哲学已经远远超越了知识理论本身，它的任务就是把世界观从这种片面性中解放出来。它必须掌握整个符号形式系统，因为这个系统的应用为我们创造出了有序的实在，并且我们还通过这个系统区分了主体和客体、自我和世界，并以确定的形式表达了这种相互对立。另外，系统哲学还必须给每个个体在总体中指定一个固定位置。如果我们假设这个问题得到解决，那么对于每个特殊的概念和知识形式，以及每个普遍的理论、美学、伦理和宗教的世界观形式，它们的权利就能够得到保障，它们的界限也会确定下来。每一种特殊形式都会被"相对化"，但是既然这种相对化是相互的，而且没有任何一个单一形式可以作为"真理"和"实在"表达，那么就会产生一种固有的限制，而当我们将个体与整体再次联系起来时，这种限制便会消除。

我们不再进一步讨论这个基本问题，仅用它指出这种限制。任何以及最普遍的物理问题阐述都具有此种限制，因为这种限制本来就是基于问题阐述方式的概念和本质。物理学在思考所有物理学现象时，都首先预设它们是可测量的，并在这一观点下展开思考。它寻求将存在和过程的结构转化成纯数字的顺序或结构。相对论已经将这种基本的物理学思想趋势用最深刻的方式表达出来。根据相对论，对自然过程的每个物理"解释"都在于，让时间空间连续统上的每个点对应四个数字 $x_1x_2x_3x_4$，这四个数字没有直接的物理意义，仅仅用一种"特定而随机的方式"列举这个连续统上的点。科学物理学和毕达哥拉斯以及毕达哥拉斯学派作为起点的理想，在此也得到了定论。数字概念中含有的逻辑公设给了这个概念以独特的形式，在此，这个公设得到了最大程度的实现。所有感官和直觉上的异质性逐渐变成纯粹的同质性。经典力学和经典物理学力求达到这种概念构建的内在目标，将感官给定的杂多与同质和绝对均匀的时间关联起来。所有感觉上的不同归结为了运动差异，所有内容上的可能多样性转化成了时空位置的多样性。但是严格的同质性这一理想在此无法实现，因为同质本身仍然有两种基本形式，即彼此对立空间与时间。相对论的发展超越了这种对立，它不仅要简化感觉差异，还要将不同的时空规定性转化为统一的数值规定性。每一个"事件"的特质都通过这四个数字 $x_1x_2x_3x_4$ 表达，它们本身没有差别，因此，它们其中

的 $x_1 x_2 x_3$ 不能归入特殊的空间坐标系组并与 x_4 时间坐标轴做对比。因此，主观意识中对时空理解的所有差异都被搁置，结果，物理学光和颜色的概念中便不包含任何主观的视觉内容。所有可以互换的时空数值以及主观意识必然意识到的方向差别，也就是我们说的"过去"和"将来"都取消了。过去与将来的方向在这种世界观的眼里不过是空间中的正方向和负方向，我们可以任意确定正反。只有闵可夫斯基的"绝对世界"还在那里。物理世界从三维世界中的过程变成了四维世界中的存在，其中，时间变成一种变量，用虚拟的光束表示。

　　将时间数值转化为虚拟数值似乎取消了时间具有的所有"实在"和质的确定性，其中时间把这种实在和确定性当作内在感觉的形式以及一种直接的经验。构成了心理学意识的"过程流"静止了，它开始具有了数学宇宙公式的绝对严格性。在这个公式中，不存在那个属于我们经验本身并作为必然因子而进入经验内容的时间形式。虽然这个结果从经验角度来看是矛盾的，但它只是阐述了数学和物理学客观化过程，因为，要从认识论角度正确评价它，我们就不能在它的结果中理解它，而是要把它当作过程和方法来理解。在把主观经验的性质简化为纯客观的数值规定性的过程中，数学物理学没有固定的界限。它必须坚持到底，不能在任何意识形式前停下来，无论这个形式多么原始、多么基本，因为它的认知任务就是将每一项可列举的事物转化成数字、把性质变成数量、把特殊形式转化成普遍顺序，它只能借这种转换科学地"理解"它们。哲学家们想要预测它在何处停止以及宣称到达了至高点，都将是徒劳的。

哲学的任务只限于充分认识数学和物理学的客观性这一概念的逻辑含义，并因此认识到这个含义的逻辑有限性。所有的物理学理论包括相对论，只是通过支持它们的物理学的统一认知意愿得到确定的含义。当我们超越了物理领域，改变了知识目标而不是其方法时，所有的特殊概念都会产生一种新的方面和形式。这些概念会随着与之相联系的知识和意识的一般"模式"的不同而具有不同的含义。神话和科学知识、逻辑的和美学的意识，就是这种模式的例子。不同领域或许有碰巧同名的概念，但它们绝不会有同样的含义。我们习惯称之为"原因"和"结果"的概念性关系在神话中也使用，但是它在其中的含义与其科学含义尤其是数学和物理学含义明显不同。类似地，所有基本概念，当我们在不同领域考究的时候，都会有明显的含义变化。当知识复制理论寻求一个简单的统一体时，知识的功能理论则看到了完全的差异性，同时看到了个别形式的相互关系。

如果我们将这些思考应用于时间与空间的概念中，那么很容易就能看到这些概念在现代物理学中的概念变化具有什么哲学含义以及不能具有什么哲学含义。物理演绎不能简单应用于其他具有不同基础原理的领域。因此，空间与时间把自身当作经验的直接内容而提供给了我们的心理学和现象学分析，它们的作用不会因为我们在进行客观概念认知的过程中利用它们来规定客体而受到影响。这两种思考和认识类型的差异被相对论拉大，从而变得更加不同。但是，这个差异并不是由相对论首先引起的。显而易见，即便是为了得到数学物理知识的第一要素，以及数学与物理对象的第一要素，我们也要假设主观现象的空间和时间的变换，其中这个变换最终得到了广义相对论的结果。从严格的感觉论的角度看，我们习惯于承认心理空间和作为几何基础的纯度量空间之间的对立和变换。纯度量空间建立在这样的假设上面，那就是所有地点和方向都是等值的，但对于前者来说，地点与方向上的差异是基本的。触觉空间就像视觉一样是各向异性和异质性的，但是欧几里得的度量则假设空间是各向同性和同质性的。与度量时间相比，心理时间的含义也是千差万别的。像马赫坚持认为的那样，一个人必须区分感觉到时长和测量数值，就像区分温暖这一感觉和温度一样。① 在这两种空间中是截然不同的。我们根据经验形式而归于时间和时间中的过程的连续性，和我们根据构建

①人们可能会将感觉和表象的心理空间称为直觉空间，并拿它与作为概念结构的物理学空间相比，对此没有人能反对说这是纯粹术语上的规定。但是要防止将"直觉"与康德的直觉相混淆，因为后者完全建立在不同的理论假设之上。当石里克发现就像客观空间的三位顺序与光学的或"触觉的"延伸无关一样，客观物理时间也与对时长的直觉经验无关，另一方面，当他在这种区分的基础上否定了康德"纯直觉"概念时，他实际上就对康德的概念产生了心理学误解。纯粹直觉的时间与空间在康德眼中不是感知到的空间，而是牛顿的数学时间与空间。它们本身是构建出来的，同时，它们也是更复杂数学和物理学结构的前提和假设。在康德看来，纯粹直觉是特定的、基本的客观化方法。它结构的前提和假设。在康德看来，纯粹直觉是特定的、基本的客观化方法。它绝不与主观时空也就是心理感知到的时空一致。当康德提及空间与时间的主观性时，我们不能理解为它是经验主观性，而要把它当作一种"超验的"主观性，要把它当作客观可能性的条件，即经验知识客观化的条件。

性的分析方法而在数学概念中定义的连续性，不仅是不一致的，而且在主要环节和条件上都极为不同。经验连续性意味每一个时间内容都是以整体的形式提供给我们的，不能转化成极其简单的"元素"，但分析连续性则要求把给定的时间内容简化为这些要素。第一种连续性观点把时间和时长当作一个有机整体，根据亚里士多德的定义，"整体高于部分"。第二种连续性观点把时间当作无限部分总体，其中包含了无限多的不同时间点。第一种观点认为，连续性指的是一种流，它作为一个流以一种过渡过程进入我们的意识，其不能分解为离散的部分；第二种观点则要求，我们要超越所有经验认识而持续分析，当具有有限区分能力的感官知觉不能再继续分割元素时，我们仍然要继续分割。数学家所说的"连续统"并不是纯经验上的"连续"（因为经验连续性不可能有更进一步的"客观"定义），而只是用来代替它的纯粹概念的构建物。数学家必须采用其普遍方法，不得不把连续性这一特性简化为单一的数字，即简化为一切基本的知性离散性的形式。他们所知道的唯一连续统就是实数的连续统，要把所有其他连续的东西都化简为这种连续统，而它也是现代分析和群论要在原则上舍弃时空直觉而寻求在概念上严格构建的连续统。就像亨利·庞加莱强调的那样，连续统只是无穷多个彼此分离的个体根据一种特定顺序构成的总体。普通的世界观认为各个要素之间存在"内在的联结"，这样它们才组合成一个整体，所以点不能先于线，科学就会把物理连续统当作是与纯数字的数学连续统相关和准确的关联。但是我们不能用这种方式来理解纯粹而原始的主观经验形式的形而上学连续区域，因为数学思考不仅不会朝这种形式的方向进展，反而会越走越远。知识的批判理论，不需要从不同的知识类型中选择，而只需要确证每一类知识"是什么"以及"意味着什么"，它不能以规范的方式确定连续区域在此所处的不同立场，它的任务只是让它们互相参照对方，进而以最大的清晰性来定义彼此。只有通过这种定界，才能实现时空意识的逻辑分析目标，以及发现数学分析及其时空概念的精确基础。一位现代数学家在他的连续统研究著作中总结道："当我们提出异议说，对于我们在定义实数时所引用的逻辑原理，它们的连续直觉中并不包含任何东西时，我们就已经考虑到了一个事实，即我们能在直觉连续性中发现的东西和能在数学概念世界中发现的东西是极为不同的，它们的一致性也是压根儿不可能的。尽管如此，数学提供给我们的那些抽象图示，对于我们建立一门关于连续客体领域的科学仍然很有帮助。某一个空间点或时间点并不在给定的时长或空间长度中作为不可分割的终极元素而存在，只有透过这个元素的理性才能抓住这些概念。这些概念只能联系纯粹算术和分析性的实数概念才能结晶为完全的确定性。"

如果我们记住了这种事态，那么相对论在规定四维时空连续统时的演绎看起来就不再是一种悖论了，因为我们看到了，它们只是数学分析的基础方法论思想的最终结果。但至于是哪一种时空形式，是心理学上的时空还是物理学上的时空，是直接经验的时空还是间接概念和知识的时空，真正表达了真正的实在，这个问题对我们来说已经失去了确定的意义。在这个我们称之为"世界"、称之为自我存在和事物存在的复合体中，这两者构成了两个同样不可缺少的必然环节。我们无法为了一个而将另一个排除在这个复合体之外，但是我们可以给它们每一个指出其在这个整体中的位置。如果客观性物理学家宣称"客观的"空间与时间高于"主观的"时间与空间，如果与经验总体和直接性打交道的心理学家和形而上学思想家得出相反的结论，那么两种判断表达的仅仅是知识标准的错误"绝对化"，其中，它们各自使用这个绝对标准来规定和评价"实在"。从纯粹的认识论角度来看，这种"绝对化"在哪个方向发生，是指向"外"还是指向"内"，是一个不值得考虑的问题。对于牛顿来说，情况很明显，即本质上均匀流动的绝对数学时间才是真正的时间，而经验给定的时间规定性只能给我们提供这种时间或粗略或精确的复制体。对于柏格森来说，牛顿这种"真正的"时间只是一种概念性的虚构和抽象，是横亘在我们的理解力和实在含义之间的一道屏障。但被遗忘的一点是，所谓的绝对实在本身并不是绝对的，而只是代表一种与数学和物理学观点相对立的意识观点。一方面，我们想要统一而精确地测量所有客观过程；另一方面，我们想要保持这些过程的定性特征，保留它们的具体丰富性、主观的内在性和"内容性"。我们能够理解这两个观点的含义和必然性，但是从"为我们而在"这一理念论意义上看，没有一个能包容实际所有的存在。被数学家和物理学家用作其外部观基础的符号和被心理学家用作内部观基础的符号，都应理解为"符号"。在此之前，我们得不到"真正"的哲学整体观，而只能把部分经验实体化为一个整体。从数学物理学的角度来看，直接特性的所有内容包括感觉内容的差异和时空意识的差异；都面临着湮灭的风险。相反，对于形而上学心理学家来说，所有的实在都转化为了这个直接性，每一种间接的概念认知只能为了我们行动的目的而得到随意的惯常价值。但是两个绝对的观点都歪曲了存在的全部含义，即自我和世界的知识形式的全部含义。数学家和数学物理学家面临着把真实世界与他们的测量世界混为一谈的危险，形而上学思想则在把数学限制在实用目标范围内的时候失去了它最纯粹、最深刻的理想含义它粗暴地对柏拉图认为的数学具有的真正含义和真正价值关上大门。柏拉图认为，"灵魂的器官在进行认知之外的活动时，会迷失，会蒙尘，而每个这样的认识会净化和提升它。它比一千双眼睛更重要，因为只有依靠它，我们才能得到真理。"在这两个思考极端之间，矗立着不同具体科学的许多真理定义和时空概念。历史要建立它的时间尺度离不开客观化科学的方法：年代表建立在天文学和数学基础上。历史学家的时间与数学家和物理学家的时间不同，相比后者，它具有一个具体的特殊形式。在历史时间的概念中，知识的客观内容和主观的经验内容形成了一个新的独特关系。当我们去研究时空形式的美学含义和形成过程时，我们就能看到一个类似的关系。绘画以客观的透视规律为前提，建筑预设了静力学法则，但是在这里，它们都只是在艺术形式法则的基础上产生图画整体和建筑空间形式整体的材料。音乐也一样，毕达哥拉斯想要寻找音乐与纯粹数学、纯粹数字的联系，但是，一支曲子的统一和节奏分割所依据的原理，与我们在客观自然物理过程意义上构建时间时所依据的原理完全不同。如果我们能探查到知性含义的全部差异，能够获得它们所遵循的基础形式性法则，我们就有可能在哲学上确定时空究竟是什么。相对论不能声称自己能解决这个哲学问题，因为从一开始，它的发展和科学倾向就把它局限在了时空概念的特定动因中。作为一个物理理论，它只是阐述了时空在经验和物理测量系统中所具有的意义。在这个意义上，只有物理自身能对此做出最终裁决。在它的历史进程中，物理学不得不判断相对论的世界观是否有稳固的理论基础，以及它是否能在实验中得到完满验证。认识论无法预测它的判定结果，但是现在，物理学可以满怀感恩地接受相对论给一般物理原理理论所带来的动力。